Bildung und technischer Fortschritt als Determinanten wirtschaftlicher Entwicklung

Wirtschaftswissenschaftliche Beiträge

Band 1: Ch. Aignesberger, Die Innovationsbörse als Instrument zur Risikokapitalversorgung innovativer mittelständischer Unternehmen, XVIII/308 Seiten, 1987

Band 2: U. Neuerburg, Werbung im Privatfernsehen, XIII/302 Seiten, 1988

Band 3: J. Peters, Entwicklungsländerorientierte Internationalisierung von Industrieunternehmen, IX/155 Seiten, 1988

Band 4: G. Chaloupek, J. Lamel, J. Richter (Hrsg.), Bevölkerungsrückgang und Wirtschaft, VIII/470 Seiten, 1988

Band 5: P. J. J. Welfens, L. Balcerowicz (Hrsg.), Innovationsdynamik im Systemvergleich, XIX/446 Seiten, 1988

Band 6: K. Fischer, Oligopolistische Marktprozesse, XI/169 Seiten, 1988

Band 7: M. Laker, Das Mehrproduktunternehmen in einer sich ändernden unsicheren Umwelt, IX/209 Seiten, 1988

Band 8: I. von Bülow, Systemgrenzen im Management von Institutionen, XII/278 Seiten, 1989

Band 9: H. Neubauer, Lebenswegorientierte Planung technischer Systeme XII/171 Seiten, 1989

Band 10: P. M. Sälter, Externe Effekte: „Marktversagen" oder Systemmerkmal? VII/188 Seiten, 1989

Band 11: P. Ockenfels, Informationsbeschaffung auf homogenen Oligopolmärkten, X/163 Seiten, 1989

Band 12: O. Jacob, Aufgabenintegrierte Büroinformationssysteme, VII/177 Seiten, 1989

Band 13: J. Walter, Innovationsorientierte Umweltpolitik bei komplexen Umweltproblemen, IX/208 Seiten, 1989

Band 14: D. Bonneval, Kostenoptimale Verfahren in der statistischen Prozeßkontrolle, V/180 Seiten, 1989

Band 15: T. Rüdel, Kointegration und Fehlerkorrekturmodelle, VIII/138 Seiten, 1989

Band 16: K. Rentrup, Heinrich von Storch, das „Handbuch der Nationalwirthschaftslehre" und die Konzeption der „inneren Güter", X/146 Seiten, 1989

Band 17: M. A. Schöner: Überbetriebliche Vermögensbeteiligung, XVI/417 Seiten, 1989

Band 18: P. Haufs, DV-Controlling, IX/166 Seiten, 1989

Band 19: R. Völker, Innovationsentscheidungen und Marktstruktur, XI/221 Seiten, 1990

Band 20: P. Bollmann, Technischer Fortschritt und wirtschaftlicher Wandel, VIII/184 Seiten, 1990

Band 21: F. Hörmann, Das Automatisierte, Integrierte Rechnungswesen, XI/408 Seiten, 1990

Band 22: W. Böing, Interne Budgetierung im Krankenhaus, XIV/274 Seiten, 1990

Band 23: G. Nakhaeizadeh, K.-H. Vollmer (Hrsg.), Neuere Entwicklungen in der Angewandten Ökonometrie, X/248 Seiten, 1990

Band 24: T. Braun, Hedging mit fixen Termingeschäften und Optionen, VII/167 Seiten, 1990

Band 25: G. Inderst, P. Mooslechner, B. Unger, Das System der Sparförderung in Österreich, VIII/126 Seiten, 1990

Band 26: Th. Apolte, M. Kessler (Hrsg.), Regulierung und Deregulierung im Systemvergleich, XIII/313 Seiten, 1990

Band 27: J. Lamel, M. Mesch, J. Skolka (Hrsg.), Österreichs Außenhandel mit Dienstleistungen, X/335 Seiten, 1990

Band 28: I. Heinz, R. Klaaßen-Mielke, Krankheitskosten durch Luftverschmutzung, XVI/147 Seiten, 1990

Band 29: B. Kalkofen, Gleichgewichtsauswahl in strategischen Spielen, XIII/214 Seiten, 1990

Band 30: K. G. Grunert, Kognitive Strukturen in der Konsumforschung, X/290 Seiten, 1990

Band 31: S. Felder, Eine neo-österreichische Theorie des Vermögens, X/118 Seiten, 1990

Band 32: G. Uebe (Hrsg.), Zwei Festreden Joseph Langs, VII/116 Seiten, 1990

Band 33: U. Cantner, Technischer Fortschritt, neue Güter und internationaler Handel, XVI/289 Seiten, 1990

Band 34: W. Rosenthal, Der erweiterte Maskengenerator eines Software-Entwicklungs- Systems, XIV/275 Seiten, 1990

Band 35: U. Nessmayr, Die Kapitalsituation im Handwerk, XII/177 Seiten, 1990

Band 36: H. Wüster, Die sektorale Allokation von Arbeitskräften bei strukturellem Wandel, IV/148 Seiten, 1990

Band 37: R. Hammerschmid, Entwicklung technisch-wirtschaftlich optimierter regionaler Entsorgungsalternativen, X/239 Seiten, 1990

Band 38: P. Mitter, A. Wörgötter (Hrsg.), Austro-Keynesianismus, V/102 Seiten, 1990

Band 39: A. Katterl, K. Kratena, Reale Input-Output Tabelle und ökologischer Kreislauf, VIII/114 Seiten, 1990

Band 40: A. Gehrig, Strategischer Handel und seine Implikationen für Zollunionen, XII/174 Seiten, 1990

Band 41: G. Nakhaeizadeh, K.-H. Vollmer (Hrsg.), Anwendungsaspekte von Prognoseverfahren, IX/169 Seiten, 1991

Band 42: C. Fantapié Altobelli, Die Diffusion neuer Kommunikationstechniken in der Bundesrepublik Deutschland, XXIV/319 Seiten, 1991

Band 43: J. Richter, Aktualisierung und Prognose technischer Koeffizienten in gesamtwirtschaftlichen Input-Output Modellen, VII/376 Seiten, 1991

Band 44: E. Spranger, Expertensystem für Bilanzpolitik, VIII/228 Seiten, 1991

Band 45: F. Schneider, Corporate-Identity-orientierte Unternehmenspolitik, XXI/295 Seiten, 1991

Band 46: B. Gygi, Internationale Organisationen aus der Sicht der Neuen Politischen Ökonomie, XI/258 Seiten, 1991

Band 47: L. Hennicke, Wissensbasierte Erweiterung der Netzplantechnik, VII/194 Seiten, 1991

Band 48: T. Knappe, DV-Konzepte operativer Früherkennungssysteme, VII/176 Seiten, 1991

Band 49: P. Welzel, Strategische Handelspolitik, XIII/207 Seiten, 1991

Band 50: H. Wiethoff, Risk Management auf spekulativen Märkten, XIV/202 Seiten, 1991

Band 51: R. Riedl, Strategische Planung von Informationssystemen, XII/227 Seiten, 1991

Band 52: K. Sandmann, Arbitrage und die Bewertung von Zinssatzoptionen, VIII/172 Seiten, 1991

Band 53: P. Engelke, Integration von Forschung und Entwicklung in die unternehmerische Planung und Steuerung, XVII/352 Seiten, 1991

Band 54: F. Blumberg, Wissensbasierte Systeme in Produktionsplanung und -steuerung, XVII/268 Seiten, 1991

Fortsetzung auf Seite 232

Michael Graff

Bildung und technischer Fortschritt als Determinanten wirtschaftlicher Entwicklung

Eine theoretische und empirische Untersuchung

Mit 20 Abbildungen

Springer-Verlag Berlin Heidelberg GmbH

Reihenherausgeber
Werner A. Müller

Autor
Dr. rer. pol. Michael Graff
TU Dresden
Fakultät Wirtschaftswissenschaften
D-01062 Dresden

ISBN 978-3-7908-0820-9

CIP-Titelaufnahme der Deutschen Bibliothek
Graff, Michael:
Bildung und technischer Fortschritt als Determinanten wirtschaftlicher Entwicklung: eine theoretische und empirische Untersuchung / Michael Graff.
(Wirtschaftswissenschaftliche Beiträge; Bd. 107)
ISBN 978-3-7908-0820-9 ISBN 978-3-662-11255-7 (eBook)
DOI 10.1007/978-3-662-11255-7
NE: GT

Ursprünglich erschienen bei Physica-Verlag Heidelberg 1995

88/2202-543210 - Gedruckt auf säurefreiem Papier

Inhaltsverzeichnis

1	*Einleitung*	1

I. Hauptteil: Theorie

2	*Bildung und wirtschaftliche Entwicklung*	7
2.1	Bildung und wirtschaftliche Entwicklung: Unmittelbare und mittelbare Auswirkungen	7
2.2	Der Humankapitalansatz	9
2.2.1	Empirische Anwendungen des Humankapitalansatzes	10
2.2.2	Einwände gegen den Humankapitalansatz	15
2.2.2.1	Modellimmanente Einwände	15
2.2.2.2	Bildung als selektives System	17
2.3	Bildung und Modernität	19
2.4	Qualifiziertes Humankapital und wirtschaftliche Entwicklung	22
2.5	Produktionstheoretische Untersuchungen zu Bildung und wirtschaftlicher Entwicklung: Empirischer Befund	23
2.6	Zusammenfassung	30
3	*Technischer Fortschritt und wirtschaftliche Entwicklung*	33
3.1	Traditionelle und "Neue" Wachstumstheorie	37
3.1.1	Das traditionelle Wachstumsmodell	39
3.1.2	Wachstumsmodelle mit endogenem Wachstum	43
3.2	Das technische Wissen als Produktionsfaktor	48
3.3	Entwicklungsstand und technischer Fortschritt	52
3.4	Determinanten technologischer Absorptionsfähigkeit: Empirischer Befund	66
3.5	Zusammenfassung	76

II. Hauptteil: Variablen, Meßkonzepte und empirische Analyse

4	*Variablen makroökonomischer Produktionsfunktionen*	79
4.1	Volkseinkommen und Wirtschaftswachstum	79
4.2	Der Produktionsfaktor Sachkapital	82
4.3	Der Produktionsfaktor Arbeit	92
4.4	Die Messung des Auslastungsgrades	92
4.5	Zusammenfassung	104
5	*Die Messung von Humankapital und Bildungsstand*	105
5.1	Einschulungsraten	107
5.2	Alphabetisierung	109
5.3	Zensus- und Mikrozensusdaten	110
5.4	Zusammenfassung	116

6	*Die Messung des technischen Fortschritts*	117
6.1	Inputmaße	118
6.1.1	FuE-Daten	118
6.1.2	Technologietransfer aus dem Ausland	119
6.2	Outputmaße	120
6.2.1	Patente	120
6.2.2	Bibliometrische Maße	128
6.3	Möglichkeiten zur Technologiemessung: Synthese	129
6.4	Eine Technologiemessung mit Hilfe der Hauptkomponentenanalyse	131
6.5	Zusammenfassung	141
7	*Empirische Analyse: Methoden und Ergebnisse*	145
7.1	Eine produktionstheoretische Analyse	146
7.1.1	Zur Methode: Die Schätzung von *fixed effects*-Modellen	148
7.1.2	Schätzungen von Produktionsfunktionen anhand gepoolter Daten	151
7.1.3	Die Schätzung einer Produktionsfunktion um 1975	162
7.2	Eine Untersuchung wirtschaftlicher Entwicklung im Länderquerschnitt	166
7.2.1	Determinanten wirtschaftlicher Entwicklung: Überprüfung des empirischen Befunds	174
7.3	Zusammenfassung	191

Anhang

8	*Dokumentation von Länderstichprobe und Daten*	193
8.1	Die Länderstichprobe	193
8.2	Beobachtungszeitraum und zeitliche Zuordnung	198
8.3	Beschreibung der Variablen	198
8.3.1	Daten aus dem International Comparison Project	198
8.3.2	Demographische Daten	199
8.3.2.1	Arbeitslosigkeit	200
8.3.3	Einschulungsraten	200
8.3.4	Alphabetisierung	200
8.3.5	Daten zum Bildungsstand	201
8.3.5.1	Der Bildungsstand der Erwerbspersonen	201
8.3.5.2	Der Bildungsstand der Bevölkerung ab 25 Jahren	213
8.3.6	Patentdaten	213
8.3.6.1	Einfache Patentzählungen	213
8.3.6.2	Qualifizierte Patentanmeldungen	214
8.3.6.3	Ausgaben für Patente und Lizenzen	216
8.3.7	Bibliometrische Maße	216
8.3.8	Forschung und Entwicklung	216
9	*Literaturverzeichnis*	219

1 Einleitung

Angesichts verbreiteter wirtschaftlicher Rückständigkeit ist die Frage nach den zu dauerhafter Entwicklung eines Landes führenden Ursachen von großer Bedeutung. Als Determinanten wirtschaftlicher Entwicklung kommen aus Sicht der ökonomischen Theorie dabei in erster Linie Bildungsanstrengungen, Forschung und Entwicklung (im folgenden auch: "FuE") sowie die Möglichkeit und Befähigung eines Landes, internationale Entwicklungsunterschiede durch nachahmende und aufholende Entwicklung zu überbrücken, in Betracht.[1]

Diese Ansicht wird durch wirtschaftshistorische Untersuchungen über die Zeit der Industriellen Revolution gestützt: Die Industrielle Revolution des 19. Jahrhunderts kann als eine in Großbritannien beginnende und sich dann auf andere Länder ausweitende Diffusion von Neuerungen angesehen werden. Dabei waren in verschiedenen Phasen der Industrialisierung unterschiedliche Faktoren von Bedeutung[2]:

In der Zeit von etwa 1760–1860, in der die wesentlichen Impulse von Großbritannien ausgingen und dort entwickelte neue Techniken sich zunächst nur in einigen mitteleuropäischen Ländern und in den USA ausbreiteten, sind die Nachfrage nach den neuen Produkten sowie die Nähe zu Großbritannien, und zwar sowohl im direkten als auch im übertragenen Sinne (sprachliche, rechtliche und kulturelle Gemeinsamkeiten), entscheidende Wachstumsfaktoren.[3] Die Länder, in welche im 19. Jahrhundert die Diffusion der von Großbritannien ausgehenden Techniken am schnellsten

---

1 Das Zusammenwirken von aktivem Bemühen um wirtschaftliche Entwicklung mit der durch internationale Entwicklungsunterschiede gegebenen Möglichkeit zu aufholender Entwicklung wird im Rahmen eines einfachen heuristischen Modells bereits von Richard R. NELSON und Edmund PHELPS (Investment in Humans, Technological Diffusion, and Economic Growth, in: American Economic Review, Papers and Proceedings, Vol. 56 (1966), S. 69–75) thematisiert. Die unseres Wissens ersten und bislang einzigen empirischen Überprüfungen dieser Vorstellung stammen von Jan FAGERBERG (A Technology Gap Approach to Why Growth Rates Differ, in: Research Policy, Vol. 16 (1987), S. 87–99; DERS., Why Growth Rates Differ, in: Giovanni DOSI, Christopher FREEMAN, Richard R. NELSON, Gerald SILVERBERG und Luc G. SOETE (Hg.), Technical Change and Economic Theory, London 1988, S. 432–457 und DERS., Innovation, Catching-Up and Growth, in: OECD, Technology and Productivity. The Challenge for Economic Policy, Paris 1991, S. 37–46). Eine Berücksichtigung von Bildungsanstrengungen erfolgt in FAGERBERGS Untersuchungen allerdings nicht.

2 Rondo CAMERON, The Diffusion of Technology as a Problem in Economic History, in: Economic Geography, Vol. 51 (1975), S. 217.

3 Ebenda, S. 221.

erfolgt, weisen darüber hinaus bereits seit etwa 1830 hohe Einschulungsraten auf.[4]

Für die Zeit nach 1860, in der die fortgeschrittensten Techniken nicht allein in Großbritannien, sondern zunehmend auch in anderen Ländern, wie z.B. in Deutschland und den USA, zu finden sind, lassen sich Verschiebungen hinsichtlich der Bedeutung einzelner Faktoren für die erfolgreiche Diffusion von Neuerungen feststellen: Förderlich ist in diesem Zeitabschnitt insbesondere eine Ausweitung der internationalen Transport- und Kommunikationswege und des Außenhandels,[5] und im Unterschied zur vorangegangenen Periode läßt sich jetzt auch eine zunehmende Verwissenschaftlichung der Produktions- und Innovationsprozesse feststellen: Der bis dahin so entscheidende individuelle Erfinder verliert zwar nicht gänzlich seine Bedeutung, aber die Etablierung institutionalisierter Forschungseinrichtungen – Labors, Universitäten – und Kommunikationswege – Bibliotheken, Fachzeitschriften – bezeugt bereits eine zunehmende Professionalisierung und Spezialisierung von Forschung und Entwicklung.[6]

Damit wächst auch die Bedeutung spezialisierter und wissenschaftlicher Ausbildung, denn der zunehmende Komplexitätsgrad der neuen Techniken setzt auch in den imitierenden Ländern mehr als nur elementare Bildung und praktische Erfahrung voraus.[7]

Wirtschaftshistorische Untersuchungen zeigen aber auch, daß ein hohes wissenschaftliches Niveau noch keine hinreichende Bedingung für wirtschaftliche Entwicklung darstellt. So hatten beispielsweise China und die arabische Welt am Vorabend der europäischen Industriellen Revolution eine herausragende wissenschaftliche Tradition entwickelt, ohne diese aber in wirtschaftliche Entwicklung umgesetzt zu haben.[8]

Weitergehende Erkenntnisse könnten von Fallstudien über Bildung, technischen Fortschritt und wirtschaftliche Entwicklung in einzelnen Län-

---

4 Richard A. EASTERLIN, A Note on the Evidence of History, in: C. Arnold ANDERSON und Mary Jean BOWMAN (Hg.), Education and Economic Development, Chicago 1966, S. 423.

5 Rondo CAMERON, The Diffusion of Technology ..., a.a.O., S. 223. Vgl. dazu auch die bekannte Passage im "Manifest der Kommunistischen Partei" von 1848; Karl MARX und Friedrich ENGELS, Werke, Bd. 4, Berlin (Ost) 1971, S. 463 f.

6 So hat z.B. nach Christopher FREEMAN (New Technology and Catching Up, in: Raphael KAPLINSKY und Charles COOPER (Hg.), Technology and Development in the Third Industrial Revolution, London 1989, S. 86) in Deutschland während der 2. Hälfte des 19. Jahrhunderts vor allem systematische Forschung und Entwicklung die Grundlage für die dann erfolgte schnelle Entwicklung gelegt.

7 Rondo CAMERON, The Diffusion of Technology ..., a.a.O., S. 233 f.

8 Nathan ROSENBERG und L. E. BIRDZELL, How the West Grew Rich, London 1986, S. 9.

dern und Epochen erwartet werden. Die vorliegenden Fallstudien ergeben jedoch kein einheitliches Bild; die Bedeutung von Bildung wird für verschiedene Länder und Wirtschaftszweige unterschiedlich eingeschätzt. Zudem gelingt in wirtschaftshistorischen Fallstudien meist nicht mehr als der Nachweis einer zeitlichen Koinzidenz von Bildungsexpansion und Industrieller Revolution, wogegen über den Ursache-Wirkung-Zusammenhang keine empirisch fundierte Aussage gemacht werden kann: "There was an Educational Revolution as well as an Industrial Revolution; and both were interrelated"[9], lautet ein typisches, bezüglich der Kausalität des Zusammenhangs jedoch wenig befriedigendes Ergebnis.[10]

Andere wirtschaftshistorische Untersuchungen befassen sich mit der Bedeutung einer lese- und schreibkundigen Bevölkerung für wirtschaftliche Entwicklung.[11] ANDERSON und BOWMAN kommen dabei zu dem Schluß, daß anhaltendes Wirtschaftswachstum eine Alphabetisierungsquote von etwa 40 % voraussetze.[12] Demnach gibt es bei der Ausweitung elementarer Bil-

---

9 E. G. WEST, Education and the Industrial Revolution, London 1975, S. 256. Die zitierte Aussage bezieht sich auf Großbritannien.

10 Vgl. dazu auch Hermann von LAER, Industrialisierung und Qualität der Arbeit. Eine bildungsökonomische Untersuchung für das 19. Jahrhundert, New York 1977 und Peter LUNDGREEN, Education and Economic Growth in 19th-Century-Germany: A Quantitative Study, in: Lawrence STONE (Hg.), Schooling and Society, Baltimore 1976, S. 20–66. Nach Irma ADELMAN (Education and Economic Development: A Comparative Perspective, in: Irma ADELMAN und Edward J. TAYLOR (Hg.), The Design of Alternative Development Strategies, Rohtak 1986, S. 305) ist die Kausalität allerdings rekonstruierbar: Im Falle der heute entwickelten Länder sei Perioden anhaltenden Wirtschaftswachstums meist eine Ausweitung formaler Bildung *vorangegangen*. Dies könne als Indiz dafür verstanden werden, daß, sofern überhaupt ein kausaler Zusammenhang bestehe, Bildung die verursachende Größe sei.

11 Handschriftliche Eintragungen in Kirchenregister bieten der Forschung dabei wertvolles und umfangreiches Material zur Schätzung von Alphabetisierungsquoten; vgl. Mary Jean BOWMAN und Arnold C. ANDERSON, Education and Economic Modernization in Historical Perspective, in: Lawrence STONE (Hg.), Schooling and Society, Baltimore 1976, S. 3–19.

12 Diese Hypothese ist als "ANDERSON-BOWMAN-Hypothese" oder "40-Prozent-Hypothese" bekannt. Sie findet sich zuerst bei Mary Jean BOWMAN und Arnold C. ANDERSON, Concerning the Role of Education in Development, in: Clifford GEERTZ (Hg.), Old Societies and New States, New York 1963, S. 247–279 und C. Arnold ANDERSON, Literacy and Schooling on the Development Threshold: Some Historical Cases, in: C. Arnold ANDERSON und Mary Jean BOWMAN (Hg.), Education and Economic Development, Chicago 1966, S. 347–362. Zur Aktualität der 40-Prozent-Hypothese vgl. A. A. MOGHADAM, The North-South Science and Technology Gap (Diss., Washington, D.C. 1985), New York 1990, S. 168 ff. sowie Cynthia Taft MORRIS und Irma ADELMAN, Nineteenth-Century Development Experience and Lessons for Today, in: World Development, Vol. 17 (1989), S. 1426.

dung eine "kritische Masse"[13], wobei erst das Erreichen dieses kritischen Wertes strukturelle Wandlungen in der Gesellschaft bewirkt, welche dann ihrerseits zu anhaltender wirtschaftlicher Entwicklung führen.

Die Situation der heute armen Länder unterscheidet sich allerdings von derjenigen der heute entwickelten Länder zu der Zeit, als diese ein vergleichbar niedriges Pro-Kopf-Einkommen aufwiesen[14]: Zum einen standen den heute entwickelten Ländern zu Beginn der Industriellen Revolution nicht reichere und entwickeltere Länder gegenüber, zum anderen gehörten sie in der Regel selber zu den Ländern, die wesentlichen Anteil hatten an den intellektuellen, politischen und geographischen Umwälzungen, welche den Beginn der Neuzeit markieren: der Renaissance, der Reformation und dem Zeitalter der Entdeckungen.

Einfache Übertragungen wirtschaftshistorischer Forschungsergebnisse auf die Situation ärmerer Länder in der Gegenwart sind demnach nicht angebracht. Im folgenden wenden wir uns daher zunächst der Wachstumstheorie zu, welche mit der Bestimmung säkularer Wachstumspfade eine nicht an bestimmte historische Perioden gebundene Analyse beabsichtigt.

Der technische Fortschritt erscheint in den Modellen dieser Theorie in den späten fünfziger und frühen sechziger Jahren zunächst als eine exogen gegebene, im Zeitablauf exponentiell wachsende Größe. Die Begründung des technischen Fortschritts bleibt aber außerhalb dieser Modelle; verbreitet ist daher das ironische Bild vom wie "Manna von Himmel" fallenden technischen Fortschritt.

In jüngster Zeit ist ein erneutes Interesse an der Wachstumstheorie zu konstatieren. Die Modelle der *Neuen Wachstumstheorie* endogenisieren dabei, im Unterschied zu denen der *traditionellen* Wachstumstheorie, stärker auch die Bestimmungsfaktoren des technischen Fortschritts, insbesondere die Auswirkungen von Bildung, Forschung und Entwicklung sowie die Relevanz des "Spätkommer-Vorteils".

Daneben kann zur Erklärung der Auswirkungen von Bildung auf Einkommen und wirtschaftliche Entwicklung vor allem auf den Humankapitalansatz zurückgegriffen werden.

Aufbauend auf den Erkenntnissen der angeführten theoretischen und empirischen Forschungsrichtungen, verfolgen wir in unserer Untersuchung

---

13 Moshe JUSTMAN und Morris TEUBAL, A Structuralist Perspective on the Role of Technology in Economic Growth and Development, in: World Development, Vol. 19 (1991), S. 1168.

14 Vgl. Simon KUZNETS, Underdeveloped Countries and the Pre-Industrial Phase in the Advanced Countries, in: A.N. AGARWALA und S.P. SINGH (Hg.), The Economics of Underdevelopment, New York 1963, S. 135–153.

einen integrativen Ansatz, welcher auf der durch die neoklassische Wachstumstheorie vorgezeichneten produktionstheoretischen Grundlage auch die Bedeutung des Humankapitals und des technischen Fortschritts, den bereits erreichten Entwicklungsstand sowie als Rahmenbedingungen weitere aus der Wirtschaftstheorie bekannte Determinanten wirtschaftlicher Entwicklung, wie z.B. die handelspolitische Offenheit eines Landes, berücksichtigt.

Der empirische Teil der vorliegenden Untersuchung stützt sich auf internationale Daten aus der volkswirtschaftlichen Gesamtrechnung und zu den Bereichen Bildung sowie technisches Wissen bzw. technischer Fortschritt über eine Stichprobe von 75 Ländern unterschiedlichen Entwicklungsstandes. Zur empirischen Analyse erfolgt dabei für jedes der 75 Länder unserer Stichprobe neben der Schätzung der herkömmlichen Produktionsfaktoren Kapital und Arbeit auch eine produktionstheoretisch begründete Schätzung des Produktionsfaktors Humankapital, eine neuartige, multivariate Bestimmung des technischen Fortschritts und eine in Länderquerschnittsuntersuchungen u.W. *bislang noch nicht versuchte Schätzung des Auslastungsgrades der Produktionsfaktoren zu verschiedenen Zeitpunkten.*

Bei der Analyse unseres Datensatzes bestätigt sich, daß sowohl Bildung als auch aktive Bemühungen zum Vorantreiben des technischen Fortschritts im Länderquerschnitt einen statistisch gesicherten Einfluß auf die Wachstumsrate der Arbeitsproduktivität ausüben. Zudem können wir zeigen, daß der von Vertretern der Konvergenzhypothese behauptete "Spätkommer-Vorteil" in der Tat eine Entwicklungschance für ärmere Länder darstellt, allerdings nur, sofern diese über die dafür erforderliche technologische Absorptionsfähigkeit verfügen.

Im folgenden – dem ersten Hauptteil der Untersuchung – werden die Auswirkungen von Bildung sowie Forschung und Entwicklung auf wirtschaftliche Entwicklung, insbesondere auch im Hinblick auf die besonderen Entwicklungschancen ärmerer Länder, diskutiert. Im empirischen Teil – dem zweiten Hauptteil der Untersuchung – werden die mit der Messung produktionstheoretisch wichtiger Größen (Einkommen, Kapital, Arbeit, Bildung, technischer Fortschritt) zusammenhängenden Probleme, die zur Verfügung stehenden Daten und die Methoden, Ergebnisse und Schlußfolgerungen aus unserer empirischen Analyse dargestellt. Die für die empirische Analyse herangezogene Länderstichprobe und die zugrundeliegenden Daten werden im Anhang beschrieben.

I. Hauptteil: Theorie

2 Bildung und wirtschaftliche Entwicklung

Im folgenden wird zunächst eine kurze Übersicht über die Auswirkungen von Bildung auf Einkommen und wirtschaftliche Entwicklung gegeben. Anschließend werden die dazu vorliegenden Erklärungsansätze sowie die Kritik an ihnen im einzelnen betrachtet.

2.1 Bildung und wirtschaftliche Entwicklung: Unmittelbare und mittelbare Auswirkungen

Bei der Betrachtung von formaler Bildung als Bestimmungsfaktor wirtschaftlicher Entwicklung können unmittelbare von mittelbaren Auswirkungen unterschieden werden[1]:

(1) Die unmittelbare Erhöhung der Arbeitsproduktivität bei gegebenem Wissensstand durch vermehrte oder verbesserte Ausbildung der Arbeitskräfte *(produktive* und *Intensitätsqualifikationen)*;

(2) die mittelbare Erhöhung der Arbeitsproduktivität aufgrund des Beitrags von Bildung zu einem wachsenden Stand des Wissens *(innovative Qualifikationen)*.

Ad (1): Bei den unmittelbaren Auswirkungen von Bildung stehen die Erhöhung der Arbeitsproduktivität durch ein verbessertes Ausbildungsniveau und die damit verbundenen Qualifikationen und Eigenschaften der zukünftigen Erwerbsbevölkerung im Vordergrund. Neben den im engeren Sinne ökonomisch relevanten Aspekten von Bildung – der Vermittlung von für die Produktion wichtigen Fähigkeiten – ist auch die Vermittlung von Werten und Einstellungen, welche für die Einführung neuer Techniken förderlich sind, von Bedeutung. Daher ist zwischen dem Erlernen praktischer Fähigkeiten und dem Erwerb produktionsrelevanter Eigenschaften zu unterscheiden. Im folgenden soll dabei von *produktiven* Qualifikationen im Unterschied zu *Intensitätsqualifikationen*,[2] wie z.B. Fleiß und Ausdauer, gesprochen werden.

---

1 Diese Unterscheidung findet sich bereits bei Edward Fulton DENISON, Measuring the Contribution of Education to Economic Growth, in: E.A.G. ROBINSON und J.E. VAIZEY (Hg.), The Economics of Education, London 1966, S. 256.

2 Diese Bezeichnungen gehen zurück auf Michael MASUCH, Politische Ökonomie der Ausbildung, Reinbek bei Hamburg 1972, S. 60.

Ad (2): Die mittelbaren Auswirkungen von Bildung betreffen *innovative Qualifikationen*. Dazu sind zu zählen[3]:

- Die Förderung der Arbeitsteilung und des Gebrauchs von Maschinen;
- die Erhöhung der Bereitschaft zu Inventionen und Innovationen;
- die Verkürzung der Zeitspanne, in der Neuerungen in den Produktionsprozeß eingeführt werden.

Die unterschiedenen Wirkungsweisen von Bildung auf wirtschaftliche Entwicklung lassen sich anhand eines Pfaddiagramms verdeutlichen (Abbildung 2.1).

Abbildung 2.1 Unmittelbare und mittelbare Auswirkungen von Bildung auf wirtschaftliche Entwicklung

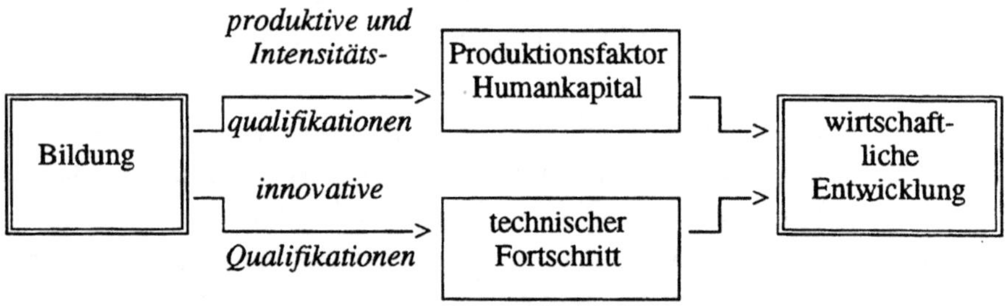

Wenn Bildung nicht nur eine Höherqualifizierung des Produktionsfaktors Arbeit bewirkt, sondern durch die mittelbaren Auswirkungen auch eine Beschleunigung des technischen Fortschritts erreicht wird, kann Bildung einen entscheidenden Beitrag zur wirtschaftlichen Entwicklung eines Landes leisten.[4]

In unserer Untersuchung sollen daher zum einen der Bildungsstand direkt als Produktionsfaktor und zum anderen die Auswirkungen von Bildung auf den technischen Fortschritt betrachtet werden.

Mit den unmittelbaren Auswirkungen von Bildung auf wirtschaftliche Entwicklung durch besser qualifiziertes Humankapital beschäftigen sich vor allem der Humankapitalansatz und sozialpsychologische Erklärungsversuche. Darauf gehen wir in den folgenden Abschnitten ein. Die mittelbaren

---

3 Vgl. G. Ugo PAPI, General Problems of the Economics of Education, in: E. A. G. ROBINSON und J.E. VAIZEY (Hg.), The Economics of Education, London 1966, S. 3 sowie Fritz MACHLUP, Education and Economic Growth, Lincoln 1970, S. 6 ff.

4 Vgl. Moshe JUSTMAN und Morris TEUBAL, A Structuralist Perspective on the Role of Technology in Economic Growth and Development, in: World Development, Vol. 19 (1991), S. 1168.

Auswirkungen von Bildung, d.h. die Frage nach der Bedeutung von Bildung als Bestimmungsfaktor des technischen Fortschritts, werden wir in Kapitel 3 diskutieren.

2.2 Der Humankapitalansatz

Der Anfang der sechziger Jahre unseres Jahrhunderts als "Humankapitaltheorie" bekannt gewordene Ansatz[5] ist mikroökonomisch begründet und besteht darin, Bildungsaufwendungen als Investitionen in Humankapital zu betrachten, so daß diese mit bekanntem ökonomischen Instrumentarium analysiert werden können.

Im folgenden wird untersucht, welchen Beitrag der Humankapitalansatz zur Klärung des Zusammenhangs zwischen Bildung und Einkommen bzw. wirtschaftlicher Entwicklung leistet und wie er für die vorliegende Untersuchung auf makroökonomischer Ebene operabel gemacht werden kann.

Wenn die individuell-mikroökonomische Ebene verlassen wird, ergibt sich nach humankapitaltheoretischer Vorstellung auf der gesamtwirtschaftlichen Ebene ein Kausalzusammenhang zwischen Bildungsaufwendungen und einem daraus resultierenden Wachstum der Arbeitsproduktivität. Damit werden auch gesellschaftliche Bildungsinvestitionen – abgesehen von allen sonstigen Erwägungen – einem ökonomisch rationalen Kalkül zugänglich: Sie sollten genau so lange ausgedehnt werden, wie ihre Erträge über denen konkurrierender Investitionsmöglichkeiten liegen.[6]

Der Humankapitalansatz hat im Laufe seiner Geschichte eine Reihe von theoretischen Verfeinerungen und Ergänzungen erfahren und zu einer großen Anzahl von empirischen Untersuchungen geführt. Darauf – sowie auf die Kritik am Humankapitalansatz – wird im folgenden eingegangen.

---

5 Bereits in den 30er Jahren erschien eine im heutigen Sinne humankapitaltheoretische Arbeit (R.J. WALSH, Capital Concept Applied to Man, in: Quarterly Journal of Economics, Vol. 49 (1935), S. 255–285), die aber kaum Beachtung fand. Als *locus classicus* der Humankapitaltheorie gilt erst das Supplement zum Journal of Political Economy, Vol. 70 (1962), in dem Gary S. BECKER und andere ihr Forschungsprogramm kundtaten. Zur dogmengeschichtlichen Einordnung der Humankapitaltheorie vgl. Mary Jean BOWMAN, The Human Investment Revolution in Economic Thought, in: Sociology of Education, Vol. 39 (1966), S. 111–138 und Mark BLAUG, The Empirical Status of Human Capital Theory: A Slightly Jaundiced View, in: Journal of Economic Literature, Vol. 14 (1976), S. 827.

6 Vgl. George PSACHAROPOULOS und Maureen WOODHALL, Education for Development. An Analysis of Investment Choices, Oxford 1985, S. 15 und 29 ff. sowie Jandhyala B. TILAK, Education and Its Relation to Economic Growth, Poverty, and Income Distribution, Past Evidence and Further Analysis, World Bank Discussion Papers No. 46, Washington, D.C. 1988, S. 11.

2.2.1 Empirische Anwendungen des Humankapitalansatzes

Bei empirischen Untersuchungen anhand des Humankapitalansatzes ist zwischen der Bestimmung *externer* und *interner* Bildungseffizienz zu unterscheiden.

Die Analyse der externen Bildungseffizienz geschieht mit Hilfe der Ertragsratenrechnung. Dabei handelt es sich um eine *cost benefit*-Betrachtung. Die Untersuchung der internen Bildungseffizienz hat dagegen die Produktivität von Bildung im Blick, so daß es sich dabei um eine *cost effectiveness*-Betrachtung handelt.

Frühe Arbeiten zur Humankapitaltheorie untersuchen vor allem die externe Bildungseffizienz. Dies erklärt sich zum einen durch das Fehlen empirisch fundierter Kenntnisse über die Bestimmungsgründe interner Bildungseffizienz, zum anderen aber auch durch die vorherrschende Betrachtung nur eines Landes – der USA – mit einem regional relativ einheitlichen Bildungssystem. Im internationalen Vergleich ist dagegen auch die Berücksichtigung der von Land zu Land u.U. große Unterschiede aufweisenden internen Bildungseffizienz angezeigt.

Der Ertragsratenansatz ist mikroökonomischer Natur: Ausgehend von Paneldaten zu Ausbildung und Einkommen sowie Angaben zu direkten und indirekten Bildungskosten werden zunächst die Kosten- und Ertragsströme der verschiedenen Ausbildungsgänge erfaßt. Die Ausbildungsgänge werden dabei nach der Anzahl von Schuljahren oder dem erfolgreichen Abschluß einer institutionalisierten Schulstufe klassifiziert. Die Ertragsrate für eine bestimmte formale Bildungsstufe entspricht dann dem jeweiligen internen Zinsfuß der Bildungsinvestition, also jenem Zinssatz, bei dem die über die Lebenszeit abgezinsten Bildungskosten gleich den Erträgen sind, so daß:

$$\sum_{t=0}^{n} \frac{(E_t - C_t)}{(1+i)^t} = 0,$$

wobei C_t den jährlichen Bildungskosten, E_t dem jährlichen bildungsspezifischen Einkommensdifferential, d.h. dem zusätzlichen Einkommen aufgrund der kostenmäßig erfaßten Bildung, und n der Lebensdauer der Bildungsinvestitionen, z.B. der Lebensarbeitszeit, entsprechen. Der interne Zinsfuß bzw. die Ertragsrate i kann dann auf iterativem Wege ermittelt werden.[7] Gegenüber anderen in der Investitionsevaluierung üblichen Verfahren, wie der Berechnung des Gegenwartswertes einer Investition oder des Nutzen-

7 Vgl. Mark BLAUG, An Introduction to the Economics of Education, London 1970, S. 54 ff.

Kosten-Verhältnisses, hat die Bestimmung des internen Zinsfußes den Vorteil, ohne *a priori*-Annahmen über einen Zinssatz zur Diskontierung auszukommen, und ist daher das für intertemporale und internationale Vergleiche bevorzugte Verfahren.[8]

Unterschieden werden muß dabei zwischen *privaten* und *sozialen* Ertragsraten.[9] Private Ertragsraten setzen die dem Individuum entstehenden Bildungskosten (Gebühren, Lehr- und Lernmittel und entgangenes Einkommen) in Beziehung zu seinem dadurch zusätzlich erzielten persönlichen Lebenseinkommen. Soziale Ertragsraten berücksichtigen dagegen nicht nur die dem Individuum entstehenden Bildungskosten, sondern auch die von der Gesellschaft getragenen Bildungskosten. Auf der Ertragsseite werden bei der privaten Ertragsberechnung die Nettoeinkommen nach Steuerabzug zugrunde gelegt, während die sozialen Erträge aus den Bruttoeinkommensdifferenzen bestehen. Private Bildungsertragsraten reflektieren daher den privaten Nettonutzen von Bildung nach staatlicher Umverteilung, soziale Ertragsraten dagegen den gesamtwirtschaftlichen Beitrag bestimmter Bildungsinvestitionen zum Wachstum des Volkseinkommens.

Der Ertragsratenansatz innerhalb der Humankapitaltheorie ist vor allem durch Arbeiten von SCHULTZ und BECKER[10] bekanntgeworden, die zeigen, daß – ökonomisch rationales Verhalten vorausgesetzt – die nachweisbar hohen direkten und indirekten Kosten von Bildungsinvestitionen mindestens ebenso hohe private bzw. soziale Erträge implizieren.

Die Arbeiten von SCHULTZ und BECKER haben zahlreiche Schätzungen von Bildungsertragsraten für verschiedene Länder angeregt. Diese in der Regel auf genauer Kenntnis der Verhältnisse im betreffenden Land beruhenden Schätzungen sind von PSACHAROPOULOS seit 1973 wiederholt zusammengestellt, verglichen und zusammengefaßt worden.[11] Diese Zusammenfassungen sind in Tabelle 2.1 wiedergegeben, wobei die Ertragsraten als durchschnittliche marginale Ertragsraten der einzelnen Schulstufen, d.h. als

---

8 Vgl. George PSACHAROPOULOS und Maureen WOODHALL, Education for Development, a.a.O., S. 31.

9 Vgl. George PSACHAROPOULOS, Returns to Education, Amsterdam 1973, S. 20 ff.

10 Theodore W. SCHULTZ, Education and Economic Growth, in: Nelson B. HENRY (Hg.), Social Forces Influencing American Education, Chicago 1961, S. 46–88; Gary S. BECKER, Investment in Human Capital: A Theoretical Analysis, in: Journal of Political Economy, Vol. 70 (1962), Supplement, S. 30 ff.; DERS., Human Capital, New York 1964.

11 George PSACHAROPOULOS, Returns to Education, a.a.O.; DERS., Returns to Education: An Updated International Comparison, in: Comparative Education, Vol. 17 (1981), S. 321–341; DERS., Returns to Education: A Further International Update and Implications, in: Journal of Human Resources, Vol. 20 (1985), S. 583–604.

Quantifizierung des zusätzlichen Ertrags beim Abschluß einer Schulstufe im Vergleich zum Abschluß der vorangegangenen, zu verstehen sind.

Tabelle 2.1 Bildungsertragsraten für verschiedene Schulstufen und Ländergruppen, in Prozent

Schulstufe	primar		sekundar		tertiär	
Erträge	privat	sozial	privat	sozial	privat	sozial
Länder:	Übersicht 1973 (n=32)[a]					
ärmere	k.A.[b]	25,1	18,5	15,2	22,0	12,4
reichere	k.A.[c]	k.A.[c]	11,9	9,5	11,9	9,4
Länder:	Übersicht 1981 (n=44)[a]					
ärmere	29[d]	27	19	16	24	13
mittlere	20	16	17	14	17	10
reichere	k.A.[c]	k.A.[c]	14	10	12	9
Länder:	Übersicht 1985 (n=58)[a]					
ärmere[e]	38	26	22	17	26	14
mittlere	17	13	13	10	13	8
reichere	k.A.[c]	k.A.[c]	12	11	12	9

a Ein direkter Vergleich zwischen den Ländergruppen im Zeitverlauf ist nicht möglich, da den einzelnen Übersichten unterschiedliche Länderstichproben und Abgrenzungen zugrunde liegen.

b Die private Ertragsrate variiert sehr stark (von 7,5 %–155,1 %), so daß von der Angabe eines Durchschnittswertes abgesehen wird. k.A. bedeutet "keine Angabe".

c Eine Berechnung ist nicht möglich, da in den reicheren Ländern keine adäquate Kontrollgruppe ohne Primarschulbildung zur Ermittlung des Einkommensdifferentials zur Verfügung steht.

d Die Rundungen in den Zusammenstellungen von 1981 und 1985 zeigen die auch bei PSACHAROPOULOS gewachsene Skepsis hinsichtlich der Genauigkeit der ermittelten Werte.

e Gewichteter Mittelwert aus den in der Quelle angeführten Ländergruppenmittelwerten für Afrika, Asien und Lateinamerika (ohne Berücksichtigung der mittleren und reicheren Länder dieser Kontinente).

Quellen: George PSACHAROPOULOS, Returns to Education, a.a.O., S. 62 ff.; DERS., Returns to Education: An Updated Comparison, a.a.O., S. 329; DERS., Returns to Education: A Further International Update and Implications, a.a.O., S. 586 und S. 598 f.

Die Berechnung von Bildungsertragsraten hat zu einigen wichtigen und häufig bestätigten Ergebnissen geführt:

(1) Die privaten und sozialen Ertragsraten von Bildungsinvestitionen sind für die Primarschule am höchsten;

(2) die Ertragsraten in ärmeren Ländern sind höher als die in reicheren;

(3) die privaten Ertragsraten sind höher als die sozialen, und das zunehmend mit höheren Bildungsstufen.

Ad (1): Dort, wo die Primarschule noch nicht von der überwiegenden Mehrheit der Schüler erfolgreich abgeschlossen wird, ist aufgrund geringer durchschnittlicher Kosten pro Schüler und vielfältiger kognitiver und motivationaler Auswirkungen eines kontinuierlichen Besuchs der Primarschule mit den höchsten Bildungserträgen zu rechnen.[12]

Die erfolgreiche Entwicklung der dem Schulbesuch zugeschriebenen Werte und Einstellungen erfordert aber unter Umständen eine kritische Mindestanzahl von individuell zu absolvierenden Schuljahren,[13] wobei einzelne Untersuchungen darauf hinweisen, daß die notwendige Mindestanzahl von Schuljahren etwa vier bis sechs Jahre betragen könnte.[14] Eine begründete bildungspolitische Forderung ist daher die Universalisierung einer Schulbildung von mindestens vier bis sechs Jahren.

Ad (2): Auch der Vergleich von Bildungsertragsraten verschiedener Länder bezeugt abnehmende Erträge: Da die reicheren Länder die Bildung ihrer Bevölkerung schon über einen längeren Zeitraum vorangetrieben und daher höhere Niveaus erreicht haben, ist die Feststellung von auf gleicher Schulstufe niedrigeren Bildungsertragsraten in reicheren Ländern – bei Interpretation des Länderquerschnitts als Momentaufnahme verschiedener Punkte auf einem identischen Entwicklungspfad – als Bestätigung des Ertragsgesetzes in bezug auf Humankapital aufzufassen.

---

12 Vgl. Christopher COULCLOUGH, The Impact of Primary Schooling on Economic Development: A Review of the Evidence, in: World Development, Vol. 10 (1982), S. 167–185.

13 Vgl. Mary Jean BOWMAN und Arnold C. ANDERSON, The Role of Education in Development, in: Development of the Emerging Countries, An Agenda for Research, Washington, D.C. 1962, S. 153–180.

14 Vgl. Rauf A. AZHAR, Education and Technical Efficiency in Pakistan's Agriculture, in: Pakistan Development Review, Vol. 27 (1988), S. 694; Lawrence J. LAU, Dean T. JAMISON und Frédéric F. LOUAT, Education and Productivity in Developing Countries: An Aggregate Production Function Approach, World Bank PRE Working Paper No. 612, Washington, D.C. 1990; Lawrence J. LAU, Dean T. JAMISON Shu-Cheng LIU und Steven RIVKIN, Education and Economic Growth. Some Cross-Sectional Evidence from Brazil, in: Journal of Development Economics, Vol. 41 (1993), S. 45–70.

Ad (3): Private Ertragsraten sind höher als soziale, da die Korrektur um die Kosten der öffentlichen Bildungsausgaben stärker zu Buche schlägt als die Korrektur der Erträge um den Anteil der von den privaten Haushalte abzuführenden Steuern. Auffallend ist, daß besonders in ärmeren Ländern die privaten Ertragsraten des tertiären Bildungsbereichs erheblich höher sind als die sozialen. Die Erklärung dafür liegt vermutlich vor allem in den gegenüber dem Primar- und Sekundarschulbereich relativ hohen öffentlichen Aufwendungen pro Student auf postsekundärem Niveau.[15]

Dabei sollte aber nicht außer acht gelassen werden, daß bei der Berechnung sozialer Bildungsertragsraten die gesamtwirtschaftlichen Externalitäten (*spill over*-Effekte) unberücksichtigt bleiben, welche aus dem Umgang und der Zusammenarbeit mit hochqualifizierten Fachleuten resultieren: Die Diffusion von Wissen und Fähigkeiten, welche auf Kontakte weniger gebildeter mit höher gebildeten Arbeitskräften zurückzuführen ist, kann durch die Bildungsertragsratenberechnung nicht erfaßt werden. Wenn aber eine solche Diffusion von Wissen erfolgt, dann sollte ,sie auch in eine gesamtwirtschaftliche Analyse der Auswirkungen von Bildung Eingang finden.[16]

Für die Evaluierung von Bildungserfolgen ist ferner die Frage, welche Faktoren die Qualität schulischer Ausbildung bestimmen, von großer Bedeutung. Dazu vorliegende empirische Untersuchungen führen zu folgendem Befund: Insbesondere die Höhe der Ausgaben pro Schüler wirkt sich positiv auf die Bildungsproduktivität aus, nicht dagegen andere oft gebrauchte Bildungsqualitätsindikatoren, wie z.B. das Lehrer-Schüler-Verhältnis.[17] Dieses Ergebnis konnte häufig bestätigt werden: Eine Übersicht über 147 Bildungsproduktionsfunktionen[18] verschiedener Länder und Schulstufen z.B. zeigt plausible Ergebnisse nur hinsichtlich der Ausgaben pro Schüler und der Höhe der Lehrergehälter,[19] und bei einer Zusammenfassung der Ergebnisse von 72 empirischen Untersuchungen aus ärmeren Ländern wird gefolgert, daß von den gebräuchlichen Schulqualitätsindikatoren zwar

---

15 Vgl. George PSACHAROPOULOS, Returns to Education, a.a.O., S. 66 ff.

16 Dies geschieht im folgenden bei der Betrachtung von Humankapital als Produktionsfaktor, vgl. Kapitel 2.5, S. 23 ff.

17 Vgl. Finis WELCH, Measurement of the Quality of Schooling, in: American Economic Review, Papers and Proceedings, Vol. 56 (1966), S. 379–392.

18 Bildungsproduktionsfunktionen beschreiben die mit Hilfe von Leistungstests gemessenen Ergebnisse von Schulbildung als Funktion der feststellbaren Bildungsaufwendungen.

19 Eric A. HANUSHEK, The Economics of Schooling, in: Journal of Economic Literature, Vol. 24 (1986), S. 1160 ff. Das Schüler-Lehrer-Verhältnis sowie die Länge der Lehrerausbildung und die Berufserfahrung zeigen dabei hinsichtlich des Lernerfolgs häufig insignifikante oder gar Einflüsse mit dem "falschem" Vorzeichen.

die Bildungsausgaben pro Schüler und die Ausgaben für Lehrmittel pro Schüler, nicht aber das Lehrer-Schüler-Verhältnis, einen gesicherten positiven Effekt auf die Leistung der Schüler haben.[20]

Damit kann festgestellt werden, daß außer den Angaben zur Höhe der Bildungsausgaben pro Schüler sich die zur Messung der Bildungsqualität verbreiteten Indikatoren – insbesondere das Lehrer-Schüler-Verhältnis – nicht bewähren. Sofern – wie in der vorliegenden Untersuchung – nicht auf Angaben zur Höhe der Bildungsausgaben zurückgegriffen werden kann, ist daher zur Evaluierung von Bildungserfolgen nach anderen Wegen zu suchen.

2.2.2 Einwände gegen den Humankapitalansatz

Im folgenden diskutieren wir häufig vorgebrachte Einwände gegen den Humankapitalansatz im Hinblick auf die Frage, welche Mängel bei dessen Operationalisierung auf der Makroebene vermieden werden können und welche Aussagen eine auf diesem Ansatz beruhende empirische Untersuchung zuläßt.

2.2.2.1 Modellimmanente Einwände

Modellimmanente Einwände gegen den Humankapitalansatz kritisieren diesen aus theoretischen und methodischen Gründen, bestreiten aber nicht den humankapitaltheoretischen Grundgedanken, Bildung als Investition zu betrachten, welche in der Zukunft Erträge erwirtschaftet.

Außer knappen Hinweisen auf die Nützlichkeit in der Schule erlernter Fähigkeiten wird aber über diesen Grundgedanken von der Humankapitaltheorie keine empirisch gehaltvolle Aussage gemacht. Meist wird von einem intuitiv zu begreifenden, der genauen Erforschung nicht zugänglichen oder von anderen Disziplinen zu begründenden Zusammenhang ausgegangen.[21]

In Ermangelung genauerer Kenntnisse oder Hypothesen wird die Schaffung von Humankapital daher von der Humankapitaltheorie in der Regel als lineare Funktion der Dauer des Schulbesuchs aufgefaßt. Mit kontinuierlichem Schulbesuch werden nach dieser Vorstellung immer gleiche Mengen des immer gleichen Humankapitals angehäuft. Die der Humankapitaltheorie

---

[20] Bruce FULLER, Raising School Quality in Developing Countries. What Investments Boost Learning? World Bank Discussion Papers No. 2, Washington, D.C. 1986, S. 21 ff.

[21] Vgl. William J. BAUMOL, Toward a Newer Economics: The Future Lies Ahead! In: Economic Journal, Vol. 101 (1991), S. 7.

adäquate Operationalisierung bildungsspezifischen Humankapitals ist daher die Anzahl der Schul- bzw. Ausbildungsjahre.[22]

Es ist aber anzunehmen, daß im Laufe des Schulbesuchs ganz unterschiedliche Änderungen des Verhaltens und des Kenntnisstandes bewirkt werden. Die Annahme der Homogenität von Humankapital erscheint daher nicht angemessen.

Neben den angeführten Unstimmigkeiten bei der Messung von nur einer homogenen Humankapitalgröße ist für die empirische Aussagefähigkeit des Humankapitalansatzes insbesondere die Größenordnung des Anteils von Bildung an der Bestimmung des persönlichen Arbeitseinkommens von Bedeutung, also die Frage, ob der in Untersuchungen zur Bestimmung von Bildungsertragsraten gemessene Zusammenhang nicht in Wirklichkeit andere Ursachen hat. Dabei kommen als alternative oder zusätzliche Bestimmungsfaktoren des Einkommens vor allem die angeborenen Anlagen und der sozioökonomische Status in Betracht. In dem Maße, in dem diese Variablen sowohl die Ausbildungsdauer als auch die spätere berufliche Position und den Verdienst bestimmen, handelt es sich bei dem häufig festgestellten Zusammenhang zwischen Bildung und Einkommen um eine Schein-Korrelation. In der Humankapitaltheorie spricht man dabei vom "alpha-Koeffizienten"[23]: Dieser stellt ein Maß für den Erklärungsanteil von Bildung als einer unter mehreren das Einkommen erklärenden Variablen dar und kann Werte von Null bis Eins annehmen; je größer der durch Bildung erklärte Anteil des Arbeitseinkommens ist, desto höher ist auch der alpha-Koeffizient.

Nach der vorliegenden Literatur kann von einem alpha-Koeffizienten von etwa 0,6–0,7 ausgegangen werden,[24] so daß die Kontrolle der in der

---

22 Vgl. Christof HELBERGER, Eine Überprüfung der Linearitätsannahme der Humankapitaltheorie, in: Hans-Joachim BODENHÖFER (Hg.), Bildung, Beruf, Arbeitsmarkt, Berlin 1988, S. 152 ff.

23 George PSACHAROPOULOS und Maureen WOODHALL, Education for Development, a.a.O., S. 41 f.

24 Eine Sekundäranalyse von 13 Datensätzen aus den USA, kommt zu dem Schluß, daß sowohl der sozioökonomische Status als auch die persönlichen Anlagen einen signifikanten Einfluß auf den späteren Verdienst haben, wobei konventionelle, d.h. bei partieller Betrachtung ermittelte, Bildungsertragsraten den wahren Zusammenhang um 35–40 % überschätzen (Larry GRIFFIN, Specification Biases in Estimates of Socioeconomic Returns to Schooling, in: Sociology of Education, Vol. 49 (1976), S. 132 ff.). Zum gleichen Ergebnis kommt eine Untersuchung anhand von 500 Geschwisterpaaren in Nicaragua (Jere R. BEHRMAN und Barbara L. WOLFE, The Socioeconomic Impact of Schooling in a Developing Country, in: Review of Economics and Statistics, Vol. 66 (1984), S. 296–303. "Geschwisterstudien" erlauben eine einfache Kontrolle auf den sozioökonomischen Status und persönliche Anlagen, da diese bei Geschwistern praktisch

Literatur angeführten Bildungsertragsraten auf unberücksichtigte Einflüsse in der Regel zu einer moderaten, aber dennoch merklichen Korrektur der gemessenen Bildungseffekte nach unten führen sollte.

2.2.2.2 Bildung als selektives System

Verschiedene Kritiker des Humankapitalansatzes betonen die selektive Funktion der Schule für die gesellschaftliche Positionszuweisung und stellen dabei die Gültigkeit der Humankapitaltheorie generell in Frage.[25] Danach beruht der beobachtete Zusammenhang zwischen Bildung und individuellem Einkommen auf einer anderen als der von der Humankapitaltheorie behaupteten Ursache: Nicht die Arbeitsproduktivität, sondern mittels formaler Bildung erworbene Attribute bestimmten das Arbeitseinkommen; ausschlaggebend dafür seien die auf dem Arbeitsmarkt üblichen Kriterien bei der Besetzung freier Stellen, nach welchen in der Regel Bewerber mit höheren formalen Qualifikationen vorgezogen würden. Dafür können folgende Begründungen angeführt werden:

(1) Die Signalfunktion von Bildung (Screening-Hypothese): Bei der Auswahl eines Bewerbers stehen angeborene Persönlichkeitsmerkmale, wie z.B. die Leistungsmotivation, im Vordergrund.[26] Die durch einen formalen Bildungsabschluß signalisierte Mühe einer jahrelangen Ausbildung wird bei der Einstellung als Indiz für relevante Persönlichkeitsmerkmale gewertet;

(2) Argumente, die einen rein symbolisch vermittelten Zusammenhang zwischen Bildungsabschlüssen und unterschiedlich entlohnten Arbeitsplätzen annehmen (Kredentialismus-Hypothese[27]):

---

als identisch angenommen werden können. Ohne Berücksichtigung der Herkunft wird auch hier der gemessene Zusammenhang zwischen Schulbildung und Einkommen um etwa ein Drittel überschätzt.

25 Paul STREETEN, The Frontiers of Development Studies, London 1972, S. 142 f. Auch Mark BLAUG, einer der ersten europäischen Anhänger der Humankapitalschule, hat seit Mitte der siebziger Jahre zunehmend die Relevanz rivalisierender Ansätze in Betracht gezogen; vgl. "The Empirical Status of Human Capital Theory: A Slightly Jaundiced View", a.a.O., S. 845 ff. und "Where Are We Now in the Economics of Education", in: Economics of Education Review, Vol. 4 (1985), S. 18 f. sowie BLAUGS Einführung zu seinem Buch "The Economics of Education and the Education of an Economist", Aldershot 1987, S. vii–ix.

26 Vgl. Michael SPENCE, Job Market Signaling, in: Quarterly Journal of Economics, Vol. 87 (1973), S. 358.

27 "Educational credentialism" bedeutet dabei die Honorierung von Abschlußzeugnissen und Diplomen um ihrer selber willen; vgl. Kenneth KING, Science, Technology and Education in the Development of Indigenous Technological Capability, in: Martin

- Bei einem Angebotsüberschuß auf dem Arbeitsmarkt werden formal qualifiziertere Bewerber vorgezogen;[28]
- Firmen, Organisationen und Behörden betreiben demonstrativen Konsum,[29] da sich ihr Status mit der Anzahl und der formalen Qualifikation der "gebildeten" Beschäftigten erhöht.

Solche Zusammenhänge, so die Vertreter der Screening- bzw. Kredentialismus-Hypothese, dürften in besonderem Maße bei einem hohen Maß an versteckter Arbeitslosigkeit, im staatlichen Sektor sowie in den traditionalistisch geprägten, ärmeren Ländern wirksam sein.[30]

Diesen Erklärungsversuchen ist gemein, daß das für die neoklassische Theorie grundlegende Axiom der Grenzproduktivitätsentlohnung bestritten wird. Der Kausalzusammenhang zwischen Bildung und Einkommen beruht nicht in erster Linie auf einer durch Bildung bewirkten Erhöhung der produktiven Qualifikation, sondern vor allem auf einer Signalwirkung. Das Bildungssystem hat dabei die Funktion, Kriterien für die Besetzung von Stellen offenzulegen und wird nicht als unmittelbar produktivitätssteigernd angesehen.

Bildungskredentialismus in Reinform dürfte allerdings nur auf bestimmten rationierten Arbeitsmärkten eine Rolle spielen, da auch ein ganz oder im überwiegenden Maße der Signalfunktion dienendes Bildungssystem neben privaten auch gesamtwirtschaftliche Erträge abwirft, indem es Individuen bei Berufsantritt gemäß ihrer Motivation sowie ihrer offenbarten komparativen Vorteile auf die verschiedenen Arbeitsplätze verteilt, was die Rationalität der gesellschaftlichen Arbeitsteilung und damit auch die gesamtwirtschaftliche Produktivität erhöht.[31]

FRANSMAN und Kenneth KING (Hg.), Technological Capability in the Third World, Houndmills 1984, S. 38.

28 Vgl. Jagdish N. BHAGWATI und T.N. SRINIVASAN, Education in a 'Job-Ladder' Model and the Fairness-in-Hiring Rule, in: Journal of Public Economics, Vol. 7 (1977), S. 1–22.

29 Vgl. Mark BLAUG, Common Assumptions about Education and Employment, in: John SIMMONS (Hg.), The Education Dilemma. Policy Issues for the Developing Countries in the 1980s, Oxford 1980, S. 149. Zum Konzept des "demonstrativen Konsums" vgl. Thorstein VEBLEN, Theorie der feinen Leute, Köln 1971, S. 62 ff.

30 Vgl. Mark BLAUG, An Introduction to the Economics of Education, a.a.O., S. 209 ff.

31 Vgl. Rainer LÜDECKE, Mechanismen bildungsbedingter Einkommenssteigerungen von Individuen, in: Werner CLEMENT (Hg.), Konzept und Kritik des Humankapitalansatzes, Berlin 1981, S. 213 sowie Kevin LANG, Does the Human Capital/Educational Sorting Debate Matter for Policy? NBER Working Paper No. 4052, Cambridge (Mass.) 1992, S. 2.

Insgesamt kann wohl davon ausgegangen werden, daß die Signal-Hypothese und der Humankapitalansatz sich nicht gänzlich ausschließen. Die Signalfunktion von Bildung dürfte insbesondere zu Beginn der individuellen Berufstätigkeit bedeutsam sein, wobei aber anzunehmen ist, daß im Laufe der Berufstätigkeit – in Einklang mit der Humankapitaltheorie – schließlich stärker am Produktionsergebnis orientierte Kriterien zur Evaluierung der Arbeitsproduktivität ausschlaggebend werden.

2.3 Bildung und Modernität

Der Humankapitalansatz geht stillschweigend davon aus, daß Bildung die Arbeitsproduktivität erhöht. Zu klären ist daher, auf welche Weise dies vor sich gehen könnte.

Die Frage, auf welche Weise Bildung im Individuum zu Veränderungen führt, und wie diese beschaffen sind, wird von verschiedenen Disziplinen untersucht. Dabei ist die Annahme, daß Bildung individuelle Modernität befördere, weit verbreitet.[32] Dabei ergänzen insbesondere sozialpsychologische Forschungen zur Entwicklung von *Modernität* den Humankapitalansatz um das von diesem weitgehend ignorierte Glied in der Wirkungskette:

Bildung —> Persönlichkeitsmerkmale —> Einkommen.

Der Begriff "Modernität" wird jedoch selten präzisiert und noch seltener operationalisierbar gemacht. Eine Ausnahme sind die Studien von INKELES, HOLSINGER und SMITH.[33] Das wesentliche Resultat dieser Untersuchungen ist, daß die Anzahl der absolvierten Schuljahre von allen in Betracht zu ziehenden Variablen der beste Prädiktor für individuelle "Modernität" ist, so daß gefolgert wird: "Education ... proved to be a powerful influence ... to making man modern."[34]

Entscheidend für die Interpretation dieses Befunds ist allerdings die dem zugrundeliegende Definition von "Modernität": Zur Messung individueller Modernität ziehen INKELES, HOLSINGER und SMITH eine eigens dafür entwickelte "OM"(Overall Modernity)-Persönlichkeitsskala heran, wobei besonderer Wert auf die Unabhängigkeit der OM-Skala von erworbenem Wis-

---

32 Vgl. Isolde DEMELE, Wolfgang SCHOELLER und Roald STEINER, Modernisierung oder Marginalisierung, Frankfurt am Main 1989, S. 129 ff.

33 Alex INKELES und David H. SMITH, Becoming Modern. Individual Change in 6 Developing Countries, London 1974; Donald B. HOLSINGER, The Elementary School as Modernizer: A Brazilian Study, in: Alex INKELES und Donald B. HOLSINGER (Hg.), Education and Individual Modernity in Developing Countries, Leiden 1974, S. 24–46.

34 Alex INKELES und David H. SMITH, Becoming Modern, a.a.O., S. 7.

sen (Schulwissen) gelegt wird. Als modern werden im Rahmen der OM-Skala insbesondere solche Persönlichkeitsmerkmale angesehen, welche den Erwartungen entsprechen, die an Arbeitskräfte in modernen Industrieunternehmen gestellt werden.[35] Damit entsprechen dem Modernitätsbegriff der OM-Skala die für eine industrielle Produktionsweise nützlichen Eigenschaften. Die Schule wird dabei als sozialisierende, *Intensitätsqualifikationen* vermittelnde Instanz verstanden, die nur schwer durch andere Institutionen ersetzt werden kann. Die Begründung dafür liegt in der Ähnlichkeit der Organisation Schule mit den Einrichtungen in der Produktionssphäre: "In our view, the school is not only a place for teaching; it is, inevitably, a setting for the more general socialization of the child. The school modernizes through a number of processes other than formal instruction in academic subjects. These are: *reward and punishment, modeling, exemplification* and *generalization.*"[36]

Diese Ansicht wird durch andere Untersuchungen bekräftigt. Die kognitive Entwicklung von Schülern, so das Resümee einer Übersicht über 19 Studien zur internen Bildungseffizienz in ärmeren Ländern[37], werde bis in die Sekundarstufe hinein vor allem dadurch befördert, daß die Schüler von der häuslichen in eine schulische Umgebung versetzt werden.

Die Studien von INKELES, HOLSINGER und SMITH leisten u.E. – trotz ihres instrumentellen Modernitätsbegriffs[38] – einen wichtigen Beitrag zum Verständnis der Auswirkungen von Bildung auf wirtschaftliche Entwicklung, indem sie zeigen, daß kontinuierlicher Schulbesuch zu einer Erhöhung der Werte auf der OM-Persönlichkeitsskala führt, das heißt, dazu beiträgt, Persönlichkeitsmerkmale zu entwickeln, die als hilfreich für die Einführung in-

---

[35] Die OM-Skala umfaßt folgende 12 Bereiche individueller Modernität: (1) Offenheit für neue Erfahrung, (2) Offenheit für sozialen Wandel, (3) Entwicklung von Meinungen, (4) Verlangen nach Information, (5) Zeitgefühl, (6) Verlangen nach Effizienz, (7) Planung, (8) Kalkulierbarkeit, (9) Hochschätzung technischer Fähigkeiten, (10) beruflichen Ehrgeiz, (11) Respekt für Andere und (12) Verständnis der Produktionssphäre; vgl. Alex INKELES und David H. SMITH, Becoming Modern, a.a.O., S. 18 ff.

[36] Ebenda, S. 140 (Hervorhebungen im Original).

[37] John SIMMONS und Alexander LEIGH, School Achievement in Developing Countries, in: John SIMMONS (Hg.), The Education Dilemma. Policy Issues for the Developing Countries in the 1980s, Oxford 1980, S. 90 f.

[38] Der europäisch-nordamerikanische Ethnozentrismus des von INKELES, HOLSINGER und SMITH zugrundegelegten Modernitätsbegriffs ist wiederholt kritisiert worden; vgl. z.B. Thomas Owen EISEMON, Benefiting from Basic Education in Developing Countries: A Review of Research on the External Efficiency of Educational Investments, Buffalo 1987, S. 11 f. und Soofia MUMATZ, Economic Development and Traditional Structures: Some Theoretical Considerations, in: Pakistan Development Review, Vol. 27 (1988), S. 501–507.

dustrieller Produktion anzusehen sind. Für die Entwicklung einer solchen Persönlichkeitsstruktur ist dabei die sozialisierende Funktion des Schulbesuchs entscheidend.

Betrachtet man den Zusammenhang von Modernität und wirtschaftlicher Entwicklung nicht – wie INKELES, HOLSINGER und SMITH – auf der individuellen, sondern auf der sozialen Ebene, dann steht die Transformation traditioneller in moderne Gesellschaften im Vordergrund.[39] Dabei wird insbesondere ein offenes, rationales Umfeld, in dem traditionelle Zwänge eine Lockerung erfahren, als förderlich für wirtschaftliche Entwicklung angesehen.[40]

Es ist allerdings festzustellen, daß Versuche, eine auch für die empirische Forschung brauchbare Operationalisierung der Rationalität und Modernität von Gesellschaften zu finden, bislang wenig erfolgreich geblieben sind.[41] In empirischen Länderquerschnittsuntersuchungen greift man angesichts dieses Befunds häufig auf die Verwendung von Dummyvariablen (0,1-Variablen) zurück. Beispiele dafür sind Regionen-Dummyvariablen (Schwarzafrika, Lateinamerika) und Dummyvariablen, die bestimmte ökonomische Gemeinsamkeiten von Ländern im Blick haben (OPEC, OECD, Planwirtschaft)[42] oder solche, die auf bestimmte historische Gemeinsamkeiten von Ländern hinweisen (Kolonial-Dummyvariablen)[43]. Sozialpsychologische oder politische Bestimmungsfaktoren der wirtschaftlichen Entwicklung, wie etwa die Modernität einer Gesellschaft, können daher in unserer Untersuchung mangels besserer Indikatoren nur in der Form von Dummyvariablen berücksichtigt werden.

---

39 Vgl. Richard F. BEHRENDT, Soziale Strategie für Entwicklungsländer. Entwurf einer Entwicklungssoziologie, 2. Aufl., Frankfurt am Main 1968, S. 307.

40 Nathan ROSENBERG und L.E. BIRDZELL (How the West Grew Rich, London 1986, S. 34) sehen darin sogar den entscheidenden Grund für die erfolgreiche Modernisierung der heute entwickelten Gesellschaften: "Initially, the West's achievement of autonomy stemmed from a relaxation, or a weakening, of political and religous controls, giving other departments of social life the opportunity to experiment with change."

41 Vgl. A.S. BHALLA und A.G. FLUITMAN, Science and Technology Indicators and Socio-economic Development, in: World Development, Vol. 13 (1985), S. 179.

42 Vgl. Ross LEVINE und David RENELT, A Sensitivity Analysis of Cross-Country Growth Regressions, in: American Economic Review, Vol. 82 (1992), S. 942–963.

43 Vgl. Eberhard SCHOLING und Vincenz TIMMERMANN, Ein Sozio-ökonomisches Latent-Variablen-Modell zur Analyse von Wachstum und Entwicklung in unterentwickelten Volkswirtschaften, in: Vincenz TIMMERMANN (Hg.), Wachstum und Produktionsstruktur in Entwicklungsländern, Frankfurt am Main 1987, S. 19–116.

2.4 Qualifiziertes Humankapital und wirtschaftliche Entwicklung

Nachdem in den vorangegangenen Abschnitten die Ergebnisse mikroökonomischer Untersuchungen auf der Basis des Humankapitalansatzes sowie die den Humankapitalansatz ergänzenden Beiträge der Studien zur Entwicklung von Modernität dargestellt wurden, welche insbesondere auf die Bedeutung elementarer Bildung hinweisen, wird im folgenden die Rolle der höheren Bildung näher betrachtet.

Qualifiziertes, aus höherer Bildung resultierendes Humankapital wird von vielen Ökonomen als unentbehrlich für die Entwicklung eigenständiger technologischer Kapazität angesehen.[44]

Dagegen wird jedoch der Einwand erhoben, daß erst mit steigendem Entwicklungsstand neben elementarem auch zunehmend qualifiziertes und spezialisiertes Humankapital benötigt werde, so daß forcierte Bildungsanstrengungen auf den höheren Bildungsstufen erst nach Schaffung einer soliden Grundlage anzustreben seien. Das Bildungssystem vieler armer Länder sei dementgegen durch einen unverhältnismäßig hohen Aufwand für die höheren Bildungsniveaus gekennzeichnet. Damit sei die bewährte *Bildungspyramide* während der letzten Jahrzehnte auf den Kopf gestellt worden; ärmere Länder würden mehr Hochschulabsolventen ausbilden als von der einheimischen Wirtschaft absorbiert werden könnten, verbreitet sei eine kostspielige und nutzlose Ausbildung von Spezialisten und Akademikern.[45]

Ähnliche Befürchtungen drückt die Vorstellung von der Verschwendung knapper Ressourcen durch den sogenannten *brain drain* aus. Danach laufen ärmere Länder Gefahr, an Universitäten hochqualifizierte Wissenschaftler

---

44 Vgl. z.B. Frederick HARBISON, The Prime Movers of Innovation, in: C. Arnold ANDERSON und Mary Jean BOWMAN (Hg.), Education and Economic Development, Chicago 1966, S. 229–239; Edwin MANSFIELD, Determinants of the Speed of Application of New Technology, in: B. R. WILLIAMS (Hg.), Science and Technology in Economic Growth, London 1973, S. 203 und 215; Baldwin RANSON, Planning Education for Economic Progress: Distinguishing Occupational Demands from Technological Possibilities, in: Journal of Economic Issues, Vol. 20 (1986), S. 1061; Ann P. BARTEL und Frank R. LICHTENBERG, The Comparative Advantage of Educated Workers in Implementing New Technology, in: Review of Economics and Statistics, Vol. 69 (1987), S. 2 f.; Theodore W. SCHULTZ, On Investing in Specialized Human Capital to Attain Increasing Returns, in: Gustav RANIS und T. Paul SCHULTZ (Hg.), The State of Development Economics, Oxford 1988, S. 349.

45 Vgl. Paul STREETEN, The Frontiers of Development Studies, a.a.O., S. 15; Mark BLAUG, The Economics of Education in Developing Countries, in: Third World Quarterly, Vol. 1 (1979), S. 75; Michael P. TODARO, Economic Development in the Third World, 2. Aufl., London 1981, S. 36 f. und S. 297 ff.; UNDP, Human Development Report 1990, New York 1990, S. 154.

auszubilden, die dann mangels adäquater Arbeitsplätze ihre wissenschaftliche Laufbahn in den Metropolen der nördlichen Hemisphäre fortsetzen.[46]

Die Zweckmäßigkeit einer Bildungsexpansion auf höheren Niveaus wird damit für die ärmeren Länder von strukturalistisch[47] argumentierenden Kritikern bezweifelt.

Dabei wird jedoch nach unserer Ansicht der potentiellen Dynamik wirtschaftlicher Entwicklung zu wenig Rechnung getragen. Die pessimistischen Einwände gegen eine verstärkte Ausbildung von qualifiziertem Humankapital scheinen zwar beim Fehlen *kritischer Massen* auf elementareren Bildungsniveaus gerechtfertigt, die Herausbildung technologischer Kapazität erfordert jedoch nicht nur qualifiziertes Humankapital, sondern erhöht im Erfolgsfall mit dem Aufkommen neuer Industrien auch die Beschäftigungsmöglichkeiten für qualifizierte Arbeitskräfte.

2.5 Produktionstheoretische Untersuchungen zu Bildung und wirtschaftlicher Entwicklung: Empirischer Befund

Zur Überprüfung der im vorangegangenen diskutierten Hypothesen über die Auswirkungen von Bildung auf wirtschaftliche Entwicklung wird in verschiedenen Untersuchungen auf produktionstheoretisch fundierte Überlegungen zurückgegriffen. Die Aufmerksamkeit ist dabei vor allem auf solche Inputfaktoren gerichtet, die das Resultat von Bildungsanstrengungen sind. Mit Hilfe geeignet spezifizierter makroökonomischer Produktionsfunktionen wird dann die partielle Produktionselastizität dieser Inputfaktoren bestimmt. Wenn z.B. eine Cobb-Douglas-Produktionsfunktion mit einem sich multiplikativ aus der Anzahl der Arbeitskräfte und einem Humankapital-Qualitätsfaktor ergebenden Faktor "effektive Arbeit" zugrunde gelegt wird,[48] ergibt sich:

$$Y = A K^{\alpha} (LQ)^{\beta} = A K^{\alpha} E^{\beta},$$

---

[46] Vgl. John ZIMAN, The Force of Knowledge, Cambridge 1976, S. 275 ff. sowie Åke G. BLOMQVIST, International Migration of Educated Manpower and Social Rates of Return to Education in LDCS, in: International Economic Review, Vol. 27 (1986), S. 165–174.

[47] Der Begriff "Strukturalismus" bezeichnet in der Entwicklungsökonomie eine Betrachtungsweise, bei der von der Notwendigkeit struktureller, d.h. sprunghafter qualitativer Wandlungen innerhalb des sozioökonomischen Systems ausgegangen wird; vgl. Moshe JUSTMAN und Morris TEUBAL, A Structuralist Perspective on the Role of Technology in Economic Growth and Development, a.a.O., S. 1173 ff.

[48] Vgl. Zvi GRILICHES, Notes on the Role of Education in Production Functions and Growth Accounting, in: W. Lee HANSEN (Hg.), Education, Income, and Human Capital, New York 1970, S. 80 ff.

wobei Y den Output, A eine Konstante, K das Sachkapital, L den Faktor Arbeit und Q einen Qualitätsfaktor bezeichnen.

Dabei impliziert allerdings die multiplikative Verknüpfung von L mit Q die Existenz eines homogenen Faktors E, der den Faktor Arbeit mit dem Humankapital zusammenfaßt.[49] Vorzuziehen ist daher u.E. eine weniger gebräuchliche, aber allgemeinere Spezifizierung. Diese berücksichtigt als Inputfaktoren neben dem Sachkapital zwei substitutive Arbeitsinputs, nämlich einfache Arbeit (L) und erworbenes Humankapital (H),[50] so daß:

$$Y = A\,K^{\alpha} L^{\beta} H^{\gamma}.$$

Zur Schätzung im Rahmen eines Regressionsansatzes können die dargestellten Produktionsfunktionen durch Logarithmieren linearisiert werden. Für die Produktionsfunktion mit dem Faktor effektive Arbeit ergibt sich:

$$\ln Y = \ln A + \alpha \ln K + \beta \ln E.$$

Für den Output pro Arbeiter Y/L gilt:

$$\ln (Y/L) = \ln A + \alpha \ln K + (\beta - 1) \ln L + \beta \ln Q.$$

Wenn konstante Skalenerträge in bezug auf K und E angenommen werden, ergibt sich:

$$\ln (Y/L) = \ln A + \alpha \ln (K/L) + (1 - \alpha) \ln Q.$$

---

49 Der technische Fortschritt ist in diesem Fall *HARROD-neutral* und vermehrt den Faktor Arbeit (vgl. Hirofumi UZAWA, Neutral Inventions and the Stability of Growth Equilibrium, in: Review of Economic Studies, Vol. 28 (1961), S. 117–124). Wenn der technische Fortschritt dabei als exogen im Zeitablauf anfallend angenommen wird, ergibt sich als Spezialfall das SOLOW-Wachstumsmodell (Robert M. SOLOW, Technical Change and the Aggregate Production Function, in: Review of Economics and Statistics, Vol. 39 (1957), S. 312–320, vgl. auch Kap. 3.1 der vorliegenden Arbeit). Eine Begründung für die weite Verbreitung dieser Operationalisierung von Humankapital in makroökonomischen Untersuchungen könnte darin bestehen, daß in empirischen Untersuchungen zur Spezifizierung des Schätzansatzes häufig auf Elemente der traditionellen Wachstumstheorie zurückgegriffen wird; und die Annahme einer Qualitätsverbesserung des Faktors Arbeit durch technischen Fortschritt ist bereits im SOLOW-Modell zu finden.

50 Diese Spezifizierung findet sich z.B. bei Lawrence J. LAU, Dean T. JAMISON Shu-Cheng LIU und Steven RIVKIN, Education and Economic Growth, a.a.O., S. 46 ff.

Durch Ableiten nach der Zeit erhält man:

$$w_{(Y/L)} = w_A + \alpha\, w_{(K/L)} + (1-\alpha)\, w_Q,$$

wobei w_X die Wachstumsrate einer Größe X bezeichnet. Entsprechend ergibt sich für die allgemeinere Produktionsfunktion mit dem Produktionsfaktor Humankapital:

$$\ln Y = \ln A + \alpha \ln K + ß \ln L + \gamma \ln H,$$

und

$$\ln (Y/L) = \ln A + \alpha \ln K + (ß-1) \ln L + \gamma \ln H.$$

Bei konstanten Skalenerträgen in bezug auf K, L und H folgt:

$$\ln (Y/L) = \ln A + \alpha \ln (K/L) + \gamma \ln (H/L),$$

und

$$w_{(Y/L)} = w_A + \alpha\, w_{(K/L)} + \gamma\, w_{(H/L)}.$$

Auf diese Weise linearisierte Produktionsfunktionen stellen häufig Schätzansätze für multiple Regressionen im Länderquerschnitt dar.[51] Die Variablenauswahl und die wichtigsten Ergebnisse von für diesen Ansatz charakteristischen Untersuchungen sind in Tabelle 2.2 zusammengefaßt.

Tabelle 2.2 zeigt, daß die angeführten Untersuchungen sich nicht nur hinsichtlich der Abgrenzung und Messung der Humankapitalvariablen unterscheiden, sondern auch bei den neben dem Humankapital berücksichtigten Inputfaktoren erhebliche Unterschiede aufweisen: Von Studie zu Studie finden sich je nach Fragestellung neben Bildungsvariablen höchst unterschiedliche weitere erklärende Variablen auf der rechten Seite der Regressionsgleichung, so z.B. die Exporte, der Zinssatz für die Verschuldung im Ausland, demographische Variablen sowie verschiedene Dummyvariablen.[52]

---

51 Da die *per capita*-Gleichungen die Zahl der Variablen auf der rechten Seite reduzieren, wird ihnen meist der Vorzug gegeben.

52 Auffällig ist in einer der Studien (HANSON II 1989) das Fehlen des Inputfaktors K oder einer dafür geeigneten Proxivariable. Dies ist zwar angesichts fehlender vergleichbarer Angaben zum Kapital verständlich, bedeutet aber gleichzeitig eine erhebliche Fehlspezifizierung, da das eingesetzte Sachkapital zweifellos ein wichtiger Bestimmungsfaktor des Output ist.

Tabelle 2.2 Produktionstheoretische Untersuchungen zur Wirkung von Bildung auf Einkommen und Wirtschaftswachstum

Untersuchung	Zeit, n	Humankapitalvariable	Koeffizient	weitere exogene Variablen
I. Abhängige Variable: Bruttoinlandsprodukt				
OECD (1970)	um 1965, n=22	1. Erwerbspers. mit Universitätsabschluß 2. wie 1., dazu: Erwerbspers. ohne Universitätsabschluß	1. positiv (p<0,05)[a] 2. nicht signifikant	Sachkapital (kumulierte Bruttoinvestitionen)
II. Abhängige Variable: Pro-Kopf-Einkommen				
PSACHAROPOULOS (1973a)	um 1965, n=13	Humankapital pro Erwerbsperson	positiv (p<0,1)	Sachkapital pro Erwerbsperson
PSACHAROPOULOS (1973b)	um 1965, n=17	1. Erwerbspers. mit max. Primarschule 2. Erwerbspers. mit max. Sekundarschule 3. Erwebspers. mit Hochschulbildung	1. nicht signifikant 2. positiv (p<0,05) 3. nicht signifikant	Sachkapital pro Erwerbsperson
HANSON II (1989)	1960, n=17 und n=33	Alphabetisierung	positiv (p<0,1)	Exporte/Person, Anz. Jahre als Kolonie, Dummyvariable für "afrik. Kolonie"
III. Abhängige Variable: Wachstumsrate des Pro-Kopf-Einkommens				
RAZIN (1976)	1953, 1955–1965[b] n=33	1. Sekundareinschulungsrate 2. Postsekundareinschulungsrate	1. positiv (p<0,01) 2. nicht signifikant	Investitionsquote, Wachstumsrate der Bevölkerung
HICKS (1980)	1960–1977, n=83	Alphabetisierung zum Ausgangszeitpunkt	positiv (p<0,01)	Investitionsquote, Wachstumsrate der Importe, Kontinent-Dummyvariablen

Tabelle wird auf S. 27 fortgesetzt (Fußnoten am Schluß der Tabelle)

Tabelle 2.2 Fortsetzung

Unter-suchung	Zeit, n	Humankapital-variable	Koeffi-zient	weitere exogene Variablen
WHEELER (1979) und (1984)	1960–1970, n=54 und 1960–1977, n=44	1. Wachstumsrate der Alphabetisierungsquote 2. Veränderung der Alphabetisierungsquote in Prozent	1. nicht signifikant 2. positiv (n=40 => p<0,01, n=44 => p<0,05)	Wachstumsraten von Kapitalstock und Erwerbsbevölkerung, Ernährungsstand, Dummyvariablen für Regionen und Präsenz multinationaler Unternehmen
OTANI & VILLANUEVA (1990)	1970–1985, n=55	Anteil der Bildungsausgaben am Staatshaushalt	positiv (p<0,05 bis p>0,1)	Sparquote, Zinssatz für Auslandsschulden, Wachstumsraten der Exporte und der Bevölkerung

[a] p = Irrtumswahrscheinlichkeit.
[b] Gepoolte Analyse (12 Jahre × 11 Länder = 132 Beobachtungen).

Quellen: John R. HANSON II, Education, Economic Development, and Technology Transfer: A Colonial Test, in: Journal of Economic History, Vol. 49 (1989), S. 939–957; Norman HICKS, Economic Growth and Human Resources, World Bank Staff Working Paper No. 408, Washington, D.C. 1980; OECD, Occupational and Educational Structures of the Labour Force and Levels of Economic Development, Vol. 2, Further Analysis and Statistical Data, Paris 1970; S. 769–783; Ichiro OTANI und Delano VILLANUEVA, Long-Term Growth in Developing Countries and Its Determinants: An Empirical Analysis, in: World Development, Vol. 18 (1990), S. 769–783; George PSACHAROPOULOS, Returns to Education, a.a.O.; Assaf RAZIN, Economic Growth and Education: New Evidence, in: Economic Development and Cultural Change, Vol. 25 (1976), S. 317–324; David WHEELER, Basic Needs Fulfillment and Economic Growth. A Simultaneous Model, in: Journal of Development Economics, Vol. 7 (1979), S. 435–451; DERS., Human Resource Policies, Economic Growth, and Demographic Change in Developing Countries, Oxford 1984, S. 22 ff.

Als Bildungsindikatoren werden in den angeführten Studien vor allem die Alphabetisierungsquote und Einschulungsraten herangezogen. Die Alphabetisierungsquote dient dabei implizit oder explizit zur Messung des Bildungsstandes, Einschulungsraten zur Schätzung von dessen Veränderung.

Die am Einkommens*niveau* interessierten Studien greifen zur Charakterisierung des Bildungsstands auf theoretisch begründbare Größen zurück. Neben der Alphabetisierungsquote (HANSON II 1989) können hier verschiedene Maße für den Bildungsstand der Erwerbspersonen (PSACHAROPOULOS 1973b, OECD 1970) sowie eine Messung des Humankapitalbestandes anhand der Entstehungskosten (PSACHAROPOULOS 1973a) festgestellt werden.

Für Studien, welche wirtschaftliches Wachstum untersuchen, sind produktionstheoretisch angemessene Bildungsgrößen entweder das Wachstum des Bildungsstands oder Variablen, die – wie Einschulungsraten oder Bildungsausgaben – als Proxigrößen für das Wachstum des Bildungsstands angesehen werden können (vgl. S. 25). Wie Tabelle 2.2 zeigt, werden jedoch dafür z.T. auch Bildungsstandsgrößen verwendet (HICKS 1980).

Die Koeffizienten der in den angeführten Länderquerschnittsuntersuchungen verwendeten Humankapitalvariablen erweisen sich, wie ein Blick auf die rechte Spalte von Tabelle 2.2 zeigt, insgesamt als wenig robust gegenüber Unterschieden in der Modellspezifizierung sowie gegenüber verschiedenen Abgrenzungen der Länderstichproben und Untersuchungszeiträume, ohne daß dabei ein klares Muster erkennbar wäre. Eine genaue Klärung der Bedeutung von Bildung für die wirtschaftliche Entwicklung liefern diese Untersuchungen daher nicht.

Neben dem regressionsanalytischen Verfahren, welches den in Tabelle 2.2 angeführten Untersuchungen zugrunde liegt, ist in der Ökonomie eine andere Methode zur empirischen Analyse wirtschaftlichen Wachstums verbreitet: Die Auswirkungen von Bildung auf wirtschaftliches Wachstum können auch mit Hilfe der – besonders durch die Arbeiten von DENISON[53] bekannt gewordenen – Wachstumskomponentenzerlegung *(growth accounting)* analysiert werden. Diese beruht auf der Vorstellung einer linear-homogenen Produktionsfunktion sowie auf der Annahme der Entlohnung der Faktoren nach ihren Anteilen am Volkseinkommen, wobei die Rate des Outputwachstums auf die mit ihren Anteilen am Volkseinkommen gewichteten Wachstumsraten der Produktionsinputs aufgeteilt wird.[54] In bezug auf Humankapital geht DENISON einfacherweise von einer linearen Auswirkung von Bildung auf die Arbeitsproduktivität aus. Die willkürlichste von DENISONS Annahmen ist jedoch die, daß der festgestellte Produktivitätszu-

---

53 Vgl. Edward Fulton DENISON, The Sources of Economic Growth in the United States and the Alternatives Before Us, New York 1962. Zur Diskussion von DENISONS Vorgehensweise siehe Richard R. NELSON, Aggregate Production Functions and Medium-Range Growth Projections, in: American Economic Review, Vol. 54 (1964), S. 587 ff. sowie Mark BLAUG, An Introduction to the Economics of Education, a.a.O., S. 89 ff.

54 Edward Fulton DENISON, The Sources of Economic Growth in the United States and the Alternatives Before Us, a.a.O., S. 31.

wachs des Faktors Arbeit zu 3/5 auf einen gestiegenen Bildungsstand zurückzuführen sei.[55]

Unter Zugrundelegung dieser Annahmen kommt Denison zu dem Schluß, daß in den USA von 1929 bis 1957 die quantitative Ausweitung formaler Bildung pro Arbeitskraft die Qualität des Faktors Arbeit um 0,93 % pro Jahr verbessert habe, was bei einer Gewichtung mit dem durchschnittlichen Faktoranteil während dieser Periode (73 %) zu einem "erklärten" Wachstumsbeitrag von 0,68 % oder 23 % des jährlichen Wachstums des Volkseinkommens von durchschnittlich 2,93 % führt.[56]

Diese vielzitierten Angaben zum Beitrag der Bildung am Wirtschaftswachstum in der Größenordnung von etwa einem Viertel beruhen allerdings nicht allein auf problematischen Annahmen, insbesondere auf der "3/5-Regel", sie erweisen sich auch in raumzeitlicher Hinsicht als wenig stabil. Maddison kommt z.B. bei der Wachstumskomponentenzerlegung für 22 Länder unterschiedlichen Entwicklungsstandes in der Periode von 1950 bis 1965 bei einem gesamten durchschnittlichen Wirtschaftswachstum von jährlich 5,55 % nur zu einem durch Bildung zu erklärenden Wachstum des Volkseinkommens von 0,3 %.[57] Das ist weniger als die Hälfte des von Denison für die USA in der Mitte unseres Jahrhunderts berechneten Wachstumsbeitrags von 0,68 % und nur etwa ein Zwanzigstel des gesamten von Maddison festgestellten durchschnittlichen Wirtschaftswachstums von 5,5 %.

Es scheint daher angebracht, die nach diesem Verfahren ermittelten Wachstumsbeiträge mit großer Vorsicht zu behandeln. Die Beliebigkeit der Annahmen – insbesondere die der "3/5-Regel" – sowie die implizite Annahme, daß die betrachteten Wirtschaften sich auf einem säkularen Gleichgewichtswachstumspfad befinden, so daß die Faktoranteile am Volkseinkommen konstant sind und zur Gewichtung der langfristigen Wachstums-

---

55 Ebenda, S. 68 ff. Der Rest von 40 % wird dabei dem sozioökonomischen Status und unterschiedlicher Begabung usw. zugeschrieben. Dies bedeutet in humankapitaltheoretischer Terminologie einen angenommen alpha-Koeffizienten von 0,6.

56 Ebenda, S. 73.

57 Agnus Maddison, Economic Progress and Policy in Developing Countries, London 1970, S. 45 ff. Vgl. dazu auch Denisons Nachfolge-Studie über verschiedene entwickelte Länder (Why Growth Rates Differ: Postwar Experience in Nine Western Countries, Washington, D.C. 1967), in welcher er nach der gleichen Methode Anteile von Bildung am Wachstum des Volkseinkommens seit 1950 je nach Land zwischen etwa 2–25 % (sic!) ermittelt. Sein neuestes "Update" für die USA (Trends in American Economic Growth, 1929–1982, Washington, D.C. 1985), ergibt für die Periode von 1929–1982 einen Beitrag von vermehrter Bildung pro Erwerbsperson am Wachstum des Volkseinkommens von 16 %.

beiträge herangezogen werden können, führen zu erheblichen Zweifeln an der Validität und Vergleichbarkeit der Ergebnisse.

2.6 Zusammenfassung

In diesem Kapitel wurde der Frage nachgegangen, auf welche Weise Bildung zu wirtschaftlicher Entwicklung beitragen kann. Als nützlich erwies sich dabei die Unterscheidung von *Intensitätsqualifikationen*, *produktiven* und *innovativen* Qualifikationen. Zudem wurde Humankapital als direkter Produktionsinput *(unmittelbarer Effekt)* von Humankapital als Input in das Vorantreiben des technischen Fortschritts *(mittelbarer Effekt)* unterschieden.

Der grundlegende Beitrag der ökonomischen Theorie zu den wirtschaftlichen Auswirkungen von Bildung ist der Humankapitalansatz. Im Humankapitalansatz wird der Zusammenhang zwischen Bildungsstand und Einkommen gleichgewichtstheoretisch begründet, indem von einer Grenzproduktivitätsentlohnung der Produktionsfaktoren ausgegangen wird. Ein mit zunehmendem Bildungsstand steigendes Einkommen ist dabei auf *produktive Qualifikationen* zurückzuführen.

Die Berechnung von Bildungsertragsraten nach dem Humankapitalansatz hat zu vielen Erkenntnissen über die interne und externe Effizienz von Bildung geführt. Einschränkend ist aber festzustellen, daß die berechneten Ertragsraten wegen des schwer zu quantifizierenden Einflusses von Drittvariablen, z.B. des sozioökonomischen Status, der persönlichen Anlagen oder des konsumptiven Anteils an den Bildungsinvestitionen, allenfalls als Näherungswerte angesehen werden können.

Nach einer den Humankapitalansatz ergänzenden Erklärung, dem *Modernitätsansatz*, hat die Schule vor allem eine sozialisierende und modernisierende Funktion, welche für die Einführung industrieller Produktionsweisen förderlich ist, und im Erwerb von *Intensitätsqualifikationen* besteht, wozu ein kontinuierlicher Schulbesuch von etwa vier bis sechs Jahren für erforderlich gehalten wird. Der Geltungsbereich dieses Erklärungsansatzes beschränkt sich damit im wesentlichen auf den Primarschulbereich.

Für den Zusammenhang zwischen Bildung und Einkommen gibt es neben dem Humankapital- und Modernitätsansatz auch rivalisierende Erklärungen, welche die selektive Funktion des formalen Bildungsbereiches betonen. Danach vermittelt das Bildungssystem in erster Linie nicht Qualifikationen, sondern symbolische Attribute, die über die Zuweisung von Positionen entscheiden. Der Geltungsanspruch dieses Ansatzes umfaßt prinzipiell alle Schulstufen, im Zentrum der Argumentation stehen aber der sekundäre und vor allem der tertiäre Bildungsbereich.

Eine prinzipielle Entscheidung zugunsten nur einer der Erklärungen für den Zusammenhang zwischen Bildung und Einkommen erscheint uns weder begründbar noch erforderlich. Es ist vielmehr von unterschiedlichen Relevanzbereichen der verschiedenen Erklärungsansätze auszugehen.

Die verschiedenen Erklärungsansätze zu den Auswirkungen von Bildung auf wirtschaftliche Entwicklung sind in Tabelle 2.3 zusammengefaßt, wobei auch die jeweils im Vordergrund der Betrachtung stehenden Qualifikationen der Absolventen einer Schulstufe und die Wirkungsweise dieser Qualifikationen (unmittelbar auf das Volkseinkommen, mittelbar über den technischen Fortschritt oder über eine gesellschaftlich rationale Positionszuweisung) auf die wirtschaftliche Entwicklung angeführt sind.

Tabelle 2.3 Erklärungsansätze zu den Auswirkungen von Bildung auf wirtschaftliche Entwicklung

Bildungsniveau	Primarschule	Sekundarschule	Hochschule
Erklärungsansatz	Humankapitaltheorie		
Qualifikationen	intensive & produktive	produktive	produktive & innovative
Wirkungsweise	unmittelbar	unmittelbar	unmittelbar & mittelbar
Erklärungsansatz	Entwicklung von Modernität		
Qualifikationen	intensive		
Wirkungsweise	unmittelbar		
Erklärungsansatz	Screening		Kredentialismus
Qualifikationen	keine, dafür: Zeugnisse		keine, dafür: Diplome
Wirkungsweise	Positionszuweisung		keine

Zu den Auswirkungen von Bildung auf Einkommen und wirtschaftliche Entwicklung liegen zahlreiche empirische Untersuchungen vor. Die bekannten Wachstumskomponentenzerlegungen von DENISON beruhen allerdings auf relativ willkürlichen Annahmen hinsichtlich der Beiträge der einzelnen Produktionsfaktoren an der Erzeugung des Volkseinkommens. Andere makroökonomisch begründete Studien legen dagegen häufig eine Produktionsfunktion vom Cobb-Douglas-Typ zugrunde, deren Koeffizienten mit Hilfe der Regressionsanalyse geschätzt werden. Die vorliegenden produktionstheoretisch begründeten Länderquerschnittsregressionen belegen dabei insgesamt positive partielle Korrelationen von Bildung und wirtschaftlicher Entwicklung und unterstützen daher weitgehend die Aussagen des Humankapital- und Modernitätsansatzes. Darüber hinaus tragen sie aber aufgrund methodischer Probleme, Schwierigkeiten bei der Messung von Humankapital und widersprüchlicher Ergebnisse insgesamt wenig zum wirklichen Verständnis wirtschaftlicher Entwicklung bei.

Die alles in allem enttäuschend geringe Aussagefähigkeit und die Widersprüchlichkeit der Befunde erklärt sich dabei nur zum kleineren Teil aus der Beliebigkeit der Auswahl der erklärenden Variablen. Der entscheidende Mangel dieser Studien besteht unseres Erachtens in der Verwendung von praktisch wenig verläßlichen Humankapitalindikatoren, wie Alphabetisierungsquoten, oder von theoretisch wenig begründeten, wie Einschulungsraten. Zur Abhilfe ist daher besonders eine verbesserte Messung des Humankapitals geboten.

3 Technischer Fortschritt und wirtschaftliche Entwicklung

Nachdem im vorangegangenen Kapitel die Bedeutung von Bildung für die wirtschaftliche Entwicklung eines Landes untersucht wurde, wobei im Zusammenhang mit den mittelbaren Auswirkungen von Bildung bereits auf den technischen Fortschritt hingewiesen wurde, wenden wir uns im folgenden der Frage zu, zu welchen Aussagen die ökonomische Theorie in bezug auf den technischen Fortschritt als Bestimmungsfaktor wirtschaftlicher Entwicklung gelangt.

Ein verbreiteter Anknüpfungspunkt zur Untersuchung des technischen Fortschritts ist die neoklassische Wachstumstheorie. Vor allem die Cobb-Douglas-Produktionsfunktion mit HICKS-neutralem[1] technischen Fortschritt:

$$(1) \qquad Y = T\, K^{\alpha}\, L^{\beta},$$

liegt einer Vielzahl von Studien auf makroökonomischer Ebene zugrunde (Y bezeichnet den Output, T den Stand der Technik und K und L die Produktionsfaktoren Kapital und Arbeit). Dabei hat insbesondere die Wachstumskomponentenzerlegung auf die quantitative Bedeutung des technischen Fortschritts aufmerksam gemacht: Nach Logarithmieren und Ableiten nach der Zeit erhält man aus (1) unter der Annahme konstanter Skalenerträge durch Auflösen nach w_T:

$$(2) \qquad w_T = w_Y - \alpha w_K - (1-\alpha) w_L.$$

Auf diese Weise wird der technische Fortschritt w_T, da er nicht direkt gemessen werden kann, häufig als Residualgröße ermittelt.[2] Dabei ergeben sich vielfältige Schwierigkeiten bei der Messung und Aggregation der Variablen sowie bei der Bestimmung des Auslastungsgrades von Kapital und Arbeit. Schwerer als diese zumindest im Prinzip zu bewältigenden Probleme wiegt aber der Vorwurf, ein solcher Ansatz sei gegen jede Falsifizierung immun: Wenn der technische Fortschritt definitionsgemäß der Differenz aus Outputwachstum und der Summe der Wachstumsbeiträge des gemessenen Inputwachstums entspricht, kann dies leicht zu einer tautologischen Argumentation führen. Die Erklärung des Outputwachstums erfolgt dann durch das Wachstum der Inputs plus "jenen Teil des Outputwachstums, der nicht

---

1 *HICKS-neutraler* technischer Fortschritt erhöht den Output als Ganzes und ist an keinen bestimmten Produktionsfaktor gebunden. Allgemein bedeutet dies die Erhöhung des Technologie-Parameters T in einer Produktionsfunktion $Y=Tf(X_1, X_2, \ldots, X_n)$.

2 Vgl. dazu Robert M. SOLOW, Technical Change and the Aggregate Production Function, in: Review of Economics and Statistics, Vol. 39 (1957), S. 312–320.

auf Inputwachstum zurückgeführt werden kann, eben die Residualkomponente technischer Fortschritt"[3].

Die ersten Schritte zur Weiterentwicklung der neoklassischen Wachstumstheorie bestanden folgerichtig in Versuchen, den technischen Fortschritt den Produktionsfaktoren Arbeit bzw. Kapital zuzuschlagen und so durch begriffliche und konzeptuelle Neuformulierungen der Produktionsfaktoren zu Modifikationen bei der Messung der Produktionsinputs zu gelangen.

Die ersten empirischen Schätzungen der Restgröße "technischer Fortschritt" hatten für die USA Raten von etwa 2 % ergeben.[4] Wenn allerdings der technische Fortschritt vollständig durch Qualitätsverbesserungen der Produktionsfaktoren erklärbar wäre, sollten Bemühungen, zu einer verbesserten Messung der Inputfaktoren Kapital und Arbeit zu gelangen, zu einer deutlichen Verringerung der Residualgröße "technischer Fortschritt" führen. Bei exakter Messung und vollständiger Erfassung aller Inputs – so die Hoffnung der Anhänger dieses Ansatzes – müßte das Residuum (welches dabei nur als Ausdruck einer unvollständigen Messung der Inputs verstanden wird) schließlich ganz verschwinden.[5] In diesem Sinne durchgeführte Wachstumskomponentenzerlegungen führen jedoch zu einem zwar reduzierten, aber immer noch großen ungeklärten Outputwachstum von etwa 1 % pro Jahr.[6]

Der Produktionsfaktor Kapital kann zur genaueren Messung nach Kapitaljahrgängen *(vintages)* differenziert werden. Der technische Fortschritt ist aus dieser Sicht *kapitalgebunden*[7] und in den jeweils neuesten Kapitalgütern enthalten; Bruttoinvestitionen werden dabei nicht nur als faktor*vermehrend*, sondern auch als faktor*verbessernd* angesehen. Je höher die Investi-

---

3 Jochen RÖPKE, Die Strategie der Innovation, Tübingen 1977, S. 297.

4 Vgl. Moses ABRAMOVITZ, Resource and Output Trends in the United States Since 1870, in: American Economic Review, Papers and Proceedings, Vol. 46 (1956), S. 5–23 sowie Robert M. SOLOW, Technical Change and the Aggregate Production Function, a.a.O.

5 Vgl. M. Ishaq NADIRI, Some Approaches to the Theory and Measurement of Total Factor Productivity: A Survey, in: Journal of Economic Literature, Vol. 8 (1970), S. 1150.

6 Nestor E. TERLECKYJ, What Do R&D Numbers Tell Us about Technological Change? In: American Economic Review, Vol. 70 (1980), S. 56. Vgl. auch M. Ishaq NADIRI, Some Approaches to the Theory and Measurement of Total Factor Productivity, a.a.O., S. 1140 ff. sowie die Hinweise von Zvi GRILICHES, Technology, Education and Productivity, New York 1988, S. 363.

7 "Faktorgebundener" technischer Fortschritt wird durch neue, verbesserte Einheiten von Produktionsfaktoren realisiert.

tionsquote in einer Volkswirtschaft, desto jünger ist im Durchschnitt der Kapitalstock. Volkswirtschaften mit jüngerem Kapitalstock sind daher in diesen Modellen gegenüber solchen mit älterem Kapitalstock technisch fortgeschritten. Die Rate des technischen Fortschritts ist jedoch nach wie vor exogen gegeben.

Daneben werden Bruttoinvestitionen auch als Quelle des *learning by doing* angesehen,[8] und auch in der Kaldorschen "technical progress function"[9] sind die durch Bruttoinvestitionen induzierten Lerneffekte verantwortlich für die Absorption des technischen Fortschritts. Der Zeitablauf bleibt jedoch auch in diesen Modellen die eigentliche Ursache für den technischen Fortschritt. Die Investitionsquote bestimmt nur, wie schnell die Einführung des mit exogen gegebener Rate anfallenden technischen Fortschritts vor sich geht. Damit bleibt die Entstehung des technischen Fortschritts auch in diesen Modellen im Dunkeln.

Bis heute widersprüchlich beantwortet wird auch die Frage, in welchem Maße der technische Fortschritt an den Faktor Kapital gebunden ist.[10] Wenn der technische Fortschritt w_T sich aus einer autonomen Komponente φ und einer kapitalgebundenen Komponente κ zusammensetzt, so daß

$$w_T = \varphi + \kappa w_K, \tag{3}$$

wird aus der Cobb-Douglas-Produktionsfunktion, in Wachstumsraten geschrieben:

$$w_Y = \varphi + (\alpha+\kappa)\, w_K + \beta w_L, \tag{4}$$

wobei φ, $(\alpha+\kappa)$ und β die bei einer Regression von w_Y auf w_K und w_L ermittelbaren Koeffizienten darstellen. Unter der Annahme von gleichzeitig anfallendem kapitalgebundenen und autonomen technischen Fortschritt kann die empirische Ermittlung des kapitalgebundenen Anteils nur gelingen, wenn die Produktionselastizität α des Faktors Kapital *ohne* technischen Fortschritt bekannt ist. Da diese aber nicht beobachtbar ist, läßt sich $(\alpha+\kappa)$ nicht empirisch in seine Bestandteile zerlegen. Praktisch ist daher damit zu rechnen, daß bei der Schätzung von Produktionsfunktionen der Koeffizient

---

8 Kenneth J. ARROW, The Economic Implications of Learning by Doing, in: Review of Economic Studies, Vol. 29 (1962), S. 155–173.

9 Nicholas KALDOR, Capital Accumulation and Economic Growth, in: F. A. LUTZ und D.C. HAGUE (Hg.), The Theory of Capital, New York 1961, S. 177–222.

10 Vgl. Robert M. SOLOW, Growth Theory and After, in: American Economic Review, Vol. 78 (1988), S. 315.

α nicht genau geschätzt werden kann, da nur der Wert von $(\alpha+\kappa)$, nicht aber der von α ermittelbar ist.[11]

Festgehalten werden kann, daß bei der Wachstumskomponentenzerlegung das Wachstum des Faktors Kapital nicht nur einen großen Anteil am Wachstum des Outputs direkt erklärt, sondern daß Investitionen aufgrund von Qualitätsverbesserungen der Kapitalgüter und induzierten Lerneffekten gleichzeitig auch einen – allerdings nicht genau bestimmbaren – Teil des technischen Fortschritts verkörpern.[12]

Die Qualitätsverbesserung des Faktors Arbeit wird von der Humankapitaltheorie untersucht.[13] Diese legt eine Modifikation der Produktionsfunktion in der Weise nahe, daß der Faktor Arbeit nicht mehr als im Naturzustand befindlich angesehen wird, sondern als Produkt aus der Anzahl der Arbeitskräfte und einem Qualitätsfaktor. Daraus ergibt sich der Produktionsfaktor "effektive Arbeit", und die Produktionsfunktion erhält die Form:

$$Y = A K^{\alpha} E^{\beta}, \tag{5}$$

Mit Hilfe dieses Ansatzes kann jedoch nur die unmittelbare Auswirkung von Bildung auf Einkommen und wirtschaftliches Wachstum, die Vermehrung des in Effizienzeinheiten gemessenen Faktors Arbeit, erfaßt werden; die mittelbaren Auswirkungen von Bildung über den technischen Fortschritt auf die wirtschaftliche Entwicklung eines Landes, lassen sich so nicht adäquat analysieren:

> "The case for adjusting labour input for changes in the quantity of education is simply that an increased quantity has little to do with technical change. Education, however, will almost certainly increase society's stock of knowledge for the future, and this is probably the most important link between education and technical progress ..."[14]

Erfolgversprechender scheint in dieser Hinsicht ein anderer zur Weiterentwicklung der neoklassischen Wachstumstheorie eingeschlagener Weg, die explizite Berücksichtigung von auf den technischen Fortschritt zielenden

---

11 Vgl. Agnus MADDISON, Economic Progress and Policy in Developing Countries, London 1970, S. 45 ff. und Florian H. FLECK, Die ökonomische Theorie des technischen Fortschritts und seine Identifikation, Meisenheim am Glahn 1973, S. 74 f.

12 Vgl. Stanislaw GOMULKA, The Theory of Technological Change and Economic Growth, London 1990, S. 23 und 31 sowie Saul LACH und Mark SCHANKERMAN, Dynamics of R&D and Investment in the Scientific Sector, in: Journal of Political Economy, Vol. 97 (1989), S. 881.

13 Vgl. Kapitel 2.2 der vorliegenden Arbeit.

14 Charles KENNEDY und A. P. THIRLWALL, Surveys in Applied Economics: Technical Progress, in: Economic Journal, Vol. 82 (1972), S. 38.

Inputs, zu sein. Darauf beruhende Ansätze *endogenisieren* den technischen Fortschritt. Bevor jedoch auf die Möglichkeiten einer empirischen Anwendung solcher Ansätze eingegangen wird, soll zunächst der theoretische Hintergrund dieser in jüngster Zeit zunehmend diskutierten Wachstumsmodelle dargestellt werden. Es handelt sich zwar um eine noch im Entstehen befindliche Variante der Wachstumstheorie, dabei lassen sich aber bereits erste Konturen erkennen, so daß wir auch den Versuch einer Klassifizierung unternehmen wollen.

3.1 Traditionelle und "Neue" Wachstumstheorie

In jüngster Zeit ist ein erneutes Interesse an wachstumstheoretischen Fragen festzustellen. Die damit zusammenhängende und schnell wachsende Literatur wird unter der Bezeichnung "Neue Wachstumstheorie" zusammengefaßt.

Ausgangs- und Kritikpunkt der *Neuen Wachstumstheorie* ist die traditionelle neoklassische Wachstumstheorie, wie sie in den späten fünfziger Jahren zuerst von SOLOW[15] ausgearbeitet wurde.

Wichtige Elemente der *Neuen Wachstumstheorie* sind zwar schon in Arbeiten aus den sechziger Jahren angelegt, zu jener Zeit jedoch weitgehend unbeachtet geblieben.[16] Versuche, technisches Wissen als öffentliches, aber dennoch von profitmaximierenden Firmen zu erzeugendes Gut[17] in die Wachstumstheorie zu integrieren, setzen z.B. unvollständige Konkurrenz voraus oder führen zu gesamtwirtschaftlich zunehmenden Skalenerträgen mit ständig zunehmenden Wachstumsraten.[18] Diese Implikationen erschienen den Wachstumstheoretikern der ersten Generation offenbar ökonomisch weniger adäquat als den Vertretern der *Neuen Wachstumstheorie*.

---

15 Robert M. SOLOW, A Contribution to the Theory of Economic Growth, in: Quarterly Journal of Economics, Vol. 70 (1956), S. 65–94 und DERS., Technical Change and the Aggregate Production Function, a.a.O.

16 Für eine Ausnahme im deutschsprachigen Raum vgl. Werner GRIES, Ausbildung, Forschung und Wirtschaftswachstum (Diss., Mannheim 1969), Meisenheim am Glahn 1971 – eine Arbeit, in der bereits eine gründliche Analyse der Möglichkeiten und Grenzen "endogener Wachstumsmodelle" im Rahmen gleichgewichtstheoretisch begründeter Ansätze erfolgt.

17 Dieser Gesichtspunkt wurde bereits 1959 von Richard R. NELSON herausgestellt (The Simple Economics of Basic Scientific Research, in: Journal of Political Economy, Vol. 67 (1959), S. 297–306). Vgl. dazu auch Geoffrey WYATT, The Economics of Invention, Brighton 1986, S. 149.

18 Vgl. dazu Carl Christian von WEIZSÄCKER, Forschungsinvestitionen und makroökonomische Modelle – Ein wirtschaftstheoretisches Dilemma? In: Kyklos, Bd. 22 (1969), S. 463.

Gemeinsam ist der traditionellen neoklassischen und der *neuen* Wachstumstheorie, daß die Entwicklung zentraler makroökonomischer Größen entlang eines säkularen Gleichgewichtswachstumspfades *(steady state)* untersucht wird. Diskutiert werden dabei in der *Neuen Wachstumstheorie* vor allem mögliche Modelle "endogenen" Wachstums sowie die "Konvergenzhypothese", so daß folgende zwei Fragen im Mittelpunkt stehen:

(1) Ist die säkulare Wachstumsrate, wie es aus der traditionellen Wachstumstheorie folgt, unabhängig von den in einer Volkswirtschaft unternommenen Anstrengungen, insbesondere von der Höhe der Sparquote?

(2) Folgt aus der Wachstumstheorie, daß sich die Wachstumsraten verschiedener Volkswirtschaften im Zeitverlauf angleichen müssen?

Traditionelle und *Neue Wachstumstheorie* kommen dabei in wesentlichen Punkten zu unterschiedlichen Ergebnissen:

Ad (1): Wichtig ist zunächst die Unterscheidung zwischen *reproduzierbaren* Produktionsfaktoren und *exogen wachsenden* Größen: Reproduzierbare Produktionsfaktoren werden ihrerseits produziert; die Entwicklung reproduzierbarer Produktionsfaktoren im Zeitverlauf wird bestimmt durch die Sparquote, die festlegt, welcher Anteil des laufenden Einkommens für die Erstellung von Produktionsfaktoren zur Verfügung gestellt wird.[19] Exogen wachsende Größen weisen dagegen vorgegebene und unveränderliche Wachstumsraten auf. Im SOLOW-Modell ist die säkulare Wachstumsrate *exogen* gegeben und hängt nur von der Wachstumsrate der Bevölkerung und vom technischen Fortschritt, d.h. von gegebenen Parametern, ab. Im Gegensatz dazu ergibt sich die säkulare Wachstumsrate in Modellen mit endogenem Wachstum auch als Funktion der Akkumulation *reproduzierbarer* Produktionsfaktoren, ist also prinzipiell beeinflußbar.

Ad (2): Das SOLOW-Modell impliziert bei gegebenem technischen Fortschritt und Bevölkerungswachstum konvergierende Wachstumsraten des Pro-Kopf-Einkommens. Modelle mit endogenem Wachstum können dagegen dauerhafte Unterschiede zwischen den Wachstumsraten des Pro-Kopf-Einkommens verschiedener Länder begründen.

Im folgenden werden zunächst die für die weitere Diskussion wesentlichen Eigenschaften des traditionellen Modells mit exogenem Wachstum des Pro-Kopf-Einkommens herausgearbeitet. Dem traditionellen Modell werden anschließend Modelle mit endogenem Wachstum gegenübergestellt.

---

[19] Hier wird von internationalen Kapitalbewegungen abstrahiert. Darüber hinaus besteht bei intertemporalen Optimierungsmodellen durch Einführung einer Zeitpräferenzrate und Bestimmung des optimalen intertemporalen Konsumpfades die Möglichkeit einer Endogenisierung der Sparquote. Auch davon wird im folgenden abgesehen.

3.1.1 Das traditionelle Wachstumsmodell

Im traditionellen Wachstumsmodell ist Kapital der einzige reproduzierbare Faktor. Dessen Veränderung im Zeitablauf entspricht der Nettoinvestition. Die Zunahme des volkswirtschaftlichen Kapitalstocks ist also gleich der Ersparnis abzüglich der Abschreibungen:

(6) $$dK/dt = sY - \delta K,$$

wobei t die Zeit, s die Sparquote und δ die Abschreibungsrate des Produktionsfaktors Kapital bezeichnen.

Der Faktor Arbeit wächst annahmegemäß mit exogen gegebener Rate g und der Effizienzfaktor A mit der ebenfalls exogenen Rate des arbeitsvermehrenden technischen Fortschritts n. Die zeitliche Entwicklung der Faktors Arbeit und die des arbeitsvermehrenden Effizienzfaktors folgen demnach:

(7a) $$L_t = L_0 e^{gt}$$

und

(7b) $$A_t = A_0 e^{nt}.$$

Der Faktor effektive Arbeit wächst damit mit der exogen vorgegebenen Rate $n+g$.

Die im traditionellen Wachstumsmodell angenommene Produktionstechnologie entspricht einer Produktionsfunktion mit abnehmenden Erträgen bei partieller Faktorvariation. Im Falle der zur empirischen Implementierung häufig herangezogenen Cobb-Douglas-Produktionsfunktion mit konstanten Skalenerträgen in bezug auf die Produktionsfaktoren Kapital und Arbeit erhält man:

(8) $$Y_t = K_t^{\alpha} (A_t L_t)^{1-\alpha}.$$

Aus der Wachstumskomponentenzerlegung ergibt sich danach für die Wachstumsrate des Pro-Kopf-Einkommens:

(9) $$w_{(Y/L)} = w_A + \alpha w_{(K/AL)}.$$

Die Wachstumsrate des Pro-Kopf-Einkommens ist damit einerseits abhängig von w_A und damit von der exogenen gegebenen, unveränderlichen Rate des arbeitsvermehrenden technischen Fortschritts n und andererseits von der Wachstumsrate der Kapitalintensität pro Einheit effektiver Arbeit $w_{(K/AL)}$.

Daraus ist ersichtlich, daß in diesem Modell nur ein dauerhaftes Wachstum der Kapitalintensität pro Einheit effektiver Arbeit zu einer Erhöhung der Wachstumsrate des Pro-Kopf-Einkommens führen kann.

Die folgenden Überlegungen gehen daher zweckmäßigerweise von Größen pro Einheit effektiver Arbeit aus. Diese seien durch kleingeschriebene, kursive Symbole bezeichnet, so daß y=Y/AL dem Einkommen und k=K/AL der Kapitalintensität pro Einheit effektiver Arbeit entsprechen. Wir verzichten ferner zur Vereinfachung der Notation im folgenden auf die Wiedergabe des Index t für die Zeit. Die Produktionsfunktion (8) lautet dann:

(10a) $$y = k^{\alpha}$$

bzw.

(10b) $$(Y/L) = A\, k^{\alpha}.$$

Die zeitliche Entwicklung von k ist bestimmt durch die von K, A und L, und folgt nach den Gleichungen (6), (7a) und (7b):

(11) $$dk/dt = sy - (n+g+\delta)k = sk^{\alpha} - (n+g+\delta)k$$

$$\Leftrightarrow$$

(12) $$w_k = (dk/dt)/k = sk^{\alpha-1} - (n+g+\delta).$$

Ein wesentliches Ergebnis dieses Modells ist, daß Versuche, durch eine Erhöhung der Sparquote von einem gegebenen auf ein höheres Niveau zu einem dauerhaften Wachstum der Kapitalintensität k zu gelangen, so daß $w_{(K/AL)}$ beständig positiv ist – was, wie aus Gleichung (9) folgt, die Voraussetzung für ein die exogen gegebene Rate n übersteigendes säkulares Wachstum des Pro-Kopf-Einkommens darstellt –, scheitern müssen[20]:

Wenn bei gegebener Kapitalintensität die Sparquote angehoben wird, führt das – da $w_{(AL)}$ eine gegebene Konstante ist – dazu, daß $w_K > w_{(AL)}$, so daß k zunächst wächst und w_k vorübergehend positiv wird, so daß auch $w_{(Y/L)}$ wächst: Aus Gleichung (6) folgt für die Wachstumsrate von K:

(13) $$w_K = s/(K/Y) - \delta.$$

Bei einer annahmegemäß konstanten Wachstumsrate der effektiven Arbeit AL in Höhe von n+g ist aber aus Gleichung (13) ersichtlich, daß bei einer

[20] Im folgenden wird ohne Verlust an Allgemeinheit nur der Fall einer einmaligen Erhöhung der Sparquote untersucht, da eine unbegrenzt wiederholte Erhöhung bzw. ein dauerhaftes Wachstum der Sparquote wegen $s \leq 1$ nicht möglich ist.

Erhöhung der Sparquote $w_K > w_{(AL)}$ nur so lange gilt, wie keine Erhöhung des Kapitalkoeffizienten K/Y stattfindet.

Abnehmende Grenzerträge in bezug auf den Faktor Kapital ($\alpha<1$) führen aber schließlich dazu, daß das Wachstum der Kapitalintensität zum Stillstand kommen muß und die Wachstumsrate von Y/L wieder den Wert n annimmt. Dies läßt sich zeigen, indem man die Produktionsfunktion logarithmiert und nach der Zeit ableitet, so daß:

$$(14) \qquad w_Y = \alpha w_K + (1-\alpha)w_A + (1-\alpha)w_L.$$

Da $(\partial w_Y/\partial w_K) = \alpha$, ergibt Ableiten nach s:

$$(15) \qquad \partial w_Y/\partial s = (\partial w_Y/\partial w_K)(\partial w_K/\partial s) = \alpha(\partial w_K/\partial s).$$

Bei $\alpha<1$ ist nach Gleichung (15) $(\partial w_Y/\partial s)<(\partial w_K/\partial s)$. Eine Erhöhung der Sparquote führt demnach zunächst dazu, daß $w_Y<w_K$, so daß der Kapitalkoeffizient zu steigen beginnt. Wenn aber $w_Y<w_K$, muß der Anstieg von K/Y so lange anhalten, bis die durch die Erhöhung von s erhöhte Wachstumsrate des Kapitalstocks wegen (13) wieder auf das Gleichgewichtsniveau zurückfällt, denn der Anstieg des Kapitalkoeffizienten und damit auch die Verlangsamung von w_K setzt sich so lange fort, bis $w_Y=w_K$. Bei $w_Y=w_K$ folgt aber aus der Wachstumskomponentenzerlegung der Produktionsfunktion (8) $w_K=w_Y=w_{AL}$, so daß im Gleichgewicht sowohl der Kapitalstock als auch der Faktor effektive Arbeit, als auch das Volkseinkommen mit der gleichen säkularen Rate n+g wachsen. Bei $\alpha<1$ gilt dabei, daß jede Erhöhung der Wachstumsrate des reproduzierbaren Faktors Kapital über die des exogen wachsenden Faktors effektive Arbeit hinaus dazu führt, daß der mit exogen bestimmter Rate wachsende Faktor effektive Arbeit relativ knapper wird, der gestiegene Kapitaleinsatz somit zu sinkenden Grenzerträgen führt, so daß sich schließlich auch für das Sachkapital und das Volkseinkommen wieder die langfristig unveränderliche Wachstumsrate n+g einstellen muß. Auf dem Gleichgewichtswachstumspfad ist also $w_k=0$. Damit folgt aus Gleichung (12):

$$(16) \qquad sk^{\alpha-1} = n+g+\delta.$$

Durch Auflösen nach *k* folgt aus (16), daß die Kapitalintensität im Gleichgewicht *(k*)* folgenden Wert annimmt:

$$(17) \qquad k^* = [s/(n+g+\delta)]^{(1/1-\alpha)}.$$

Einsetzen von k^* aus (17) in die Produktionsfunktion (10b) zeigt, daß das gleichgewichtige Pro-Kopf-Einkommen bestimmt ist durch

(18) $$(Y/L)^* = Ak^{*\alpha} = A[s/(n+g+\delta)]^{(\alpha/1-\alpha)}.$$

Aus Gleichung (18) ist ersichtlich, daß das *Niveau* des Pro-Kopf-Einkommens auf dem Gleichgewichtswachstumspfad positiv mit der Sparquote korreliert ist. Die säkulare *Wachstumsrate* des Pro-Kopf-Einkommens ist dagegen wegen $w_k^*=0$ ausschließlich durch die Rate des exogenen technischen Fortschritts bestimmt:

(19) $$w_{(Y/L)} = w_A + \alpha w_k^* = w_A + 0 = n.$$

Verantwortlich für dieses Ergebnis ist, daß der reproduzierbare Produktionsfaktor im Gleichgewicht mit der gleichen Rate wachsen muß wie der exogen wachsende Faktor effektive Arbeit, so daß die Kapitalintensität k konstant bleibt.

Anstrengungen, durch erhöhtes Sparen die Wachstumsrate des Pro-Kopf-Einkommens zu beeinflussen, können bei abnehmender Grenzproduktivität in bezug auf die akkumulierbaren Produktionsfaktoren nur zu einer vorübergehenden Erhöhung der gegebenen Rate des Pro-Kopf-Einkommenswachstums führen, wonach diese bei dauerhafter Erhöhung des Kapitalkoeffizienten und der Kapitalintensität auf ihr vorgegebenes Niveau n zurückfallen muß. Das säkulare Wachstum des Pro-Kopf-Einkommens ist demnach gleich der Rate des wie "Manna vom Himmel fallenden" technischen Fortschritts.

Dieses theoretisch und entwicklungspolitisch wenig befriedigende Ergebnis der traditionellen Wachstumstheorie ist der Hauptkritikpunkt der Vertreter endogener Wachstumsmodelle.

Darüber hinaus ist im Rahmen des SOLOW-Modells, d.h. bei vollständiger Konkurrenz und ständig von außen in der Form eines *öffentlichen Gutes* in die Modellwirtschaft gelangendem technischen Fortschritt, auch die Tatsache unerklärlich, daß der private Sektor freiwillig erhebliche Ressourcen für Forschung und Entwicklung zur Verfügung stellt. Wenn die Rate des technischen Fortschritts ein exogen gegebener und damit unveränderlicher Parameter ist und darüber hinaus Fortschritte im technischen Wissen allgemein zugänglich sind, wird es für die einzelne Firma in der Tat keinen Anreiz geben, in Forschung und Entwicklung zu investieren.

3.1.2 Wachstumsmodelle mit endogenem Wachstum

Wachstumsmodelle mit endogenem Wachstum zeichnen sich – im Unterschied zum traditionellen Wachstumsmodell – dadurch aus, daß sie die säkulare Wachstumsrate als Resultat ökonomischer Aktivitäten modellieren.

Wie im vorangegangenen Abschnitt gezeigt wurde, ist dies im traditionellen Wachstumsmodell bei abnehmenden Grenzerträgen in bezug auf den reproduzierbaren Produktionsfaktor Kapital nicht möglich: Die langfristige Wachstumsrate ist durch den Wert n+g exogen vorgegeben.

Dieses Ergebnis läßt sich verallgemeinern, indem unter K nicht nur Sachkapital, sondern die Summe aller reproduzierbaren Produktionsfaktoren, z.B. neben Sachkapital auch Human- und FuE-Kapital, verstanden wird. Im einfachsten Fall beschreibt dann die sogenannte "AK-Produktionsfunktion" eine Produktionstechnologie, in der nichtreproduzierbare Produktionsfaktoren überhaupt keine Rolle spielen, so daß

(20) $$Y = A\,K^{\alpha},$$

wobei A eine unveränderliche Konstante darstellt. Es ist ersichtlich, daß in diesem Fall dauerhaftes Wachstum nur dann möglich ist, wenn $\alpha \geq 1$, da andernfalls das Ertragsgesetz wieder zu abnehmenden Kapitalgrenzerträgen und damit, wie schon im SOLOW-Modell, zu einem steigenden Kapitalkoeffizienten führen muß. Eine gegebene Sparquote legt bei $\alpha<1$ das Niveau von Y fest, und eine Anhebung der Sparquote führt nur zu einem vorübergehenden Wachstumsimpuls hin zu einem erhöhten Niveau.

Modelle, welche in der AK-Form geschrieben eine Produktionselastizität in bezug auf die reproduzierbaren Produktionsfaktoren von $\alpha<1$ aufweisen, können demnach kein dauerhaftes Wachstum begründen. Die einfachste Variante von Modellen mit dauerhaftem Wachstum bilden daher Modelle mit einer Skalenelastizität von Eins,[21] so daß

(21) $$Y = A\,K.$$

Wenn von der realitätsfernen Annahme einer AK-Produktionsfunktion nach Gleichung (20) oder (21) abgesehen wird – der Produktionsfaktor Arbeit ist mit Sicherheit ein relevanter Produktionsinput –, können zur Modellierung dauerhaften und endogenen beeinflußbaren Wachstums auch Produktionsfunktionen mit konstanten oder zunehmenden Skalenerträge in bezug auf die Produktionsfaktoren Kapital (im weitesten Sinne) *und* Arbeit angenom-

---

21 Vgl. Xavier SALA-I-MARTIN, Lectures on Economic Growth (I), NBER Working Paper No. 3536, Cambridge (Mass.) 1990, S. 6 f.

men werden. Endogenes Wachstum ergibt sich dann z.B. bei $\alpha \geq 1$ und $\beta > 0$ im Falle einer Cobb-Douglas-Produktionsfunktion mit steigenden Skalenerträgen in bezug auf K und L

$$Y = A\,K^{\alpha}\,L^{\beta}. \qquad (22)$$

Modell (22) berücksichtigt somit zwar den Produktionsfaktor Arbeit, ist aber aufgrund steigender Skalenerträge nicht mit einem Konkurrenzgleichgewicht vereinbar.

Abgesehen von den einfachen, aber inhaltlich wenig zufriedenstellenden Modellen (20) bis (22) kann andauerndes endogen bestimmtes Wirtschaftswachstum aber auch durch relevantere Wachstumsmodelle erklärt werden.[22] Aus der bereits beträchtlichen Anzahl von Modellen mit endogenem Wachstum[23] werden wir im folgenden zwei charakteristische Prototypen darstellen.

Die erste Möglichkeit besteht darin, für die einzelne Firma konstante Skalenerträge in bezug auf die herkömmlichen Produktionsfaktoren *(tangible inputs)*, wie z.B. Kapital und Arbeit, anzunehmen, so daß diese Modelle mit einem Konkurrenzgleichgewicht vereinbar sind, dabei jedoch positive externe Effekte zu unterstellen, so daß sich gesamtwirtschaftlich steigende Erträge ergeben. In dieser Gruppe von Modellen beruht endogenes Wachstum also auf externen Effekten. Wesentliche Anstöße dazu gehen zurück auf frühe Arbeiten von ARROW und anderen[24] sowie auf die Theorie der öffentlichen Güter. Die Produktionsfunktion für die einzelne Firma f ist dabei vom Typ[25]:

---

22 Vgl. Isaac EHRLICH, The Problem of Development: Introduction, in: Journal of Political Economy, Vol. 98 (1990), Supplement, S. S4 f.

23 Eine Übersicht über Modelle mit endogenem Wachstum gibt Bart VERSPAGEN, Endogenous Innovation In Neo-Classical Growth Models: A Survey, in: Journal of Macroeconomics, Vol. 14 (1992), S. 631–662.

24 Kenneth J. ARROW, The Economic Implications of Learning by Doing, a.a.O.; DERS., Economic Welfare and the Allocation of Resources for Invention (1962), in: Nathan ROSENBERG (Hg.), The Economics of Technological Change, Harmondsworth 1971, S. 164–181; E.S. PHELPS, Models of Technical Progress and the Golden Rule of Research, in: Review of Economic Studies, Vol. 33 (1966), S. 133–145.

25 Unsere Darstellung ist die Verallgemeinerung eines Arguments von Paul M. ROMER (Increasing Returns and Long-Run Growth, in: Journal of Political Economy, Vol. 94 (1986), S. 1015 f.); vgl. auch DERS., Are Nonconvexities Important for Understanding Growth? In: American Economic Review, Papers and Proceedings, Vol. 80 (1990), S. 97–103 und DERS., Capital, Labor, and Productivity, in: Brookings Papers on Economic Activity: Microeconomics (1990), S. 341 f.

(23) $$Y_f = A\, K_f^{\alpha}\, L_f^{1-\alpha}\, C^{\varphi},$$

wobei Y und L wie im SOLOW-Modell definiert sind, A eine Konstante ist, K neben Sachkapital auch firmenspezifisches Human- und FuE-Kapital beinhalten kann, und C einen aus Externalitäten resultierenden Faktor bezeichnet, der eine Funktion der Einzelkapitale K_f aller Firmen ist, so daß gilt:

(24) $$C = f\left(\sum_{f=1}^{F} K_f\right) \qquad \text{mit } f'>0,$$

wobei F die Anzahl der Firmen bezeichnet. Für die einzelne Firma ist C gegeben. Die Produktionsfunktion hat nach Gleichung (23) für jede Firma f in bezug auf L und K eine Skalenelastizität von Eins und ist daher mit einem Konkurrenzgleichgewicht vereinbar. Die aggregierte, gesamtwirtschaftliche Produktionsfunktion weist jedoch steigende Skalenerträge auf, denn:

(25) $$Y = \sum_{f=1}^{F} A\, K_f^{\alpha}\, L_f^{1-\alpha}\, C^{\varphi} = A\, K^{\alpha}\, L^{1-\alpha}\, C^{\varphi},$$

Eine intuitive Begründung für diesen Ansatz liegt in der begrenzten Geltung des Ausschlußprinzips bei Innovationen, da Geheimhaltung oder Patentierung nur einen unvollkommenen Schutz gewähren können, und technisches Wissen daher zumindest teilweise den Charakter eines öffentlichen Gutes hat, welches als Faktor C potentiell allen Firmen zur Verfügung steht. Eine Verdoppelung des Ausstoßes ist nach dieser Vorstellung bereits mit einer Verdoppelung der Produktionsinputs mit ausschließlich privatem Charakter, d.h. bei konstantem C, zu erreichen. Die gesamtwirtschaftliche Produktionsfunktion unter Einschluß des aus Externalitäten resultierenden Faktors C muß daher steigende Erträge aufweisen.

In der zweiten Gruppe von Modellen beruht endogenes Wachstum auf der unbegrenzten Akkumulation eines speziellen Faktors T, das heißt, es wird eine spezifische Produktionstechnologie für einen bestimmten reproduzierbaren Produktionsfaktor angenommen. Für Konsumgüter und herkömmliche Produktionsgüter wird dabei eine traditionelle Produktionstechnologie mit bei partieller Faktorvariation abnehmenden Grenzerträgen unterstellt; für die Erstellung eines bestimmten reproduzierbaren Produktionsfaktors (technisches Wissen oder hochspezialisiertes Humankapital) wird dagegen davon ausgegangen, daß die erstellbare Menge eine lineare Funktion des bereits erreichten Bestands ist, so daß in diesem speziellen Fall das

Ertragsgesetz nicht gilt. Damit ist auch für die gesamtwirtschaftliche Produktionsfunktion das Ertragsgesetz außer Kraft gesetzt; die Akkumulation eines solchen Produktionsfaktors kann so zum Träger säkularen endogenen Wachstums werden.

Als Prototypen dieser zweiten Gruppe von Modellen mit endogenem Wachstum sind frühe Wachstumsmodelle von UZAWA, SHELL, CONLISK und LUCAS[26] zu nennen. Die Endogenisierung des Wachstums geschieht hier über zielgerichtete Investitionen in die Faktoren Humankapital oder technisches Wissen. Auch hierfür gibt es eine intuitive Begründung: ROMER führt dazu an, daß ein Ingenieur heutzutage auf ein erheblich umfangreicheres und verfeinertes Wissen zurückgreifen könne als ein Ingenieur vor 100 Jahren und daher im inventiven Prozeß als effektiver anzusehen sei.[27] Nach dieser Ansicht sind Erfindungen um so leichter, je mehr bereits erfunden ist; der technische Fortschritt wird dabei als eine aufeinanderfolgende Kette von Ereignissen verstanden.[28] Diese Sichtweise wird – das sei hier angemerkt – von unterschiedlichsten ideologischen Lagern geteilt; der marxistische Fortschrittsoptimismus[29] beruht ebenso auf dieser Annahme wie Modelle der *Neuen Wachstumstheorie*.

Die Wachstumsrate des technischen Fortschritts ist damit nicht mehr exogen gegeben, sondern eine Funktion der mit zunehmendem technischen Wissen immer schneller vor sich gehenden Akkumulation von FuE- oder Humankapital. Entscheidend für die Möglichkeit endogenen Wachstums ist

26 Hirofumi UZAWA, Optimum Technical Change in an Aggregative Model of Economic Growth, in: International Economic Review, Vol. 6 (1965), S. 18–31; Karl SHELL, Toward a Theory of Inventive Activity and Capital Accumulation, in: American Economic Review, Papers and Proceedings, Vol. 56 (1966), S. 62–68; John CONLISK, A Modified Neoclassical Growth Model with Endogenous Technical Change, in: Southern Economic Journal, Vol. 34 (1967), S. 199–208; Robert E. LUCAS, Tests of a Capital-Theoretic Model of Technological Change, in: Review of Economic Studies, Vol. 34 (1967), S. 175–189.

27 Paul M. ROMER, Endogenous Technical Change, in: Journal of Political Economy, Vol. 89 (1990), Supplement, S. S83.

28 "... once we actively search for continuity, it becomes apparent that every novel artefact has an antecendent." George BASALLA, The Evolution of Technology, Cambridge 1988, S. 208 f.

29 "... die Wissenschaft schreitet fort im Verhältnis zu der Masse der Erkenntnis, die ihr von der vorhergehenden Generation hinterlassen wurde, also unter den allergewöhnlichsten Verhältnissen ... in geometrischer Progression – und was ist der Wissenschaft unmöglich?" Friedrich ENGELS, Umrisse zu einer Kritik der Nationalökonomie, in: Karl MARX und Friedrich ENGELS, Werke, Bd. 1, Berlin (Ost) 1970, S. 521.

dabei, wie LUCAS zeigt,[30] daß die Produktion des Faktors T im Zeitverlauf keine abnehmenden Erträge aufweist. Die typische Formulierung für die Akkumulation des endogenen Wachstumsfaktors lautet daher in dieser Gruppe von Modellen:

(26) $$dT/dt = f(s_T)T \quad \Leftrightarrow \quad w_T = f(s_T), \qquad \text{mit } f'>0, f''<0,$$

wobei s_T den Anteil des Volkseinkommens bezeichnet, der für die Akkumulation von T zur Verfügung gestellt wird. Wäre dagegen $dT/dt=f(s_T)T^{\lambda}$ mit $\lambda<1$, so daß die Akkumulation von T abnehmenden Grenzerträgen unterliegen würde, dann müßte w_T bei einer Erhöhung von s_T wegen $w_T=f(s_T)T^{\lambda-1}$ mit steigendem T schließlich gegen Null gehen, so daß – wie im SOLOW-Modell in bezug auf eine Erhöhung der Sparquote s – die Wachstumsrate des Volkseinkommens durch eine Erhöhung von s_T nicht dauerhaft angehoben werden könnte.

Die Modelle der *Neuen Wachstumstheorie* sind demnach so beschaffen, daß Produktivitätsfortschritte nicht mehr als exogen gegeben angenommen werden, sondern auf die Vermehrung eines oder mehrerer Produktionsfaktoren zurückgeführt werden, sei es als Nebenprodukt anderer ökonomischer Aktivitäten (Externalitäten), sei es aufgrund zielgerichteter Anstrengungen zur Erweiterung des produktionsrelevanten Wissens, etwa durch Forschung und Entwicklung oder die Akkumulation hochspezialisierten Humankapitals. Die gesamtwirtschaftliche Produktionsfunktion muß dabei in bezug auf *Kapital im weitesten Sinne*, d.h. in bezug auf die reproduzierbaren Produktionsfaktoren P_r, mindestens konstante Skalenerträge aufweisen. Die grundlegende Schwierigkeit bei der Formulierung von Modellen mit endogenem Wachstum läßt sich anhand einer Cobb-Douglas-Produktionsfunktion verdeutlichen. Wenn $\alpha=1$, so daß $P^{\alpha}=P$ und

(27) $$Y = A P_r L^{\beta},$$

dann dürfen die Erträge von P_r für die einzelne Firma nicht voll internalisierbar sein, da ansonsten kein Konkurrenzgleichgewicht möglich ist. Wichtig für eine Gleichgewichtslösung ist daher, daß das Ertragsgesetz nur in bezug auf solche Produktionsinputs unwirksam sein darf, deren Erträge nicht vollständig und dauerhaft privat internalisierbar sind. Die Endogenisierung wirtschaftlichen Wachstums bedarf also der Unterscheidung zwischen pri-

30 Robert E. LUCAS, On the Mechanics of Economic Development, in: Journal of Monetary Economics, Vol. 22 (1988), S. 18 f.

vat internalisierbaren und nur teilweise oder überhaupt nicht privat internalisierbaren Faktoren.

Während solche Modelle endogenen Wachstums auf theoretisch aufschlußreiche Weise eine mögliche Verbesserung der offensichtlichen Schwachstellen des traditionellen Wachstumsmodells anbieten, besteht für die empirische Forschung ein wesentliches Problem darin, daß sie aufgrund ihrer theoretisch legitimen, aber praktisch kaum identifizierbaren Vorgaben, empirisch nicht überprüfbar sind.[31] So ist z.B. die theoretische Einteilung der Volkswirtschaft in einen dem Ertragsgesetz unterliegenden waren- bzw. sachkapitalproduzierenden Sektor einerseits und einen eigenen Gesetzen unterliegenden wissensproduzierenden Sektor andererseits für eine empirische Untersuchung schwerlich operationalisierbar;[32] das gleiche gilt für die Annahme von bei der Produktion anfallenden Externalitäten.[33]

Der Wert dieser Modelle dürfte daher u.E. vor allem in ihrer von den Denkmustern der etablierten Wachstumstheorie befreiten Vorgehensweise bei der Modellierung des technischen Fortschritts liegen.

3.2 Das technische Wissen als Produktionsfaktor

Die für die empirische Forschung wesentliche Anregung aus der *Neuen Wachstumstheorie* besteht darin, das technische Wissen als eigenständigen Faktor T in die Produktionsfunktion einzubeziehen, so daß:

(28) $$Y = A\,K^{\alpha}\,L^{\beta}\,T^{\varphi},$$

Durch Logarithmieren und Ableiten nach der Zeit ergibt sich, da A eine Niveaukonstante darstellt, die Wachstumskomponentenzerlegung:

(29) $$w_Y = \alpha w_K + \beta w_L + \varphi w_T.$$

---

31 Das gleiche gilt allerdings auch für andere Wachstumsmodelle. Paul M. ROMER (Idea Gaps and Object Gaps in Economic Development, prepared for the World Bank Conference "How Do National Policies Affect Long Run Growth", Washington, D.C., Feb. 1993, S.26) bemerkt dazu, daß sich die verfügbaren empirischen Daten anhand endogener wie exogener Modelle erklären lassen, so daß Nullhypothesen über die Richtigkeit eines bestimmten Wachstumsmodells kaum falsifiziert werden können. Somit entscheide die Gewohnheit, die Nullhypothese im Sinne der etablierten Tradition zu formulieren, darüber, welche Theorie zurückgewiesen werde.

32 Vgl. Maurice FG SCOTT, Explaining Economic Growth, in: American Economic Review, Papers and Proceedings, Vol. 83 (1993), S. 424 f.

33 Vgl. Nicholas STERN, The Determinants of Growth, in: Economic Journal, Vol. 101 (1991), S. 127.

Nun sind aber weder T noch w_T direkter Messung zugänglich. Zur empirischen Schätzung bedürfen diese Ansätze daher einer Meßvorschrift, die T auf andere Variablen zurückführt. Der Faktor T wird dazu häufig als "Forschungskapitalstock" konzipiert, so daß man aus Zeitreihen für FuE-Ausgaben zu einer Schätzung von T gelangen kann, und entspricht dann den kumulierten FuE-Investitionen abzüglich des im Zeitverlauf obsolet gewordenen Wissens.

Dabei ist aber zu beachten, daß bei einer solchen Schätzung von T bereits die Aggregation von technischem Wissen mit erheblichen Schwierigkeiten behaftet ist,[34] darüber hinaus stellt sich auch noch das Problem der zugrundezulegenden Obsoleszenzrate: Während die Abschreibung des Sachkapitals als physischer Prozeß fortschreitender Abnutzung und damit als materielle Zerstörung anzusehen ist, unterliegt technisches Wissen keinem vergleichbaren Verschleiß. Erst im Wettbewerb mit überlegenen Verfahren werden die praktizierten obsolet:

> "As a result of domestic and foreign competition, existing technologies become obsolete regardless of their level of productivity as new, more profitable, and usually more productive technologies are developed ... On the other hand, as a source of productivity (output per unit of input) R&D does not depreciate at all. A level of total factor productivity reached in the economy as a result of technological improvements based on past R&D can be maintained indefinitely by replacing labor and capital of the same kind without need for any additional R&D conducted to maintain it."[35]

In empirischen Untersuchungen wird daher für das technische Wissen häufig eine Obsoleszenzrate von Null zugrundegelegt.[36] Für die Produktionselastizität des so ermittelten Forschungskapitals ergeben sich in verschiedenen Untersuchungen z.B. für die USA Werte von 0,06–0,1.[37]

---

34 Vgl. dazu Zvi GRILICHES, Issues in Assessing the Contribution of Research and Development to Productivity Growth, in: Bell Journal of Economics, Vol. 10 (1979), S. 92–116 sowie Robert E. EVENSON, Technology, Growth and Development, in: Gustav RANIS und T. Paul SCHULTZ (Hg.), The State of Development Economics, a.a.O., S. 505.

35 Nestor E. TERLECKYJ, Comment, in: Zvi GRILICHES (Hg.), R&D, Patents, and Productivity, Chicago 1984, S. 500.

36 Vgl. Zvi GRILICHES und Frank R. LICHTENBERG, R&D and Productivity Growth at the Industry Level: Is There Still a Relationship? in: Zvi GRILICHES (Hg.), R&D, Patents, and Productivity, Chicago 1984, S. 474 ff.; Nestor E. TERLECKYJ, Comment, a.a.O., S. 499 ff.; Geoffrey WYATT, The Economics of Invention, a.a.O., S. 14.

37 Vgl. Zvi GRILICHES, Productivity Puzzles and Research and Development: Another Nonexplanation, in: Journal of Economic Perspectives, Vol. 2 (1988), S. 15.

Für ärmere Länder liegen jedoch keine auch nur annähernd vollständigen Zeitreihen zu FuE-Ausgaben vor, so daß dieses Verfahren dort nicht zur Anwendung kommen kann. Man verfügt aber unter der Annahme, daß die Obsoleszenzrate des Forschungskapitals gleich Null ist, mit Angaben zu FuE-Ausgaben (FuE) über ein Maß für die Veränderung des technischen Wissens (FuE=dT/dt). Aus der Wachstumskomponentenzerlegung folgt dann wegen $\varphi=(\partial Y/\partial T)(T/Y)$:

(30) $$w_Y = \alpha w_K + \beta w_L + \varphi w_T = \alpha w_K + \beta w_L + (\partial Y/\partial T)(FuE/Y).$$

Durch eine Regression von w_Y auf w_K, w_L und die *Forschungsintensität* FuE/Y kann so in Gestalt des Koeffizienten $\partial Y/\partial T$ die Grenzproduktivität von T, d.h. die soziale Ertragsrate von FuE-Investitionen bestimmt werden.[38]

Untersuchungen anhand dieses Ansatzes zeigen zwar, daß die Forschungsintensität für verschiedene Branchen im Längsschnitt einen signifikant positiven Anteil des wirtschaftlichen Wachstums erklärt, die Angaben der Größenordnung weichen aber von Untersuchung zu Untersuchung beträchtlich voneinander ab; so werden innerhalb eines Landes für $\partial Y/\partial T$ Werte von unter 0,1 bis zu 0,5 ermittelt.[39]

Bei Länderquerschnittsuntersuchungen auf gesamtwirtschaftlicher Ebene ist der Befund noch unbefriedigender: In der Regel kann dabei kein signifikant positiver Zusammenhang zwischen dem Anteil der FuE-Ausgaben am Volkseinkommen und dessen Wachstumsrate festgestellt werden.[40] Dies bestätigt sich auch im Falle der 67 Länder unserer Stichprobe, für welche über die Periode von 1965–1985 mindestens eine Angabe zur Höhe der

---

[38] Vgl. zu diesem Verfahren Klaus F. ZIMMERMANN, F&E-Ausgaben und Produktionsentwicklung – Ein Überblick über neuere empirische Untersuchungen, in: Bernhard GAHLEN (Hg.), Marktstruktur und gesamtwirtschaftliche Entwicklung, Berlin 1990, S. 238.

[39] Vgl. z.B. Nestor E. TERLECKYJ, Direct and Indirect Effects of Industrial Research and Development, in: John W. KENDRICK und Beatrice VACCARA (Hg.), New Developments in Productivity Measurement and Analysis, Chicago 1980, S. 359–386; Zvi GRILICHES und Frank R. LICHTENBERG, R&D and Productivity Growth at the Industry Level, a.a.O., S. 473 ff.; F. M. SCHERER, Inter-Industry Technology Flows and Productivity Growth, in: Review of Economics and Statistics, Vol. 64 (1982), S. 627–634. Übersichten über entsprechende Untersuchungen finden sich u.a. in Richard R. NELSON, Research on Productivity Growth and Productivity Differences: Dead Ends and New Departures, in: Journal of Economic Literature, Vol. 19 (1981), S. 1046 f. und Paul STONEMAN, The Economic Analysis of Technology Policy, Oxford 1987, S. 28 ff.

[40] Vgl. Vincenz TIMMERMANN, Entwicklungstheorie und Entwicklungspolitik, Göttingen 1982, S. 99 ff.

FuE-Ausgaben verfügbar ist; für diese Länder ergibt sich im Querschnitt keine positive FuE-Ertragsrate.[41] Wenn eine positive FuE-Ertragsrate dennoch vorliegt, ist sie zumindest auf diese Weise nicht nachzuweisen.

Als problematisch erweist sich dabei vor allem die Bestimmung des technischen Wissens, und der Grund dafür sollte nicht zuletzt in der mangelnden Verläßlichkeit der dazu üblicherweise herangezogenen FuE-Daten gesucht werden. Nach unserer Ansicht wären diese Daten aber auch bei exakter Messung nicht als Grundlage zur Ermittlung valider Variablen für den technischen Fortschritt anzusehen, denn FuE-Aufwendungen stellen nicht den einzigen Input in das Vorantreiben des technischen Fortschritts dar.

Wir wollen einen erweiterten Ansatz verfolgen, wobei neben FuE-Aufwendungen auch andere Größen, die dem Vorantreiben des technischen Fortschritts dienen, zu berücksichtigen sind. Die Veränderung des technischen Wissens wird in unserem Ansatz angesehen als bestimmt durch:

(1) Ausmaß und Erfolg von Investitionen in Forschung und Entwicklung;
(2) die Wahrnehmung und Verbreitung des bereits bekannten technischen Wissens;
(3) die Reproduktion und Vermittlung des in einer Volkswirtschaft bereits etablierten Wissens.

Damit werden neben Forschung und Entwicklung vor allem Bildungsanstrengungen berücksichtigt, und zwar sowohl direkt über ihre Auswirkungen auf den Stand des Wissens (Punkt 3) als auch hinsichtlich ihres indirekten Nutzens (Punkt 1 und 2), denn die Erfolge von Investitionen in Forschung und Entwicklung sowie die Befähigung zur Wahrnehmung andernorts bereits bekannten technischen Wissens können – wie gerade die *Neue Wachstumstheorie* betont – als positive Funktionen des in einer Gesellschaft erreichten Wissensstands, und damit auch des Bildungsniveaus angesehen werden.

---

41 Die Regression der durchschnittlichen jährlichen Wachstumsrate des Bruttoinlandsprodukts w_Y von 1965 bis 1985 auf die Wachstumsraten des Kapitalstocks und der Anzahl der Erwerbstätigen w_K und w_L sowie auf die über die gesamte Periode gemessene durchschnittliche FuE-Intensität (FuE/Y) ergibt:

$$w_Y = 0{,}008 + 0{,}530\ w_K + 0{,}271\ w_L + 0{,}00079\ \text{FuE/Y}$$

mit einem Bestimmtheitsmaß R^2 von 0,63. Aus den t-Werten für w_K (t=8,8), w_L (t=1,75) und FuE/Y (t=0,33) ist ersichtlich, daß die Koeffizienten für w_K und w_L bei einseitiger Fragestellung auf dem 5-Prozent-Niveau signifikant sind, wogegen derjenige für FuE/Y mit einem t-Wert von 0,33 überhaupt nicht signifikant von Null verschieden ist (zur Beschreibung der Variablen Y, K und L vgl. Kapitel 4.1 bis 4.4, zu FuE/Y vgl. Abschnitt 8.3.8 im Anhang).

Zu untersuchen ist noch die Behauptung, daß auch die Wahrnehmung und Absorption des bereits bekannten technischen Wissens als Bestimmungsfaktor des technischen Fortschritts anzusehen ist. Im internationalen Kontext ist hierbei vor allem an die Möglichkeit des Erwerbs oder der Imitation fortgeschrittener Techniken *(catching-up)* zu denken. Die damit zusammenhängenden Fragen werden im folgenden diskutiert.

3.3 Entwicklungsstand und technischer Fortschritt

Der technische Fortschritt findet in verschiedenen Ländern ausgehend von verschiedenen Niveaus statt. Dabei ist die stets unerreichte Grenze des aus globaler Sicht zu einem Zeitpunkt technisch Machbaren nicht beobachtbar, und nahe dieser Grenze liegen nur die in den fortgeschrittensten Ländern entwickelten Techniken.[42] Die zum technischen Fortschritt vorliegende Literatur befaßt sich zum großen Teil mit Fragen, welche die Verschiebung dieser Grenze betreffen.

Die Situation armer Länder unterscheidet sich jedoch hinsichtlich des technischen Fortschritts grundsätzlich von der reicher: Der technologische Vorsprung der reicheren Länder offenbart, unabhängig von den Möglichkeiten einer Verschiebung der Grenze des technisch Machbaren, ein gewaltiges Potential für eine Erhöhung des Standes der Technik in ärmeren Ländern allein durch aufholende Entwicklung. Statt weitgehend zum Scheitern verurteilter Forschungen an vorderster Front sollten ärmere Länder daher speziell die für eine erfolgreiche Imitation und Adaption fortgeschrittener Techniken förderlichen Forschungs- und Entwicklungsanstrengungen unternehmen.[43]

Aber auch eine Imitation von Techniken aus anderen Ländern erfordert hohe Aufwendungen; hinderlich sind dabei insbesondere Unterschiede in der Funktionsweise lokaler Märkte, der Ausstattung mit natürlichen und geschaffenen Ressourcen, der Preisrelationen sowie unterschiedliche rechtliche, institutionelle und kulturelle Rahmenbedingungen.[44] ARROW führt dazu ein bekanntes Beispiel an:

---

42 Vgl. Hans P. BINSWANGER und Vernon W. RUTTAN, Introduction, in: Hans P. BINSWANGER und Vernon W. RUTTAN (Hg.), Induced Innovation, Baltimore 1978, S. 4 f.

43 Vgl. Thomas BALOGH, Education and Economic Growth, in: Kyklos, Bd. 17 (1964), S. 269 sowie Robert SOLO, The Capacity to Assimilate an Advanced Technology, in: American Economic Review, Papers and Proceedings, Vol. 56 (1966), S. 91–97.

44 Vgl. Rondo CAMERON, The Diffusion of Technology as a Problem in Economic History, in: Economic Geography, Vol. 51 (1975), S. 218.

"When the British in World War II supplied us with the plans for the jet engine, it took ten months to redraw them to conform to American usage."[45]

Man muß sich dabei die sozioökonomische, kulturelle und sprachliche Nähe zwischen Großbritannien und den USA vergegenwärtigen, um die Hindernisse eines Technologietransfers zwischen armen und reichen Ländern erahnen zu können. In der Literatur zum technischen Fortschritt ärmerer Länder wird daher das Konzept vom technischen Wissen als "öffentliches Gut", das jedem und überall zur freien Verfügung steht, in der Regel verworfen, und statt dessen auf die Bedeutung der Befähigung zur Aneignung technischen Wissens verwiesen.

Im folgenden werden wir untersuchen, zu welchen Aussagen die Wirtschaftstheorie hinsichtlich der Möglichkeiten aufholender Entwicklung im internationalen Kontext gelangt.

Unter "aufholender Entwicklung", *"catching-up"* oder "Konvergenz" ist das Vorliegen eines schnelleren Wirtschaftswachstums von ärmeren Regionen oder Ländern im Vergleich zu dem relativ reicherer zu verstehen. Dabei wird ein gesetzmäßiger Zusammenhang behauptet, der im Zeitablauf zu einer Abnahme der Einkommensunterschiede zwischen den reichen und armen Ländern der Erde führen soll.[46]

Dieses Ergebnis folgt unmittelbar aus der neoklassischen Wachstumstheorie: Da die entwickelten Länder mit einer relativ höheren Kapitalintensität produzieren, ist nach dem Ertragsgesetz die marginale Kapitalproduktivität in den weniger entwickelten Ländern aufgrund ihrer geringeren Kapitalausstattung höher. Ohne staatliche Eingriffe müßte dies bei funktionierenden Kapitalmärkten zu einer Faktorwanderung des Kapitals in ärmere Länder und damit dort zu wachsender Kapitalintensität führen, bis diese sich schließlich weltweit angeglichen hat. Vollständige internationale Faktormobilität müßte zu einer noch schnelleren Angleichung des Einkommens je Beschäftigten führen, da in diesem Falle nicht nur der Faktor Kapital aus Ländern mit relativ reicher Ausstattung in solche mit relativ geringer Ausstattung fließen würde, sondern das gleiche auch für den Faktor Arbeit anzunehmen wäre, der damit genau in entgegengesetzter Richtung wandern würde, und zwar bis zum völligen internationalen Ausgleich der Faktor-

45 Kenneth J. ARROW, Classification Notes on the Production and Transmission of Technical Knowledge, in: American Economic Review, Papers and Proceedings, Vol. 59 (1969), S. 34.

46 Moses ABRAMOVITZ, The Catch-Up Factor in Postwar Economic Growth, in: Economic Inquiry, Vol. 28 (1990), S. 1–18.

grenzerträge und damit auch der Profitrate und des Lohnsatzes.[47] Demnach bliebe den ärmeren Ländern zur Förderung ihrer Entwicklung nicht viel mehr zu tun, als die zu internationaler Konvergenz führenden Vorgänge möglichst ungestört ablaufen zu lassen.

Aber auch ohne die Möglichkeit internationaler Faktorwanderungen ergibt sich im traditionellen Wachstumsmodell, daß bei abnehmenden Grenzerträgen in bezug auf den Faktor Kapital die Wachstumsrate des Pro-Kopf-Einkommens eine abnehmende Funktion der Kapitalintensität k ist: In der neoklassischen Wachstumstheorie ist – wie in Abschnitt 3.1.1 gezeigt wurde – das Wachstum des Pro-Kopf-Einkommens auf dem Gleichgewichtswachstumspfad allein durch den exogenen technischen Fortschritt bestimmt. Auf dem Weg von einem durch relative Kapitalarmut gekennzeichneten Zustand hin zum säkularen Wachstumspfad muß die Wachstumsrate dagegen bei ansteigender Kapitalintensität den säkularen Wert n übersteigen. Daraus folgt für ärmere Volkswirtschaften, die noch nicht ihren Gleichgewichtswert k^* erreicht haben, ein schnelleres Wachstum des Pro-Kopf-Einkommens als für Volkswirtschaften auf dem Gleichgewichtswachstumspfad.[48]

Von Vertretern der Modelle endogenen Wachstums wird daher das Fehlen einer einfachen Korrelation zwischen dem Niveau und dem Wachstum des Pro-Kopf-Einkommens (*unbedingte* Konvergenz) im Länderquerschnitt als Falsifizierung der traditionellen Wachstumstheorie angesehen.[49] Es läßt sich jedoch zeigen, daß im SOLOW-Wachstumsmodell die Wachstumsrate des Pro-Kopf-Einkommens nicht nur vom aktuellen Einkommensniveau abhängt, sondern auch von den Determinanten des landesspezifischen Gleichgewichtswachstumspfades:

Gegeben sei – wie im traditionellen Wachstumsmodell[50] – eine Produktionsfunktion $Y=K^{\alpha}(AL)^{1-\alpha}$ mit exogenem Bevölkerungswachstum g und exogenem technischen Fortschritt n. Die Entwicklung der Kapitalintensität pro Einheit effektiver Arbeit w_k $(=w_{(K/AL)})$ folgt dann Gleichung (12) (vgl. S.40). In der Nähe des Gleichgewichtswachstumspfades läßt sich hieraus die sogenannte *Konvergenzgleichung* herleiten. Dazu wird ein Ausdruck der Wachstumsrate w_k in Abhängigkeit von k gesucht. Da $\ln k$ eine streng mo-

---

[47] Vgl. Robert J. BARRO, N. Gregory MANKIW und Xavier SALA-I-MARTIN, Capital Mobility in Neoclassical Models of Growth; NBER Working Paper No. 4206, Cambridge (Mass.) 1992, S. 2 sowie Assaf RAZIN und Chi-Wa YUEN, Convergence in Growth Rates: The Role of Capital Mobility and International Taxation, NBER Working Paper No. 4214, Cambridge (Mass.) 1992, S. 16 ff.

[48] Vgl. Paul M. ROMER, Increasing Returns and Long-Run Growth, a.a.O., S. 1002 ff.

[49] Vgl. den Hinweis bei Robert J. BARRO, N. Gregory MANKIW und Xavier SALA-I-MARTIN, Capital Mobility in Neoclassical Models of Growth, a.a.O., S. 1.

[50] Vgl. S. 39 ff. der vorliegenden Arbeit.

notone Funktion ist, kann – was sich als vorteilhaft herausstellen wird – w_k auch als Funktion von $\ln k$ geschrieben werden:

(31) $$w_k = f(\ln k).$$

Durch lineare TAYLOR-Approximation von $w_k = f(\ln k)$ um den Gleichgewichtswert k^* ergibt sich

(32) $$w_k = w_k^* + (\partial w_k/\partial \ln k)(\ln k - \ln k^*) + R,$$

wobei der Rest R in der Nähe von k^* gegen Null geht. Allgemein gilt $x^y = e^{y \ln x}$. Da $sk^{\alpha-1} = se^{(\alpha-1)\ln k}$ und $w_k = sk^{\alpha-1} - (n+g+\delta)]$, lautet die Ableitung von w_k nach $\ln k$

(33) $$\partial w_k/\partial \ln k = (\alpha-1)sk^{\alpha-1}.$$

Auf dem Gleichgewichtswachstumspfad gilt $w_k = w_k^* = 0 \Leftrightarrow sk^{\alpha-1} = n+g+\delta$. Daraus folgt in der Nähe des Gleichgewichtswachstumspfades bei R=O

(34) $$w_k = (\alpha-1)(n+g+\delta)(\ln k - \ln k^*).$$

Da $\ln y = \alpha \ln k$ und $w_y = \alpha w_k$ ergibt sich hieraus die charakteristische *Konvergenzgleichung*

(35) $$w_y = (1-\alpha)(n+g+\delta)(\ln y^* - \ln y).$$

Damit ergibt sich aus dem SOLOW-Modell für den Zusammenhang zwischen Niveau und Wachstumsrate des Pro-Kopf-Einkommens im Länderquerschnitt folgendes: Wenn die gemessenen Werte des Pro-Kopf-Einkommens zufällig um ihre Werte auf den landesspezifischen Gleichgewichtswachstumspfaden y^* verteilt sind, ist keine Korrelation zwischen dem Niveau des Pro-Kopf-Einkommens und dessen Wachstumsrate zu erwarten; die Wachstumsrate ist dann annahmegemäß exogen bestimmt. Wenn aber keine zufällige Verteilung der Länder um ihre spezifischen Gleichgewichtswachstumspfade vorliegt, sondern – wie anzunehmen ist – Länder mit geringerem Pro-Kopf-Einkommen sich dadurch auszeichnen, daß sie niedrige Kapitalkoeffizienten aufweisen und noch nicht auf ihrem Gleichgewichtswachstumspfad angelangt sind, werden die Wachstumsraten des Pro-Kopf-Einkommens in einer Stichprobe von Ländern, die zum gleichen säkularen Wachstumspfad konvergieren, d.h. bei Kontrolle auf die Determinanten des

Gleichgewichtswachstumspfades, negativ mit dem Ausgangsniveau des Pro-Kopf-Einkommens korreliert sein.[51]

Aus der Konvergenzgleichung folgt ferner, daß bei $\alpha \geq 1$, d.h. bei Modellen mit endogenem Wachstum, keine Konvergenz zu erwarten ist.

MANKIW ET AL.[52] ergänzen das SOLOW-Modell um den Produktionsfaktor Humankapital, so daß

$$(36) \qquad Y = K^{\alpha} H^{\beta} (AL)^{1-\alpha-\beta},$$

wobei H für den Produktionsfaktor Humankapital steht. In diesem Fall ergibt sich nach Bestimmung der Gleichgewichtswerte von $k^*=K/AL$ und $h^*=H/AL$ durch lineare TAYLOR-Approximation von $w_y=f(\ln k, \ln h)$ um den Gleichgewichtswachstumspfad im Unterschied zu (35) die Konvergenzgleichung[53]

$$(37) \qquad w_y = (1-\alpha-\beta)(n+g+\delta)(\ln y^* - \ln y).$$

Aus der Konvergenzgleichung für das modifizierte SOLOW-Modell ist ersichtlich, daß in diesem Falle Konvergenz nur bei $\alpha+\beta<1$ zu erwarten ist. Es ergibt sich also auch hier wieder der Befund, daß endogene Wachstumsmodelle, d.h. Modelle mit konstanten oder zunehmenden Erträgen in bezug auf die reproduzierbaren Produktionsfaktoren (hier: Sach- und Humankapital), keine Konvergenz aufweisen.

Auch in der Produktionsfunktion von MANKIW ET AL. bleibt jedoch der schwerwiegendste Kritikpunkt am SOLOW-Modell, die Exogenität des technischen Fortschritts, bestehen.

Unserer Vorstellung von der angemessenen Berücksichtigung des technischen Wissens in einer aggregierten Produktionsfunktion entspricht – statt eines wie bei MANKIW ET AL. im Zeitverlauf konstanten arbeitsvermehrenden technischen Fortschritts mit $A_t=A_0e^{nt}$ – die Berücksichtigung einer län-

---

[51] Dies gilt formal für systematische Abweichungen vom Gleichgewichtswachstumspfad nach *beiden* Seiten. Das Vorliegen von systematischer Konvergenz zu Gleichgewichtswachstumspfaden *unterhalb* des aktuellen Niveaus ist dabei allerdings ökonomisch kaum zu begründen, da volkswirtschaftlich nur der Übergang zu *über* dem aktuellen Niveau liegenden Gleichgewichtswachstumspfaden angestrebt werden dürfte.

[52] N. Gregory MANKIW, David ROMER und David N. WEIL, A Contribution to the Empirics of Economic Growth, in: Quarterly Journal of Economics, Vol. 107 (1992), S. 416 ff.

[53] Diese Konvergenzgleichung ergibt sich bei R=0 als Lösung von:

$$w_y = f(\ln k^*, \ln h^*) + (\partial w_y/\partial \ln k)(\ln k - \ln k^*) + (\partial w_y/\partial \ln h)(\ln h - \ln h^*).$$

derspezifischen Niveaugröße für den Stand des technischen Wissens T, so daß

(38) $$Y_i = A\,K_i^{\alpha}\,L_i^{\beta}\,H_i^{\gamma}\,T_i^{\varphi},$$

wobei A eine Konstante darstellt und das Niveau bzw. die Veränderung von T für jedes Land i einzeln zu bestimmen ist.[54] Bei konstanten Skalenerträgen in bezug auf K, L und H ($\alpha+\beta+\gamma=1$) folgt daraus:

(39) $$y_i = A\,T_i^{\varphi}\,k_i^{\alpha}\,h_i^{\gamma},$$

wobei $y=Y/L$, $k=K/L$ und $h=H/L$. Im folgenden wird der Index i zur Vereinfachung der Notation fortgelassen. Für die Wachstumsrate von y ergibt sich, da $w_A = 0$:

(40) $$w_y = \varphi\, w_T + \alpha\, w_k + \gamma w_h.$$

Unter der Annahme, daß der Faktor T unbegrenzt wachsen kann und nicht – wie k und h – aufgrund der Wirksamkeit des Ertragsgesetzes zu einem bestimmten Gleichgewichtswert tendiert, ergibt sich die Konvergenzgleichung für unser Modell in bezug auf den von k und h abhängigen Anteil von w_y (im folgenden bezeichnet durch w_{y°) aus der linearen TAYLOR-Approximation von $w_{y^\circ}=f(\ln k, \ln h)$ um den Gleichgewichtswert $w_{y^\circ}^*$, so daß die Wachstumsrate des Pro-Kopf-Einkommens in der Nähe des durch k* und h* bestimmten Gleichgewichtswachstumspfades unter Berücksichtigung von Gleichung (40) ausgedrückt werden kann als:

(41) $$w_y = w_{y^\circ}+\varphi w_T = f(\ln k^*, \ln h^*) + (\partial w_y/\partial \ln k)(\ln k-\ln k^*) + (\partial w_y/\partial \ln h)(\ln h-\ln h^*) + R + \varphi w_T,$$

wobei der von k und h unabhängige Anteil von w_y, d.h. der Wachstumsbeitrag von T, als zusätzlicher Summand erscheint. Da $f(\ln k^*, \ln h^*)=w_{y^\circ}^*=0$, und R in der Nähe des Gleichgewichtswachstumspfades gegen Null geht, folgt:

---

54 Für ein ähnliches Modell vgl. Frank R. LICHTENBERG, R&D Investment and International Productivity Differences, NBER Working Paper No. 4161, Cambridge (Mass.) 1992. Im Unterschied zu unserem Modell ist aber dort $\alpha+\beta+\gamma+\varphi=1$, so daß T nur einen weiteren herkömmlichen Produktionsfaktor darstellt. Vgl. auch Gleichung (28), S. 48.

$$(42)\quad w_y = [\alpha(\partial w_k/\partial \ln k) + \gamma(\partial w_h/\partial \ln k)]\ (\ln k - \ln k^*) + [\alpha(\partial w_k/\partial \ln h) + \gamma(\partial w_h/\partial \ln h)]\ (\ln h - \ln h^*) + \varphi w_T.$$

Die Entwicklung von k und h im Zeitverlauf ist bestimmt durch die für die Schaffung von K und H bereitgestellte Ersparnis s_K und s_H, die Abschreibungsrate δ von Sach- sowie Humankapital und die Wachstumsrate g des Arbeitskräftepotentials. Für w_k und w_h ergibt sich daraus analog zu den Gleichungen (11) und (12) des SOLOW-Modells (vgl. S. 40):

$$(43a)\quad w_k = s_K(y/k)-(g+\delta) = s_K A T^{\varphi} k^{\alpha-1} h^{\gamma} - (g+\delta)$$

und

$$(43b)\quad w_h = s_H(y/h)-(g+\delta) = s_H A T^{\varphi} k^{\alpha} h^{\gamma-1} - (g+\delta).$$

Da allgemein gilt $x^y = e^{y \ln x}$ folgt:

$$(44a)\quad w_k = s_K A T^{\varphi} e^{(\alpha-1)\ln k}\, e^{\gamma \ln h} - (g+\delta)$$

und

$$(44b)\quad w_h = s_H A T^{\varphi} e^{\alpha \ln k} e^{(\gamma-1)\ln h} - (g+\delta).$$

Auf dem Gleichgewichtswachstumspfad gilt $w_k^* = w_h^* = 0$, so daß folgt: $s_K A T^{\varphi} k^{\alpha-1} h^{\gamma} = g+\delta$ und $s_H A T^{\varphi} k^{\alpha} h^{\gamma-1} = g+\delta$. Die zur Bestimmung der Konvergenzgleichung benötigten partiellen Ableitungen von (44a) und (44b) lauten daher in der Nähe des Gleichgewichtswachstumspfades:

$$(45a)\quad \partial w_k/\partial \ln k = s_K A T^{\varphi}\ e^{(\alpha-1)\ln k}\ e^{\gamma \ln h}\ (\alpha-1) = (g+\delta)\,(\alpha-1),$$

$$(45b)\quad \partial w_k/\partial \ln h = s_K A T^{\varphi}\ e^{(\alpha-1)\ln k}\ e^{\gamma \ln h}\ \gamma = (g+\delta)\,\gamma,$$

$$(45c)\quad \partial w_h/\partial \ln h = s_H A T^{\varphi}\ e^{\alpha \ln k}\ e^{(\gamma-1)\ln h}\ (\gamma-1) = (g+\delta)\,(\gamma-1),$$

$$(45d)\quad \partial w_h/\partial \ln k = s_H A T^{\varphi}\ e^{\alpha \ln k}\ e^{(\gamma-1)\ln h}\ \alpha = (g+\delta)\,\alpha.$$

Einsetzen der partiellen Ableitungen (45a) bis (45d) in die Wachstumsgleichung (42) ergibt

$$(46)\quad w_y = (g+\delta)[(\alpha\{\alpha-1\}+\gamma\alpha)(\ln k - \ln k^*) + (\alpha\gamma+\gamma\{\gamma-1\})(\ln h - \ln h^*)] + \varphi w_T.$$

Aus (46) folgt wegen $\alpha(\ln k - \ln k^*) + \gamma(\ln h - \ln h^*) = (\ln y - \ln y^*)$ die für unser Modell charakteristische Konvergenzgleichung

$$(47)\quad w_y = (1-\alpha-\gamma)(g+\delta)(\ln y^* - \ln y) + \varphi w_T.$$

Auch aus der Konvergenzgleichung (47) ist ersichtlich, daß hier genau bei $\alpha+\gamma<1$ internationale Konvergenz auftreten sollte. Zur Vereinfachung setzen wir $\mu=(1-\alpha-\gamma)(g+\delta)$, so daß:

$$(48) \qquad w_y = \mu\,(\ln y^* - \ln y) + \varphi\, w_T,$$

wobei ersichtlich ist, daß $\mu=-\partial w_y/\partial(\ln y^*-\ln y)$. Der *Konvergenzparameter* μ beschreibt demnach bei gegebenem Abstand zum Gleichgewichtswachstumspfad die *Änderungsrate der Wachstumsrate* von y. Dabei nähert sich y asymptotisch dem Gleichgewichtswert y^*, und erst bei $y=y^*$ ist die Wachstumsrate von y allein durch den technischen Fortschritt bestimmt, denn in diesem Falle ergibt sich aus (48):

$$(49) \qquad w_y = \mu\,(\ln y^* - \ln y^*) + \varphi w_T = \varphi w_T.$$

Zu fragen ist nun, wie ein solcher Ansatz zur empirischen Überprüfung operationalisiert werden kann. MANKIW ET AL. entwickeln dazu, ausgehend von ihrer Konvergenzgleichung (37), einen Schätzansatz, der die Wachstumsrate des Pro-Kopf-Einkommens im Länderquerschnitt auf die Determinanten des *säkularen* Wachstumspfades und auf den *aktuellen* Stand des Pro-Kopf-Einkommens zurückführt[55]:

$$(50) \qquad \begin{aligned} \ln y_t - \ln y_0 \; = \; & (1-e^{-\mu t}) \; [\alpha/(1-\alpha-\gamma)] \; \ln s_K \\ + \; & (1-e^{-\mu t}) \; [\gamma/(1-\alpha-\gamma)] \; \ln s_H \\ - \; & (1-e^{-\mu t}) \; [(\alpha+\gamma)/(1-\alpha-\gamma)] \; \ln(n+g+\delta) \\ - \; & (1-e^{-\mu t}) \; \ln y_0. \end{aligned}$$

---

55 N. Gregory MANKIW, David ROMER und David N. WEIL, A Contribution to the Empirics of Economic Growth, a.a.O., S. 422 ff. Die Determinanten des säkularen Wachstumspfades sind hier die Investitionsquoten für Sach- und Humankapital, das Bevölkerungswachstum, die Abschreibungsrate und der *exogene* technische Fortschritt n; eine Berücksichtigung von w_T erfolgt nicht. Gleichung (50) erhält man nach Integrieren der umgeformten Konvergenzgleichung

$$(d\ln y_t/dt) \,/\, (\ln y_t - \ln y^*) = -\mu$$

von t=0 bis t=1, woraus folgt:

$$\ln(\ln y_t - \ln y^*) = -\mu t + \ln(\ln y_0 - \ln y^*)$$
$$\Leftrightarrow$$
$$\ln y_t = (1-e^{-\mu t}) \ln y^* + e^{-\mu t} \ln y_0.$$

Subtrahieren von $\ln y_0$ auf beiden Seiten ergibt:

$$\ln y_t - \ln y_0 = (1-e^{-\mu t}) \ln y^* - (1-e^{-\mu t}) \ln y_0.$$

Nach Bestimmung des Gleichgewichtswertes y^*, welcher sich aus den Bedingungen $w_k^*=w_h^*=0$ ergibt, folgt durch Einsetzen von $\ln y^*$ die seit der Arbeit von MANKIW ET AL. in der neuen Wachstumstheorie weit verbreitete Gleichung (50).

Die Schätzung der Parameter einer in Wachstumsraten ausgedrückten neoklassischen Produktionsfunktion im Querschnitt ist in diesem Falle auch dann möglich, wenn sich die Länder nicht auf ihren säkularen Wachstumspfaden befinden, sofern – und dieser Punkt ist entscheidend – in jedem Land die charakteristischen, den Gleichgewichtswachstumspfad determinierenden Parameter im Zeitablauf stabil sind.

Zur Verdeutlichung stelle man sich eine Volkswirtschaft vor, in der zu einem bestimmten Zeitpunkt t_0 die Gleichgewichtsparameter festlegt werden: der Anteil des laufenden Volkseinkommens, der für die Sach- und Humankapitalakkumulation zur Verfügung gestellt werden soll, die Rate des Bevölkerungswachstums und in einem erweiterten Modell auch die für die Hervorbringung des technischen Fortschritts zur Verfügung zu stellenden Ressourcen. Sofern die zum Zeitpunkt t_0 festgelegten Gleichgewichtsparameter von denen der Vorperiode abweichen, wird sich die Volkswirtschaft von einem Gleichgewichtspfad zum anderen bewegen: Wenn das aktuelle Pro-Kopf-Einkommen y kleiner ist als das aus den Gleichgewichtsparametern folgende Pro-Kopf-Einkommen y^*, wird die aktuelle Wachstumsrate des Pro-Kopf-Einkommens w_y größer sein als die säkulare Wachstumsrate w_y^* (und umgekehrt).

In gleichgewichtstheoretisch begründeten Untersuchungen zur Konvergenzhypothese wird daher explizit oder implizit angenommen, daß diejenigen Länder, welche in einer Länderquerschnittsstichprobe zu einem gegebenen Zeitpunkt ein unterdurchschnittliches Pro-Kopf-Einkommen aufweisen, sich unterhalb ihres säkularen Wachstumspfades befinden. Konvergenz ist aus dieser Sicht genau dann feststellbar, wenn die zu einem bestimmten Zeitpunkt ärmeren Länder ihre Gleichgewichtsparameter in stärkerem Maße oder zu einem weniger weit zurückliegenden Zeitpunkt in Richtung hin auf einen säkularen Wachstumspfad auf höherem Niveau verändert haben als die reicheren.

Die Regression von w_y auf eine Konstante a, den Logarithmus des Pro-Kopf-Einkommens in der Basisperiode und eine Anzahl k geeigneter Variablen Z für die Determinanten des Gleichgewichtswachstumspfades sollte in diesem Falle in einer Stichprobe von Ländern unterschiedlichen Entwicklungsstandes eine negative partielle Korrelation des Pro-Kopf-Einkommens mit dem Wachstum des Pro-Kopf-Einkommens ergeben, d.h. einen negativen Koeffizienten b bei der Regression:

(51) $$w_y = a + b y_0 + \sum_{i=1}^{k} c_i Z_i.$$

Diese Vorgehensweise führt aber nur dann zu genauen Parameterschätzungen, wenn die für die einzelnen Länder spezifischen Determinanten des säkularen Wachstumspfades ermittelt werden können. In der Untersuchung von MANKIW ET AL. und in einer im Ansatz darauf aufbauenden Untersuchung von LICHTENBERG werden dazu z.B. die Durchschnittswerte der Investitionsquote, eines auf der Sekundareinschulungsrate beruhenden Indikators für die Humankapitalinvestition sowie des Bevölkerungswachstums über die Jahre von 1960–1985 herangezogen, wogegen die Werte für die Abschreibungsrate und den technischen Fortschritt über alle Länder als gleich angenommen werden.[56]

Die Annahme, daß mit einer Durchschnittsbildung über einige Jahrzehnte so etwas wie ein säkularer Gleichgewichtswert für die interessierenden Größen bestimmt werden kann, ist aber u.E. nicht haltbar: Ein Blick auf die in Abbildung 3.1 für unsere Länderstichprobe dokumentierte zeitliche Entwicklung der von MANKIW ET AL. sowie von LICHTENBERG als Determinanten des säkularen Gleichgewichtswachstumspfades herangezogenen Größen – die Investitionsquote, die Sekundareinschulungsrate und das Bevölkerungswachstum – zeigt, daß in unserer Stichprobe über den Zeitraum, für welchen vergleichbare Angaben vorliegen, deutliche langfristige Trends erkennbar sind, und zwar sowohl für die 75 Länder insgesamt als auch für verschiedene Untergruppen.[57] Eine Durchschnittsbildung kann aber nur bei Vorliegen zufälliger Schwankungen um einen gegebenen Wert als Annäherung an einen säkularen Gleichgewichtswert angesehen werden. Bei erkennbaren Trends im Zeitverlauf ist eine Durchschnittsbildung in dieser Hinsicht sinnlos, da in diesem Fall kein empirischer Gleichgewichtswert existiert.

Die gleichgewichtstheoretische Begründung der Konvergenzhypothese von MANKIW ET AL. ist daher in erster Linie als wertvoller Beitrag zur wachstumstheoretischen Diskussion anzusehen, welcher formal zeigt, daß Konvergenz nur bei abnehmenden Grenzerträgen in bezug auf die reproduzierbaren Produktionsfaktoren – nicht aber bei konstanten Grenzerträgen, wie sie in Modellen der Neuen Wachstumstheorie behauptet werden – zu erwarten ist. Eine methodische Grundlage für die präzise Schätzung der Parameter neoklassischer Produktionsfunktionen liefert sie jedoch nicht, denn insbesondere im Falle ärmeren Länder, welche verschiedenste Ungleichgewichtssituationen durchlaufen, ist die dafür notwendige Feststellung säkularer Gleichgewichtswerte undurchführbar.

---

56 Ebenda. Frank R. LICHTENBERG (R&D Investment and International Productivity Differences, a.a.O.) folgt im wesentlichen MANKIW ET AL., zieht aber an Stelle einer exogenen Fortschrittsrate die durchschnittliche FuE-Investitionsquote heran.

57 Die zugrundeliegenden Daten sind im Anhang beschrieben, vgl. dazu Kap. 8.3.1–8.3.3.

Abbildung 3.1 Entwicklung von Investitionsquote, Sekundareinschulungsrate und Bevölkerungswachstumsrate; n=75

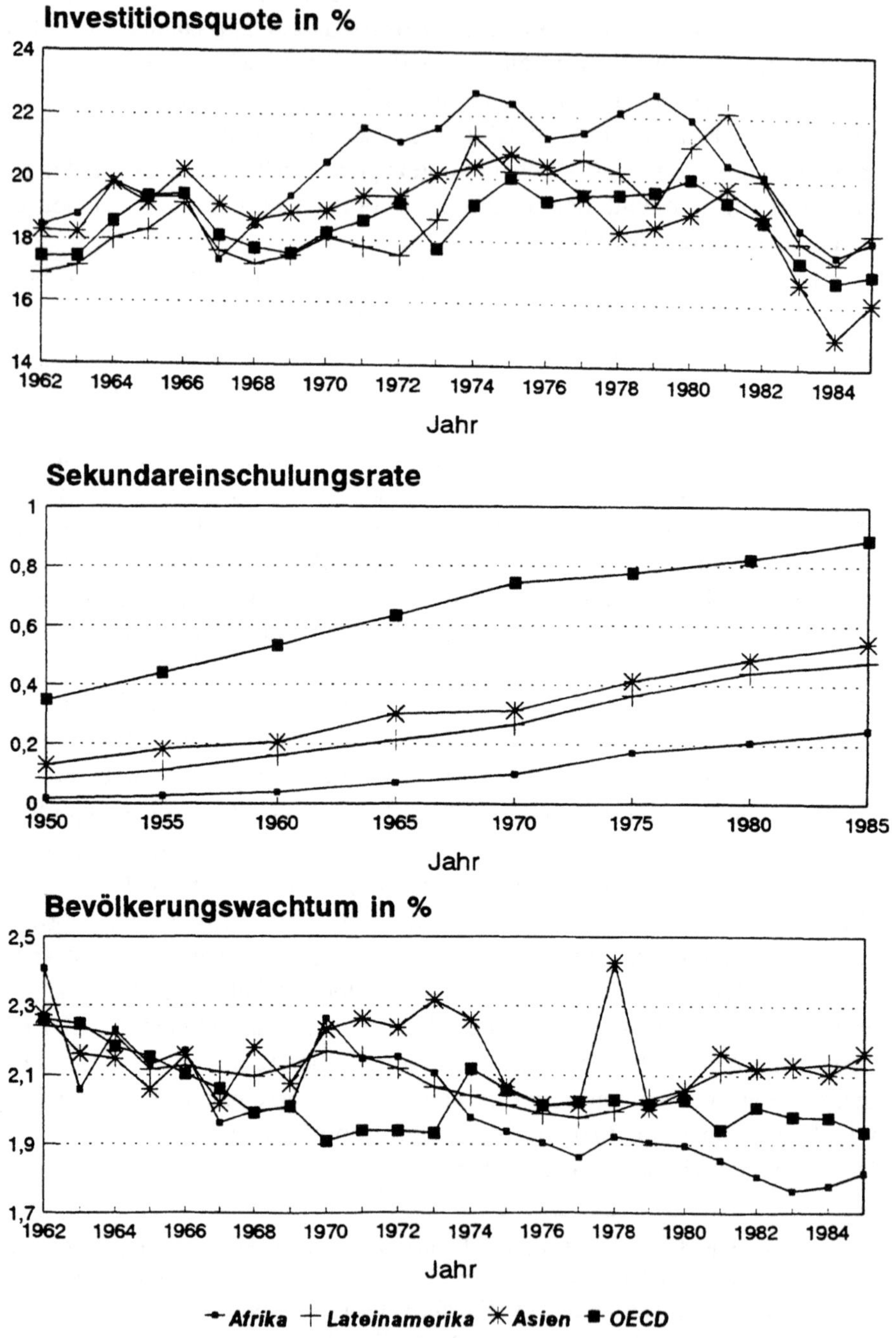

Andere, nicht in erster Linie gleichgewichtstheoretisch motivierte Begründungen für internationale Konvergenz gehen davon aus, daß aufholende Entwicklung durch den Import von Kapitalgütern aus fortgeschrittenen Ländern und die damit verbundene Diffusion kapitalgebundenen technischen Fortschritts erfolgt. Länder mit technisch relativ zurückgebliebenem Kapitalstock können demnach unmittelbar auf fortgeschrittene Kapitalgüter zurückgreifen, ohne deren mühselige und zeitraubende Entwicklung wiederholen zu müssen;[58] hinzu kommt die Möglichkeit zielgerichteter Imitation fortgeschrittener Techniken.[59]

Die Konvergenzhypothese wird jedoch aus verschiedenen Gründen bezweifelt. Insbesondere werden folgende Einwände erhoben:

- Die bei vollständiger Konkurrenz zu erwartenden internationalen Faktorwanderungen werden durch institutionelle Schranken, psychologische Barrieren und staatliche und regionalistische Politik bewußt unterbunden oder behindert, so daß ein weltweiter Ausgleich der Kapitalintensität nicht stattfinden kann;[60]
- der zunehmende Abstand zu den fortgeschrittenen Ländern ist für ärmere Länder immer schwerer zu überbrücken, weil die Zutrittsbarriere zum Verständnis neuer Techniken im Zeitverlauf höher wird;[61]
- die in weniger entwickelten Ländern vorherrschende traditionalistische Wertorientierung weist eine starkes Beharrungsvermögen auf; die für aufholende Entwicklung förderliche kulturelle Transformation geht daher äußerst langsam vor sich;[62]
- die Vermehrung des produktionsrelevanten Wissens einer Gesellschaft folgt im Zeitverlauf steigenden Erträgen, da das zu einem Zeitpunkt bereits zur Verfügung stehende Wissen die Rate des technischen Fortschritts erhöht. Dadurch können die fortgeschrittenen Länder gegenüber

---

58 Vgl. Moses ABRAMOVITZ, The Catch-Up Factor in Postwar Economic Growth, a.a.O., S. 2.

59 Vgl. Nripesh PODDER, Technology and its Transfer to Less Developed Economies, in: Clem TIDSELL und Priyatosh MAITRA (Hg.), Technological Change, Development and the Environment, London 1988, S. 79.

60 Vgl. Robert E. LUCAS, On the Mechanics of Economic Development, a.a.O., S. 16.

61 Vgl. Jochen RÖPKE, Vierte Industrielle Revolution und Dritte Welt: Entwicklungspotentiale zwischen Schöpferischer Zerstörung, Rückindustrialisierung und Nachfolge, in: Neue Technologien in Entwicklungsländern, SID-Berlin Berichte Nr. 1 (1987), S. 3 sowie Rolf JUNGNICKEL, New Technologies and the International Competitiveness of Developing Countries, in: Axel BORRMANN und Hans-Ulrich WOLFF (Hg.), Industrialization in Developing Countries, Hamburg 1991, S. 141.

62 Vgl. David S. LANDES, Why Are We so Rich and They so Poor? In: American Economic Review, Papers and Proceedings, Vol. 80 (1990), S. 1–13.

relativ zurückgebliebenen ein schnelleres Wirtschaftswachstum realisieren.[63]

Im folgenden wenden wir uns den empirischen Untersuchungen zur Überprüfung der Konvergenzhypothese zu.

Die einfache Konvergenzhypothese kann formal so ausgedrückt werden, daß für die Wachstumsrate des Pro-Kopf-Einkommens in jedem Land i gelte:

(52) $$w_{yi} = f(\ln y_0^* - \ln y_{0i}), \text{ mit } f'>0,$$

wobei w_{yi} die durchschnittliche Wachstumsrate des Pro-Kopf-Einkommens, y_{0i} das Pro-Kopf-Einkommen eines Landes i zum Basiszeitpunkt und y_0^* das Pro-Kopf-Einkommen des reichsten Landes zum Basiszeitpunkt bezeichnen. Zur empirischen Überprüfung, etwa mit Hilfe eines Regressionsansatzes, kann die einfache Konvergenzhypothese (52) vereinfacht werden zu

(53) $$w_{yi} = f(\ln y_{0i}), \text{ mit } f'<0,$$

da die Vorhersage eines positiven Koeffizienten b bei der Regression

(54) $$w_{yi} = a + b(\ln y_0^* - \ln y_{0i})$$

der Vorhersage eines negativen Koeffizienten bei der Regression

(55) $$w_{yi} = a + b y_{0i}$$

entspricht. Dies folgt daraus, daß sich die Regressionen (54) und (55) nur um das Vorzeichen der erklärenden Variable y_{0i} sowie um eine dazu addierte Konstante – y_0^* – unterscheiden, die aber keine Auswirkungen auf

---

63 Vgl. Kenneth KING, Science, Technology and Education in the Development of Indigenous Technological Capability, in: Martin FRANSMAN und Kenneth KING (Hg.), Technological Capability in the Third World, Houndmills 1984, S. 42 ff. Die entwickelten Länder sind nach KING von Technik durchdrungene Industriekulturen, in denen technische Artefakte, eine populäre "'sci-tech' literature" sowie zielgerichtete pädagogische Mittel, von technischen Baukästen bis zum Umgang mit Technik im Schulunterricht, einen hohen Grad an "technical literacy" erzeugen, von welcher die ärmsten Länder weitgehend ausgeschlossen sind. Vgl. dazu auch die in endogenen Wachstumsmodellen angeführten Argumente (siehe S. 45 ff. der vorliegenden Untersuchung).

den Parameter b hat, sondern sich nur in der Regressionskonstanten a niederschlägt.

Sofern sich nicht alle Länder auf ihren Gleichgewichtswachstumspfaden befinden und die Produktionselastizität des/der reproduzierbaren Produktionsfaktoren kleiner als Eins ist, sollte sich also nach der einfachen Konvergenzhypothese ein negativer Koeffizient b ergeben.

Empirisch ist *unbedingte* Konvergenz jedoch nur zwischen entwickelten Staaten oder Regionen feststellbar.[64] In Untersuchungen, welche eine größere Anzahl von Ländern auf verschiedenen Entwicklungsniveaus berücksichtigen, ergibt sich für die weniger entwickelten Länder keine derartige Beziehung.[65]

Die industrialisierten Ländern bilden demnach einen exklusiven "Konvergenz-Klub". Konvergierendes Wachstum innerhalb der entwickelten Länder wird mit zunehmender Zurückgebliebenheit weniger ausgeprägt und schlägt schließlich im Falle der ärmsten Länder möglicherweise sogar in "divergierendes" Wachstum[66] um. Der Zusammenhang von Pro-Kopf-Einkommen und nachfolgendem Wachstum hat damit keinen über alle Einkommensgruppen negativen Verlauf.[67]

Zur Erklärung dieses Befunds ist die einfache Konvergenzhypothese nicht in der Lage. Dagegen bietet dafür u.E. die *bedingte* Konvergenzhypothese eine überzeugende Begründung. Auf diese wird im folgenden eingegangen.

---

64 So zeigen Robert J. BARRO und Xavier SALA-I-MARTIN (Convergence Across States and Regions, in: Brookings Papers on Economic Activity (1991), S. 107–158), daß sowohl zwischen den US-Bundesstaaten als auch in Westeuropa konvergentes Wachstum vorliegt. Zur Bestätigung von Konvergenz innerhalb der entwickelten Länder vgl. auch Steve DOWRICK und Duc-Tho NGUYEN, OECD Economic Growth 1950–85: Catch-Up and Convergence, in: American Economic Review, Vol. 79 (1989), S. 1010–1030 und Shahid ALAM, Convergence in Developed Countries: An Empirical Investigation, in: Weltwirtschaftliches Archiv, Vol. 128 (1992), S. 189–201.

65 Kevin B. GRIER und Gordon TULLOCK, An Empirical Analysis of Cross-National Economic Growth, 1951–80, in: Journal of Monetary Economics, Vol. 24 (1989), S. 259–276; William J. BAUMOL, Productivity Growth, Convergence, and Welfare: What the Long-Run Data Show, in: American Economic Review, Vol. 76 (1986), S. 1072–1086; Steve DOWRICK und Norman GEMMELL, Industrialisation, Catching Up and Economic Growth: A Comparative Study Across the World's Capitalist Economies, in: Economic Journal, Vol. 101 (1991), S. 263–275.

66 Vgl. Stanislaw GOMULKA, The Theory of Technological Change and Economic Growth, a.a.O., S. 153.

67 Dieser Befund bestätigt sich auch anhand unseres Datensatzes, vgl. Kap. 7.2 der vorliegenden Arbeit.

3.4 Determinanten technologischer Absorptionsfähigkeit: Empirischer Befund

In wachstumstheoretischen Länderquerschnittsuntersuchungen zu den Determinanten der Wachstumsrate des Pro-Kopf-Einkommens werden als erklärende Variablen neben dem Pro-Kopf-Einkommen in der Basisperiode in der Regel das Bevölkerungswachstum, Bildungsvariablen sowie Angaben zur Sachkapitalakkumulation herangezogen.[68] Diese Variablen folgen, wie im vorangegangenen (S. 54ff.) gezeigt wurde, als Determinanten des säkularen Wachstumspfades aus der neoklassischen Gleichgewichtsanalyse.

Neoklassische Wachstumsmodelle sind jedoch explizit zur Beschreibung von Gleichgewichtswachstumspfaden konzipiert, wogegen wirtschaftliche Entwicklung, d.h. die Transformation von Entwicklungsländern in entwickelte Länder, von verschiedenen Engpässen begleitet sein dürfte. Zur Analyse derartiger Ungleichgewichtssituationen ist die neoklassische Wachstumstheorie daher nur bedingt geeignet.[69]

Jenseits aller Gleichgewichtswachstumspfade kann aber zur Erklärung von Konvergenz innerhalb der reicheren und fehlender globaler Konvergenz eine modifizierte Konvergenzhypothese herangezogen werden. Diese betont die Befähigung, aufholende Entwicklung zu realisieren.[70] Aufholende Entwicklung wird dabei als ein aktiver Vorgang verstanden, der erst dann erfolgen kann, wenn die dazu benötigten Fähigkeiten entwickelt sind, das heißt, es gibt einen durch ein Mindestmaß an Kenntnissen und Fähigkeiten charakterisierten Entwicklungsstand, bei dessen Erreichen ein "Spätkommer-Vorteil" wirksam wird.[71]

Die *bedingte* Konvergenzhypothese versteht aufholendes wirtschaftliches Wachstum ärmerer Länder somit nicht als einen sich automatisch

---

68 Nach Stanley FISHER (Macroeconomic Factors in Growth, prepared for the World Bank Conference "How Do National Policies Affect Long Run Growth", Washington, D.C., Feb. 1993, S. 10f.) können diese Größen bereits als "standard new growth theory variables" angesehen werden.

69 Vgl. dazu Assaf RAZIN und Chi-Wa YUEN, Convergence in Growth Rates ..., a.a.O., S. 17.

70 Vgl. Ross LEVINE und David RENELT, A Sensitivity Analysis of Cross-Country Growth Regressions, in: American Economic Review, Vol. 82 (1992), S. 946. Nach ihren bekanntesten Protagonisten wird diese "bedingte Konvergenzhypothese" auch als "BAUMOL-ABRAMOVITZ-Hypothese" bezeichnet; vgl. Steve DOWRICK und Norman GEMMELL, Industrialisation, Catching Up and Economic Growth, a.a.O., S. 263.

71 Dann, so William J. BAUMOL und E. WOLFF (Productivity Growth, Convergence, and Welfare: Reply, in: American Economic Review, Vol. 78 (1988), S. 1157) "... 'the advantages of backwardness' do indeed begin to overbalance the counteracting forces, sociological, educational, and others."

durch die Erhöhung der Kapitalintensität vollziehenden Prozeß,[72] sondern betrachtet die Realisierungschancen des *Spätkommer-Vorteils* als abhängig von der jeweiligen technologischen Absorptionsfähigkeit.[73] Aufholende Entwicklung geschieht aus dieser Sicht durch Imitation und Adaption fortgeschrittener Techniken und ist bedingt durch die Entwicklung praktischer Fähigkeiten und organisatorischer Kompetenz sowie durch den Wandel von Einstellungen und Verhaltensweisen.[74]

Als wirksames Mittel zur Verbesserung der technologischen Absorptionsfähigkeit wird insbesondere Bildung angesehen, denn durch einen erhöhten Bildungsstand kann sowohl die Wahrnehmung zur Verfügung stehender Techniken verbessert als auch die motivationale Verfassung einer Gesellschaft so verändert werden, daß der Anreiz zur Einführung fortgeschrittener Techniken verstärkt wird.[75] Unter Berücksichtigung der Möglichkeit von aufholender Entwicklung ist daher als Determinante wirtschaftlichen Wachstums nicht nur – wie in produktionstheoretisch fundierten Untersuchungen – das *Wachstum* des Bildungsstands, sondern auch das erreichte *Niveau* anzusehen.[76]

Zu den weiteren Determinanten der technologischen Absorptionsfähigkeit sind Forschung und Entwicklung zu zählen, wobei auf die "duale Rolle

---

72 Ross LEVINE und David RENELT (A Sensitivity Analysis of Cross-Country Growth Regressions, a.a.O., S. 946) zeigen in diesem Zusammenhang anhand einer Stichprobe von über 100 Ländern, daß die Investitionsquote nicht signifikant mit dem Pro-Kopf-Einkommen in der Basisperiode korreliert ist, so daß "per capita income convergence may not operate primarily through increases in domestic savings or international capital inflows."

73 Vgl. dazu auch W. W. ROSTOW, Theorists of Economic Growth from David Hume to the Present, New York 1990, S. 465 und 479.

74 So wird auch verständlich, warum Kulturkontakt nicht automatisch zu Technologietransfer führt; vgl. Daniel R. HEADRICK, The Tentacles of Progress, Oxford 1988, S. 9 f.: "Technology does not flow of its own accord from advanced' to 'backward' areas. History is replete with examples of long contacts between societies that did not result in technological transfers ... Technology transfers, like other cultural changes, involve the decisions of individuals and the reactions of the societies they live in."

75 Vgl. Richard A. EASTERLIN, Why Isn't the Whole World Developed? In: Journal of Economic History, Vol. 41 (1981), S. 5 ff. W. PARKER (Economic Development in Historical Perspective, in: Nathan ROSENBERG (Hg.), The Economics of Technological Change, a.a.O., S. 138) betont in diesem Zusammenhang insbesondere die Rolle von Humankapital, welches aus Bildung auf höheren Niveaus resultiert: "... the spread of technological knowledge, narrowly considered, is not a matter of mass education, but of a training of a small elite."

76 Vgl. Paul M. ROMER, Human Capital and Growth: Theory and Evidence, in: Carnegie-Rochester Conference Series on Public Policy, Vol. 32 (1990), S. 270.

von FuE"[77] hinzuweisen ist: Forschung und Entwicklung dienen nicht nur, wie vor allem in den fortgeschrittensten Ländern, der Schaffung von genuin neuem technischen Wissen, sondern haben auch die Funktion, die Aufnahmefähigkeit für das in anderen Ländern entwickelte technische Wissen zu erhöhen. FuE-Anstrengungen ärmerer Länder sind daher – trotz der in bezug auf solche Länder oft festgestellten Schwierigkeit, dabei zu grundlegend neuen Lösungen zu gelangen – als förderlich für die technologische Absorptionsfähigkeit anzusehen.[78]

Ferner wird die handelspolitische Offenheit als Determinante der technologischen Absorptionsfähigkeit eines Landes angesehen. Dafür sprechen u.a. folgende Argumente[79]:

- Der Import von Kapitalgütern aus entwickelteren Ländern kann einen kapitalgebundenen Technologietransfer darstellen;
- der Auf- und Ausbau eines Exportsektors kann zu positiven externen Effekten und zunehmenden Skalenerträgen führen;
- die Erwirtschaftung von Devisen kann die internationale Kreditwürdigkeit und damit die erzielbare Investitionsquote eines Landes erhöhen;
- ein großes Handelsvolumen kann zur Kenntnis technisch fortgeschrittener Produkte führen und so den technischen Fortschritt beschleunigen.

In Länderquerschnittsstudien zum wirtschaftlichen Wachstum ist daher auch die Aufnahme von Offenheits-Variablen verbreitet.[80]

---

77 Wesley M. COHEN und Daniel A. LEVINTHAL (Innovation and Learning: The Two Faces of R&D, in: Economic Journal, Vol. 99 (1986), S. 569) betonen dazu im Hinblick auf die einzelne Firma: "... while R&D obviously generates innovations, it also develops the firm's ability to identify, assimilate, and exploit knowledge from the environment – what we call a firm's 'learning' or 'absorptive' capacity." Diese Überlegungen lassen sich u.E. unschwer auf die technologische Absorptionsfähigkeit eines Landes übertragen.

78 Vgl. auch Moses ABRAMOVITZ, The Catch-Up Factor in Postwar Economic Growth, a.a.O., S. 3: "The rate at which countries can borrow and adapt products and methods of others, no less than the advance of practical knowledge itself, depends on R and D."

79 Vgl. Ichiro OTANI und Delano VILLANUEVA, Long-Term Growth in Developing Countries and its Determinants: An Empirical Analysis, in: World Development, Vol. 18 (1990), S. 770; Gene M. GROSSMAN und Elhanan HELPMAN, Trade, Innovation and Growth, in: American Economic Review, Papers and Proceedings, Vol. 80 (1990), S. 86–89; Nicholas STERN, The Economics of Development: A Survey, in: Economic Journal, Vol. 99 (1989), S. 633.

80 Für eine Übersicht vgl. Ann HARRISON, Opennes and Growth: A Time-Series, Cross-Country Analysis of Developing Countries, World Development Report Working Papers WPS 809, Washington, D.C. 1991.

Neben der Sachkapitalakkumulation, Bildung, FuE und der handelspolitischen Offenheit werden zu den potentiellen Determinanten der technologischen Absorptionsfähigkeit eines Landes häufig auch institutionelle und organisatorische Gegebenheiten sowie die politische und die motivationale Verfassung einer Gesellschaft gezählt.[81] Versuche, das Zusammenspiel dieser Bestimmungsfaktoren zu analysieren, sind allerdings weitgehend intuitiver Natur.[82] Auch die dazu vorliegenden Fallstudien[83] führen, da sie bislang auf wenige erfolgreiche Firmen in Schwellenländern beschränkt geblieben sind, nicht zu verallgemeinerungsfähigen Ergebnissen.

Eine klare Identifizierung der Determinanten technologischer Absorptionsfähigkeit steht demnach noch aus.[84] Als gesicherte Determinante der Wachstumsrate des Pro-Kopf-Einkommens ist nur – und das im Widerspruch zur Gleichgewichtsbetrachtung im traditionellen Wachstumsmodell – die Sachkapitalakkumulation anzusehen.[85]

Aufschluß über die Relevanz der verschiedenen Determinanten technologischer Absorptionsfähigkeit ist von empirischen Länderquerschnittsuntersuchungen zu erwarten. Dabei werden in Regressionen der Wachstumsrate des Pro-Kopf-Einkommen auf erklärende Variablen neben dem Niveau des Pro-Kopf-Einkommens zu einem Basiszeitpunkt, welches für die Mög-

---

81 Vgl. Sanjaya LALL, Building Industrial Competitiveness in Developing Countries, Paris 1990, S. 25 ff.; W. W. ROSTOW, Theorists of Economic Growth ..., a.a.O., S. 543 und 548; Jochen RÖPKE, Primitive Wirtschaft, Kulturwandel und die Diffusion von Neuerungen, Tübingen 1970, S. 78.

82 So unterscheidet z.B. Simon TEITEL (Technology Creation in Semi-Industrial Economies, in: Journal of Economic Development, Vol. 16 (1984), S. 53) zwischen (1) der Fähigkeit, importierte Güter zu benutzen, (2) der Befähigung einfache Güter zu imitieren oder in Lizenz herzustellen, (3) der Produktion komplexerer Güter, (4) der Verbesserung ausländischer Güter und schließlich (5) der Entwicklung und Herstellung neuer Güter. Martin FRANSMAN (Conceptualising Technical Change in the Third World in the 1980s: An Interpretive Survey, in: Journal of Development Studies, Vol. 21 (1984), S. 584 f.) weist dabei auch auf die Suche nach neuen Produkten und Verfahren sowie auf Grundlagenforschung hin.

83 Zum Beispiel Carl DAHLMAN, Bruce ROSS-LARSON und Larry E. WESTPHAL, Managing Technological Development: Lessons from the Newly Industrializing Countries, in: World Development, Vol. 15 (187), S. 759–775.

84 Vgl. Nathan ROSENBERG und Claudio FRISCHTAK (Hg.), International Technology Transfer: Concepts, Measures, and Comparisons, New York 1985, S. xvi.

85 Dieser Befund wird durch alle dazu vorliegenden aktuellen Untersuchungen bestätigt. Bradford DE LONG und Lawrence SUMMERS (How Robust is the Growth-Machinery Nexus? Prepared for the World Bank Conference "How Do National Policies Affect Long Run Growth", Washington, D.C., Feb. 1993, S. 10 ff.) weisen darüber hinaus anhand von Daten für 7 Länder über die Jahre 1870–1980 nach, daß sich dieser Zusammenhang auch über längere Zeiträume feststellen läßt.

lichkeit zu aufholender Entwicklung steht, auch geeignete Variablen für die Determinanten der technologischen Absorptionsfähigkeit berücksichtigt. Die Variablenauswahl, der Stichprobenumfang und der Untersuchungszeitraum von verschiedenen für diese Vorgehensweise charakteristischen Untersuchungen sind in Tabelle 3.1 zusammengefaßt.

Tabelle 3.1 Bedingte Konvergenz in empirischen Untersuchungen, endogene Variable: Wachstum des Pro-Kopf-Einkommens

Studie	Zeit, n	*bedingende* exogene Variablen
LANDAU (1983)	1961–1976, n=104	Pro-Kopf-Einkommen in der Basisperiode, Staatsquote, Energieverbrauch, Dauer der Unabhängigkeit, Regionen- und Klima-Dummyvariablen, Alphabetisierung, Einschulungsraten (3 Stufen)
FAGERBERG (1988)	1973–1983, n=27	Pro-Kopf-Einkommen in der Basisperiode, Investitionsquote, Veränderung der Exportquote und des Anteils der Landwirtschaft am BIP, Wachstumsrate der externen Patentanmeldungen, Wachstumsrate der Quote FuE-Ausgaben / BIP
ROMER (1989)	1960–1985, n=22	Pro-Kopf-Einkommen in der Basisperiode, Investitionsquote, Exportquote, in FuE beschäftigte Ingenieure (Anzahl und Wachstumsrate)
BARRO (1991)	1960–1985, n=98	Pro-Kopf-Einkommen in der Basisperiode, Investitionsquote, demographische Variablen, Indikatoren für politische Instabilität, Ländergruppen-Dummyvariablen, Einschulungsraten für die Primar- und die Sekundarschule, Alphabetisierung
ALESINA ET AL. (1992)	1950–1982 n=98	Pro-Kopf-Einkommen in der Basisperiode, Regierungsform, politische Instabilität, Einschulungsraten für die Primar- und die Sekundarschule
BLOMSTRÖM ET AL. (1992)	1960–1985, n=101	Pro-Kopf-Einkommen in der Basisperiode, Investitionsquote, Veränderung der Erwerbsquote, Maschinenimporte, ausländische Direktinvestitionen, Sekundareinschulungsrate
ENGEN & SKINNER (1992)	1970–1985, n=107	Pro-Kopf-Einkommen in der Basisperiode, Investitionsquote, Wachstumsrate der Erwerbsbevölkerung, Steuerquote (Anteil und Veränderung), Alphabetisierung, Sekundareinschulungsrate

Tabelle wird auf S. 71 fortgesetzt (Quellennachweise am Schluß der Tabelle)

Tabelle 3.1 Fortsetzung

Studie	Zeit, n	*bedingende* exogene Variablen
ENGEN & SKINNER (1992)	1970–1985, n=107	Pro-Kopf-Einkommen in der Basisperiode, Investitionsquote, Wachstumsrate der Erwerbsbevölkerung, Steuerquote (Anteil und Veränderung), Alphabetisierung, Sekundareinschulungsrate
MANKIW ET AL. (1992)	1960–1985, n=98	Pro-Kopf-Einkommen in der Basisperiode, Investitionsquote, Wachstumsrate der Bevölkerung, Sekundareinschulungsrate (gewichtet mit dem Anteil der 15–19jährigen an den Erwerbspersonen)
LICHTENBERG (1992)	1960–1985, n=53	Pro-Kopf-Einkommen in der Basisperiode, Investitionsquote, Wachstumsrate der Bevölkerung, Sekundareinschulungsrate, FuE-Ausgaben (Anteil der privaten bzw. staatlichen Ausgaben am BIP)

Quellen: A. ALESINA, S. ÖZLER, N. ROUBINI und P. SWAGEL, Political Instabiltity and Economic Growth, NBER Working Paper No. 4173, Cambridge (Mass.) 1992; Robert J. BARRO, Economic Growth in a Cross Section of Countries, in: Quarterly Journal of Economics, Vol. 106 (1991), S. 407–443; Magnus BLOMSTRÖM, Robert E. LIPSEY und Mario ZEIJAN, What Explains Developing Country Growth? NBER Working Paper No. 4132, Cambridge (Mass.) 1992; Eric M. ENGEN und Jonathan SKINNER, Fiscal Policy and Economic Growth, NBER Working Paper No. 4223, Cambridge (Mass.) 1992; Jan FAGERBERG, Why Growth Rates Differ, in: Giovanni DOSI, Christopher FREEMAN, Richard R. NELSON, Gerald SILVERBERG und Luc G. SOETE (Hg.), Technical Change and Economic Theory, London 1988, S. 432–457; Daniel LANDAU, Government Expenditure and Economic Growth, in: Southern Economic Journal, Vol. 49 (1983), S. 783–792; Frank R. LICHTENBERG, R&D Investment and International Productivity Differences, NBER Working Paper No. 4161, Cambridge (Mass.) 1992; N. Gregory MANKIW, David ROMER und David N. WEIL, A Contribution to the Empirics of Economic Growth, in: Quarterly Journal of Economics, Vol. 107 (1992), S. 407–437; Paul M. ROMER, What Determines the Rate of Growth and Technological Change? World Bank Policy, Planning and Research Working Paper, Washington, D. C. 1989.

Die in Tabelle 3.1 wiedergegebenen Untersuchungen bestätigen ohne Ausnahme, daß sich unter Berücksichtigung der angeführten *bedingenden* Variablen regelmäßig und über alle Entwicklungsstufen anhand eines signifikant negativen Koeffizienten für das Pro-Kopf-Einkommen in der Basisperiode Konvergenz nachweisen läßt. Ferner ist bei allen Untersuchungen, welche dafür Variablen heranziehen, ein statistisch gesicherter positiver Einfluß der Sachkapitalakkumulation auf das Wachstum des Pro-Kopf-Einkommens festzustellen.

Weniger eindeutig ist der Befund jedoch hinsichtlich der sonstigen in der Literatur genannten Determinanten technologischer Absorptionsfähigkeit. Im folgenden wenden wir uns zunächst den Bildungsvariablen zu, und anschließend den für die Wiedergabe von FuE-Aktivitäten herangezogenen Größen.

Eine frühe Untersuchung ist die von LANDAU (1983). Dabei wird zwar – im Unterschied zu späteren Untersuchungen und noch ganz im Sinne des traditionellen Wachstumsmodells – die Kapitalakkumulation nicht als Determinante des Wachstums des Pro-Kopf-Einkommens erwogen; bei Berücksichtigung der in der Tabelle angeführten sozioökonomischen Indikatoren läßt sich aber auch hier konvergierendes Wachstum feststellen. Von den Bildungsindikatoren bewährt sich dabei allerdings nur eine aus den drei üblichen Schulstufen kombinierte Einschulungsrate, nicht dagegen Angaben zu einzelnen Schulstufen oder die Alphabetisierungsquote.

ALESINA ET AL. (1992) experimentieren in ihrer Untersuchung mit verschiedenen Variablen zur politischen Instabilität, wobei sich für diese erwartungsgemäß ein negativer Einfluß auf das Wachstum des Pro-Kopf-Einkommens erkennen läßt. Signifikant positiv ist von den Bildungsvariablen jedoch nur der Koeffizient für die Primareinschulungsrate, während sich für die Sekundareinschulungsrate kein signifikanter Wachstumsbeitrag feststellen läßt. Auffällig an dieser Untersuchung ist – wie schon an der von LANDAU (1983), aber angesichts des Erkenntnisfortschritts seit 1983 in diesem Falle weniger verständlich – das Fehlen einer Variable für die Sachkapitalbildung.

BLOMSTRÖM ET AL. (1992) richten ihre Aufmerksamkeit auf den kapitalgebundenen Technologietransfer (Importe von Maschinen und ausländische Direktinvestitionen). Dabei stellen sie signifikant positive Auswirkungen auf das Wachstum des Pro-Kopf-Einkommens allerdings nur hinsichtlich der Direktinvestitionen fest, und auch dies nur für die Schwellenländer. Den Bildungsstand berücksichtigen sie durch die Sekundareinschulungsrate, wobei sich ein signifikant positiver Wachstumsbeitrag ergibt.

ENGEN und SKINNER (1992) untersuchen primär die Auswirkung von Steuern und Staatsausgaben auf wirtschaftliches Wachstum, nehmen aber neben dem Pro-Kopf-Einkommen in der Basisperiode auch die Alphabetisierungsquote sowie die Sekundareinschulungsrate als erklärende Variablen in ihren Ansatz auf, wobei sich für beide Bildungsvariablen ein signifikant positiver Koeffizient feststellen läßt.

MANKIW ET AL. (1992) zeigen *bedingte* Konvergenz unter Berücksichtigung der aus einem erweiterten SOLOW-Modell[86] folgenden Determinanten des Gleichgewichtswachstumspfades (Investitionsquote, Bevölkerungswachstum und Humankapitalakkumulationsrate). Zur Operationalisierung der von ihrem Modell implizierten Humankapitalvariable (säkulare Humankapitalakkumulation) gewichten sie dabei die Sekundareinschulungsrate für die 12–17jährigen mit dem Anteil der 15–19jährigen an der Bevölkerung, d.h. mit dem altersmäßig als Erwerbspersonen in Frage kommenden Bevölkerungsanteil; gemessen wird mithin der *Schulbesuch von potentiellen Erwerbspersonen*. Die von MANKIW ET AL. durchgeführte Gewichtung führt jedoch zu einer kaum sinnvoll interpretierbaren Größe.[87] Die beabsichtigte Quantifizierung der langfristigen volkswirtschaftlichem Humankapitalakkumulationsrate im empirischen Teil dieser ansonsten in vieler Hinsicht wegweisenden Studie ist daher u.E. weniger gelungen.

Die wohl umfassendste Berücksichtigung von sozioökonomischen und politischen Kontrollvariablen findet sich in der mittlerweile schon als "klassisch"[88] bezeichneten Untersuchung von BARRO (1991). Hinsichtlich der Humankapitalvariablen fällt der Befund jedoch zwiespältig aus: Während im Falle der Einschulungsrate erwartungsgemäß ein positiver Koeffizient feststellbar ist, ist der Koeffizient für die Alphabetisierungsquote signifikant negativ (t-Wert=–2,0) – nach BARROS Eingeständnis "a result that is difficult to interpret"[89].

In bezug auf die in Tabelle 3.1 wiedergegebenen empirischen Untersuchungen, welche im Rahmen eines Konvergenzansatzes Bildung als eine Determinante der technologischen Absorptionsfähigkeit berücksichtigen, ist zusammenfassend festzustellen, daß diese – ebenso wie die in Kapitel 2.5 vorgestellten produktionstheoretischen Untersuchungen – durch die Ver-

---

86 Vgl. S. 54 ff. der vorliegenden Arbeit.

87 Dies zeigt folgende Überlegung: Die empirische (Brutto-) Sekundareinschulungsrate ist definiert als das Verhältnis der Anzahl von Sekundarschülern zur Anzahl der 12–17jährigen. Die Gewichtung dieser Größe mit dem Anteil der 15–19jährigen an der Bevölkerung ergibt, da sich die 15–17jährigen "herauskürzen" lassen:

(Anzahl Sekundarschüler/Bevölkerung) × (Anzahl 18–19jährige/Anzahl 12–14jährige).

Der so herausgearbeitete Gewichtungsfaktor (Anzahl der 18–19jährigen/Anzahl der 12–14jährigen) wird in der Regel etwa Eins betragen, sofern nicht äußerst schnelle demographische Prozesse vorliegen. Wie diese Gewichtung jedoch im Lichte der ökonomischen Theorie zu interpretieren sein könnte ist nicht ersichtlich.

88 Ross LEVINE und Sara J. ZERVOS, What Have We Learned About Policy and Growth from Cross-Country Regressions, in: American Economic Review, Papers and Proceedings, Vol. 83 (1993), S. 428.

89 Robert J. BARRO, Economic Growth in a Cross Section of Countries, a.a.O., S. 422.

wendung unbefriedigender Bildungsvariablen gekennzeichnet sind; als Proxivariablen für den Bildungsstand werden in der Regel Einschulungsraten und Alphabetisierungsquoten herangezogen, die aber wenig verläßlich und theoretisch nur schwer begründbar sind.[90] Obwohl diese Untersuchungen teilweise zeigen, daß Bildung einen signifikanten Beitrag zur Erklärung wirtschaftlicher Entwicklung leisten kann, geben sie jedoch aufgrund ihrer konzeptionell unklaren Bildungsvariablen nur wenig Aufschluß über die Bestimmungsfaktoren der technologischen Absorptionsfähigkeit.

Studien über die mit dem FuE-Bereich zusammenhängenden Determinanten der technologischen Absorptionsfähigkeit im Länderquerschnitt stammen von FAGERBERG (1988), ROMER (1989) und LICHTENBERG (1992).

Dabei ergibt sich in der Untersuchung von ROMER sowohl für die (logarithmierte) Anzahl der in FuE beschäftigten Ingenieure als auch für deren Zunahme ein signifikant positiver ($p<0{,}05$) Einfluß auf die Wachstumsrate des Pro-Kopf-Einkommens, wobei insbesondere der positive Koeffizient der FuE-*Niveau*variable als Bestätigung der modifizierten Konvergenzhypothese angesehen werden kann. Leider besteht die Länderstichprobe mit nur wenigen Ausnahmen aus OECD-Ländern, und auch die berücksichtigten Nicht-OECD-Länder (Argentinien, Chile, Israel und Südkorea) gehören zu den entwickelteren, so daß diese Untersuchung kaum Anhaltspunkte für die technologische Absorptionsfähigkeit ärmerer Länder bietet.

FAGERBERG berücksichtigt bei seinem Versuch, als Determinanten wirtschaftlichen Wachstums auch Technologievariablen heranzuziehen, sowohl die Schaffung eigenen technischen Wissens als auch die Anstrengungen eines Landes, von bestehendem technischen Wissen Gebrauch zu machen, sei dieses Wissen inländischen oder ausländischen Ursprungs.

In FAGERBERGS empirischem Ansatz steht die Wachstumsrate der Anzahl jährlich angemeldeter Patente für die Schaffung eigenen technischen Wissens, die Wachstumsrate des Anteils der FuE-Ausgaben am Bruttoinlandsprodukt für die auf die Imitation und Adaption fortgeschrittener ausländi-

---

90 Vgl. Kapitel 5.1 und 5.2. Eine Ausnahme stellt ein Versuch (Shahid ALAM, Convergence in Developed Countries, a.a.O.) dar, die technologische Absorptionsfähigkeit durch eine mehrdimensionale Humankapitalmessung zu operationalisieren. Die herangezogenen Variablen sind ein "Kooporatismus-Index", ein Bildungsindex (HARBISON-MYERS-Index) und Einschulungsraten für höhere Bildungseinrichtungen (zu Darstellung und Kritik des HARBISON-MYERS-Index vgl. Kapitel 5.1). Methodisch offensichtlich fragwürdig ist dabei vor allem die gleichzeitige Berücksichtigung des HARBISON-MYERS-Index (Sekundareinschulungsrate + 5 × Postsekundareinschulungsrate) und der Postsekundareinschulungsrate, da damit eine Mehrfachmessung erfolgt. Der Versuch, auf diese Weise zu einer verbesserten Humankapitalmessung zu gelangen, wird schließlich vom Autor selbst verworfen.

scher Techniken gerichteten Anstrengungen eines Landes,[91] und die Investitionsquote für die Anstrengungen, vom im Lande bestehenden technischen Wissen Gebrauch zu machen.

Für die von FAGERBERG untersuchten Länder ergibt sich dabei eine klare Bestätigung der bedingten Konvergenzhypothese: Die Regressionen des Wachstums des Pro-Kopf-Einkommens auf das Pro-Kopf-Einkommen von 1980 und jeweils eine der Technologievariablen zeigen für das Pro-Kopf-Einkommen einen signifikant negativen und für die Technologievariablen signifikant positive Koeffizienten.

Unbefriedigend bleibt allerdings, daß die inhaltlich differenzierten Technologievariablen nur alternierend in seine empirische Analyse Eingang finden. Dies ist vermutlich auf Schätzprobleme durch hohe Interkorrelation der erklärenden Variablen zurückzuführen; in der empirischen Analyse geht aber dadurch die Unterscheidung zwischen den innovativen und den imitativen Anstrengungen wieder verloren. Darüber hinaus ist nicht ersichtlich, warum im Falle der Technologievariablen auf Wachstumsraten, und nicht auf deren Niveau zurückgegriffen wird, was im Sinne der bedingten Konvergenzhypothese angemessener wäre. Zudem stellt man fest, daß auch in FAGERBERGS Länderstichprobe neben entwickelten Industrieländern nur einige der sich schnell industrialisierenden Länder Asiens und Lateinamerikas enthalten sind. Eine Ausdehnung der Länderstichprobe auch auf ärmere Länder scheint in diesem Zusammenhang dringend geboten.

Die Konzentration auf die entwickelteren Länder erklärt unseres Erachtens auch, warum FAGERBERG keine Bildungsindikatoren heranzieht, denn die herkömmlichen Variablen Alphabetisierung und Einschulung weisen im Falle der entwickelten Länder kaum Varianz auf, so daß sie als exogene Variablen auch keinen Erklärungsbeitrag leisten können. Zur Verbesserung dieses Ansatzes sollte daher u.E. nicht nur die Länderstichprobe erweitert werden, sondern auch eine differenzierte Berücksichtigung des Bildungsstands erfolgen.

Die von der Variablenauswahl her unserer Vorstellung am nächsten kommende Untersuchung ist die von LICHTENBERG (1992). Mit Hilfe eines auf der Konvergenzgleichung von MANKIW ET AL. aufbauenden gleichgewichtstheoretischen Schätzansatzes[92] ergeben sich dabei für eine Stichprobe von 53 Ländern auf unterschiedlichem Entwicklungsstand signifikant positive Produktionselastizitäten für die Faktoren Sach- und Humankapital in

---

91 FuE-Ausgaben reflektieren nach FAGERBERG zwar auch eigene technische Entwicklungen, sollen aber vor allem für die auf Imitation und Adaption gerichteten Anstrengungen stehen.

92 Vgl. S. 54 ff. der vorliegenden Arbeit.

Höhe von 0,35 und 0,25. Weniger plausibel sind jedoch die für das technische Wissen geschätzten Koeffizienten: Zwar zeigen sich positive Produktionselastizitäten für das aus privaten FuE-Ausgaben resultierende Wissen, das aus staatlichen Ausgaben resultierende Wissen ergibt dagegen unerwarteterweise einen hochsignifikant negativen (t=–39) Koeffizienten.[93]

Dabei ist allerdings anzumerken, daß LICHTENBERG nicht von Meßwerten oder Schätzungen der genannten Produktionsfaktoren ausgeht, sondern seiner Analyse nach dem Vorbild von MANKIW ET AL. in Gestalt von 25-Jahres-Durchnittswerten vermeintliche säkulare Gleichgewichtswerte der jeweiligen Akkumulationsraten zugrunde legt. Wie im vorangegangenen anhand empirischer Angaben zu unserer Länderstichprobe gezeigt wurde,[94] ist jedoch zu bezweifeln, daß solche Durchschnittswerte zur Charakterisierung eines säkularen Wachstumspfades taugen.

Geeigneter erscheint uns eine Vorgehensweise, welche an Stelle von "Gleichgewichtswerten" konkret ermittelte Inputmengen bzw. Wachstumsraten der für relevant erachteten Produktionsfaktoren heranzieht.

3.5 Zusammenfassung

Den Stand der Untersuchung faßt Abbildung 3.2 zusammen. Der technische Fortschritt stellt sich dabei aus unserer Sicht als eine durch drei Variablen endogen bestimmte Größe dar.

Abbildung 3.2 Pfaddiagramm der zu untersuchenden Kausalbeziehungen

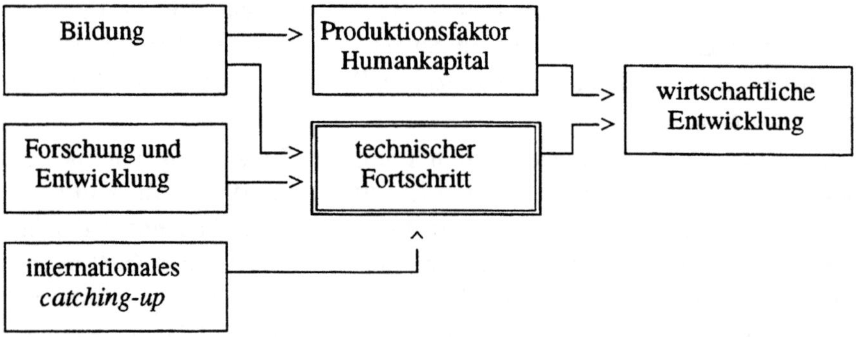

93 Vgl. Frank R. LICHTENBERG, R&D Investment and International Productivity Differences, a.a.O., S. 36.

94 Vgl. S. 61 f. der vorliegenden Arbeit.

Mit den unmittelbaren Auswirkungen von Bildung auf wirtschaftliche Entwicklung durch besser qualifiziertes Humankapital beschäftigt sich der Humankapitalansatz. In der *Neuen Wachstumstheorie*, einer Weiterentwicklung der neoklassischen Wachstumstheorie, ist die Aufmerksamkeit auf Modelle gerichtet, die über die modellimmanente Bestimmung der Rate des technischen Fortschritts auch eine Endogenisierung der säkularen Wachstumsrate des Pro-Kopf-Einkommens ermöglichen. Dazu wird ein Produktionsfaktor *technisches Wissen* eingeführt, wobei der technische Fortschritt vor allem im Wachstum dieses Faktors besteht. Empirische Untersuchungen ergeben in entwickelten Ländern signifikant positive Produktionselastizitäten für den aus kumulierten FuE-Ausgaben geschätzten Stand des technischen Wissens; im Länderquerschnitt kann dieser Zusammenhang jedoch nicht nachgewiesen werden.

In Zusammenhang mit der *Neuen Wachstumstheorie* wird auch die Frage nach der Gültigkeit der Konvergenzhypothese diskutiert. Die Konvergenzhypothese besagt, daß arme Länder höhere Wachstumsraten aufweisen als reiche. Wenn aber jede Volkswirtschaft ihre eigene *endogene* Wachstumsrate festlegen kann, ist nicht – wie etwa im SOLOW-Modell – mit internationaler Konvergenz der Wachstumsraten zu rechnen. Empirische Untersuchungen weisen die Konvergenzhypothese in ihrer einfachsten Form zurück: Nur innerhalb der entwickelten Länder läßt sich Konvergenz feststellen; die Annahme automatisch konvergierenden Wachstums bestätigt sich bei einer globalen Betrachtung nicht.

Es ist jedoch offensichtlich, daß seitens der ärmeren Länder im Prinzip die Möglichkeit zu Imitation und schneller Aneignung der Techniken fortgeschrittenerer Länder gegeben ist. Diese Möglichkeit kann aber – so die *bedingte* Konvergenzhypothese – nur von solchen Ländern, welche die dazu benötigte *technologische Absorptionsfähigkeit* vorweisen, genutzt werden. Empirische Untersuchungen zur bedingten Konvergenzhypothese zeigen, daß unter Einbeziehung des Pro-Kopf-Einkommens als erklärende Variable – wiederum entgegen der Voraussage des SOLOW-Modells – die Sachkapitalakkumulation einen entscheidenden Bestimmungsfaktor für die Wachstumsrate des Pro-Kopf-Einkommens darstellt. Weiter ist erkennbar, daß auch die Berücksichtigung bestimmter Variablen zu Bildung sowie Forschung und Entwicklung signifikant positive Wachstumsbeiträge anzeigt. Die genaue Bestimmung der Determinanten technologischer Absorptionsfähigkeit ist allerdings noch nicht gelungen. Dabei ist insbesondere die Messung von Bildung sowie Forschung und Entwicklung als unbefriedigend anzusehen, darüber hinaus ist aber auch festzustellen, daß Angaben zu Bildung und FuE bislang nicht gemeinsam, sondern nur alternativ berücksichtigt worden sind.

Dagegen soll unser Ansatz neben den produktionstheoretisch begründeten Determinanten der Wachstumsrate des Pro-Kopf-Einkommens ($w_{(K/L)}$ und $w_{(H/L)}$) die Konvergenzvariable $(Y/L)_0$ und soweit wie möglich auch das Spektrum der wichtigsten Bestimmungsfaktoren der technologischen Absorptionsfähigkeit umfassen. Neben geeigneten Indikatoren zur Sach- und Humankapitalakkumulation sind daher in unseren Schätzansatz zumindest auch Indikatoren zum Bildungsstand (h) und aus dem FuE-Bereich (FuE) aufzunehmen. Der aus den dargestellten Hypothesen folgende Schätzansatz für unsere empirische Untersuchung lautet daher:

$$w_y = f\,(\underset{-}{y_0},\ \underset{+}{w_{(K/L)}},\ \underset{+}{w_{(H/L)}},\ \underset{+}{h},\ \underset{+}{FuE},\ Z_1, \ldots, Z_n\,).$$

Z_1 bis Z_n stehen dabei für die aus theoretischer Sicht weniger deutlich erkennbaren Determinanten der technologischen Absorptionsfähigkeit;[95] unter den Argumenten sind die erwarteten Vorzeichen der partiellen Ableitungen angeführt.

Auf die Operationalisierung und Messung der Komponenten technologischer Absorptionsfähigkeit wird in den folgenden Kapiteln eingegangen: In Kapitel 4 werden Möglichkeiten zur Messung der allgemein in produktionstheoretischen Ansätzen zu berücksichtigenden Variablen erwogen; Möglichkeiten zur Messung von Bildung und technischem Fortschritt werden in den Kapiteln 5 und 6 diskutiert. Die empirische Überprüfung unseres Schätzansatzes erfolgt in Kapitel 7.

---

95 Dabei ist an die handelspolitische Offenheit, aber auch an andere politische und organisatorisch-institutionelle Gegebenheiten zu denken.

II. Hauptteil: Variablen, Meßkonzepte und empirische Analyse

4 Variablen makroökonomischer Produktionsfunktionen

Für die Bestimmung einer Produktionsfunktion sind zumindest Zeitreihen- oder Querschnittsdaten zu den herkömmlichen produktionstheoretischen Größen Output, Kapital und Arbeit erforderlich.

In diesem Kapitel wird der Frage nachgegangen, wie diese Variablen im Rahmen der vorliegenden Untersuchung zu operationalisieren sind. Anschließend wird diskutiert, wie der Auslastungsgrad der Produktionsfaktoren berücksichtigt werden kann. Schließlich wird darauf hingewiesen, welche weiteren exogenen Variablen zur Erklärung wirtschaftlicher Entwicklung herangezogen werden sollten.

4.1 Volkseinkommen und Wirtschaftswachstum

Die in der vorliegenden Arbeit zu erklärende Größe ist "wirtschaftliche Entwicklung". In der ökonomischen Literatur herrscht weitgehend Einvernehmen darüber, daß ein umfassender Entwicklungsprozeß in den ärmeren Ländern nicht ohne anhaltendes Wachstum des Pro-Kopf-Einkommens vor sich gehen kann,[1] so daß anhaltendes Wachstum des Pro-Kopf-Einkommens als notwendige Bedingung für Entwicklung verstanden wird. In der Regel wird der Entwicklungsstand einer Gesellschaft sowie dessen Fortschritt daher einfach anhand des Pro-Kopf-Einkommens gemessen. Dabei treten aber folgende Probleme auf:

- Die Nichtberücksichtigung sozialer, nicht in monetären Einheiten meßbarer Aspekte des Entwicklungsstandes;
- die Nichtberücksichtigung von subsistenzwirtschaftlichen Aktivitäten sowie von "Hausfrauenarbeit";
- das Wechselkurs- und das Preisindexproblem.

Die Kritik an der Nichtberücksichtigung sozialer Aspekte des Entwicklungsstandes hat in vergangenen Jahren zu einer regelrechten "Soziale-Indikatoren-Bewegung" geführt, wobei verschiedene Indizes zur Messung des Entwicklungsstandes vorgeschlagen werden. In diese gehen neben ökono-

---

1 Vgl. etwa Daniel LERNER (Comparative Analysis of Processes of Modernization, in: Stein ROKKAN (Hg.), Comparative Research across Cultures and Nations, Paris 1968, S. 82): "If a society is to develop, it *must* achieve 'rising output per head'" (Hervorhebung im Original).

mischen auch eine Reihe von sozialen Entwicklungsindikatoren, etwa zu Bildung und Gesundheit, ein.[2]

Diese Versuche leiden allerdings unter der Beliebigkeit der gewählten Indikatoren und Gewichte. Als überlegen anzusehen sind Verfahren, bei welchen die Gewichte endogen bestimmt werden. Besonders geeignet sind dabei faktoranalytische Verfahren, da diese nach einer theoriegeleiteten Vorauswahl der Indikatoren nicht nur deren Gewichte festlegen, sondern auch Hinweise zur endgültigen Indikatorenauswahl liefern.[3] Zu untersuchen ist die Frage, in welcher Weise sich solche Entwicklungsindikatoren von jenen auf der Basis des Pro-Kopf-Einkommens unterscheiden. Dazu liegt eine aufschlußreiche Arbeit vor:

SCHOLING[4] untersuchte 1982 mit Hilfe einer Variante der Faktorenanalyse, der Hauptkomponentenanalyse, 19 Entwicklungsindikatoren über 108 Industrie- und Entwicklungsländer und stellte fest, daß bereits 73 % der Varianz des Datensatzes vom ersten extrahierten Faktor erklärt wird. Mit dieser Ein-Faktor-Lösung ist anhand der landesspezifischen Faktorwerte ein auf vielfältigen ökonomischen und sozialen Indikatoren beruhender und methodologisch begründbarer Entwicklungsindikator bestimmbar. Ein Vergleich der Rangordnungen der 108 Länder anhand dieses Indikators und anhand des herkömmlichen Indikators Pro-Kopf-Einkommen zeigt – so das wesentliche Ergebnis dieser Untersuchung – eine überraschend deutliche Übereinstimmung,[5] so daß zu folgern ist, daß das Pro-Kopf-Einkommen und Zusammenfassungen von sozialen Indikatoren im wesentlichen das gleiche messen.

Solche mehrdimensionalen Indikatoren sind für die Messung von Entwicklung im Rahmen unserer Untersuchung aber weniger geeignet als das Pro-Kopf-Einkommen, da in jene als wichtige Komponente regelmäßig der Bildungsstand eingeht. Wir wollen aber untersuchen, in welcher Weise Bil-

---

2 In neuester Zeit sind dafür die Versuche des UNITED NATIONS DEVELOPMENT PROGRAMME (UNDP), die seit 1990 periodisch veröffentlicht werden, charakteristisch; vgl. UNDP, Human Development Report 1990, 1991 und 1992, New York, verschiedene Jahre.

3 In diesem Sinne bestimmen z.B. Irma ADELMAN und Cynthia Taft MORRIS (Society, Politics, and Economic Development, Baltimore 1967, S. 150 ff. und DIESELBEN, Economic Growth and Social Equity in Developing Countries, Stanford 1973, S. 39 f.) einen Indikator zum sozioökonomischen Entwicklungsstand, in den eine faktoranalytisch bestimmte Auswahl aus 25 sozioökonomischen und politischen Indikatoren eingeht.

4 Eberhard SCHOLING, Zur mehrdimensionalen Messung des wirtschaftlichen Entwicklungsstandes, in: Kyklos, Bd. 35 (1982), S. 201–222.

5 Ebenda, S. 220 f. Der Rangkorrelationskoeffizient beträgt 0,92.

dung sich auf das Einkommen auswirkt. Der Bildungsstand als *erklärende* Variable darf daher nicht zugleich in die *zu erklärende* Variable eingehen. Als Entwicklungsindikator zu bevorzugen ist daher für unsere Zwecke das Pro-Kopf-Einkommen.

Dabei ist allerdings eine Modifikation angebracht: Gegen die Verwendung des *Pro-Kopf*-Einkommens spricht, daß aufgrund möglicher demographischer Besonderheiten für unsere Fragestellung nicht ein *Pro-Kopf*-Maß, sondern eines mit der Anzahl der wirtschaftlich aktiven Personen im Nenner geeigneter ist, da für unsere Untersuchung, welche insbesondere auf die Entstehungsseite des Volkseinkommens – d.h. auf die gesamtwirtschaftliche Produktivität – zielt, eine andere demographische Bezugsbasis angebracht ist als etwa für die Messung des Wohlstands.[6]

So kann davon ausgegangen werden, daß Kinder und ältere Menschen nicht in gleicher Weise an der Produktion des Volkseinkommens beteiligt sind wie Erwachsene im arbeitsfähigen Alter. Auch bei gleicher Produktivität pro Erwerbstätigem implizieren aber Unterschiede hinsichtlich des Anteils von Kindern bzw. älteren Menschen an der Bevölkerung ein unterschiedliches *Pro-Kopf*-Einkommen.

Für die vorliegende Untersuchung wird daher ein an der Entstehungsseite des Volkseinkommens orientierter Indikator für die wirtschaftliche Entwicklung, das Einkommen *pro Erwerbsperson*, gewählt.[7] Dieser Indikator berücksichtigt im Gegensatz zum *Pro-Kopf*-Einkommen auch Unterschiede beim Anteil der wirtschaftlich aktiven Bevölkerung[8] eines Landes. Auf diese Weise wird bei der Bestimmung der Arbeitsproduktivität den im Rahmen der vorliegenden Arbeit exogenen demographischen Unterschieden zwischen verschiedenen Ländern Rechnung getragen.

Um auch eine raumzeitliche Vergleichbarkeit zu gewährleisten, werden als monetäre Einheit die *internationalen $* des ICP-Projekts zum Basisjahr 1985 herangezogen.[9]

---

6 Vgl. Donald MCGRANAHAN, Eduardo PIZARRO und Claude RICHARD, Measurement and Analysis of Socio-Economic Development, Genf 1985, S. 97 ff.

7 Es sei noch einmal darauf hingewiesen, daß der gewählte Entwicklungsindikator nicht als Wohlstandsindikator verstanden werden darf, da dafür auch die ökonomisch nicht aktiven Bevölkerungsgruppen zu berücksichtigen wären.

8 Zur Berücksichtigung von Unterschieden hinsichtlich der Arbeitslosigkeit vgl. Abschnitt 4.4, S. 92 ff. der vorliegenden Arbeit.

9 Die Angaben stammen aus Robert SUMMERS und Alan HESTON, The Penn World Tables (Mark 5): An Expanded Set of International Comparisons, 1950–1988, in: Quarterly Journal of Economics, Vol. 106 (1991), S. 327–368. Die Beschreibung der Variablen und die Definition der "internationalen $" erfolgt im Anhang (Abschnitt 8.3.1).

4.2 Der Produktionsfaktor Sachkapital

Sachkapitalstockschätzungen sind mit erheblichen Unsicherheiten verbunden. Daher ist erklärlich, daß in vielen Studien über wirtschaftliches Wachstum entweder ganz auf die Berücksichtigung des Kapitalstocks verzichtet oder auf sehr einfache Proxivariablen zurückgegriffen wird.

Dies ist jedoch aus verschiedenen Gründen problematisch: Zum einen ist der Kapitalstock als unmittelbarer Produktionsinput von Bedeutung, zum anderen aber auch für die Realisierung kapitalgebundenen technischen Fortschritts. Da vergleichbare Angaben zum Sachkapital aber nur für bestimmte Länder und Zeitpunkte vorliegen,[10] muß der Sachkapitalbestand für die 75 Länder unserer Untersuchung geschätzt werden.

Dies kann anhand von Angaben zu den kumulierten Investitionen mit Hilfe der sogenannten *perpetual inventory*-Methode erfolgen.[11] Dabei macht man sich die Identität zunutze, nach welcher der Kapitalstock einer Periode (K_t) gleich dem Kapitalstock der Vorperiode abzüglich der Abschreibung und zuzüglich der Bruttoinvestition I der Vorperiode ist:

$$K_t = K_{t-1}\,(1-\delta) + I_{t-1}.$$

Unter Zugrundelegung eines Anfangswertes K_0 lassen sich auf diese Weise Zeitreihen für den Kapitalstock berechnen.

Bei dieser Vorgehensweise ist allerdings zu klären, wie der Kapitalstock in der Basisperiode bestimmt, und welche Abschreibungsrate bei der Berechnung der Kapitalstockzeitreihen zugrundegelegt werden soll.

Ein auf nur wenigen Annahmen beruhendes Verfahren zur Schätzung des Kapitalstocks in der Basisperiode wird von HARBERGER[12] vorgeschlagen: Ausgehend von einer konstanten Wachstumsrate des Kapitalstocks γ und der Identität von Bruttoinvestition mit Ersatzinvestition δK plus Nettoinvestition γK gilt:

---

10 So z.B. in Robert SUMMERS und Alan HESTON (The Penn World Tables, a.a.O.), die in der neuesten Version der Datenbank des ICP-Projekts Sachkapitalschätzungen für 40 (davon 28 in der Stichprobe der vorliegenden Untersuchung enthaltene) Länder angeben, allerdings nur für die Jahre 1980–1988.

11 Eine Übersicht über Methoden der Kapitalstockschätzung geben K.M. DADKHAH und F. ZAHEDI, Estimation and Cross-Country Comparison of Capital Stocks, in: Empirical Economics, Vol. 15 (1990), S. 384 ff.

12 Arnold C. HARBERGER, Perspectives on Capital and Technology in Less Developed Countries, in: M.J. ARTIS und A.R. NOBAY (Hg.), Contemporary Economic Analysis, London 1978, S. 17 ff.

$$I_0 = \delta K_0 + \gamma K_0 = (\delta+\gamma)\, K_0.$$

Der Kapitalstock im Basisjahr läßt sich daher formulieren als

$$K_0 = I_0/(\delta+\gamma).$$

Zur Bestimmung von I_0 ist zunächst, um zufällige Schwankungen zu glätten, aus den drei am weitesten zurückliegenden Angaben zur jährlichen Bruttoinvestition der Durchschnittswert zu bilden. Unbekannt ist dann neben der Abschreibungsrate δ nur noch die Wachstumsrate des Kapitalstocks γ.

Unter der aus der neoklassischen Wachstumstheorie entlehnten Annahme eines konstanten Kapitalkoeffizienten[13] ist aber die unbekannte Wachstumsrate des Kapitalstocks γ gleich der bekannten Wachstumsrate des Volkseinkommens. Nach HARBERGER sollte demnach für γ der Durchschnittswert der jährlichen Wachstumsrate des Bruttoinlandsprodukts derjenigen drei Jahre eingesetzt werden, für welche auch die am weitesten zurückliegende Bruttoinvestition bestimmt wurde.

Nach Zuweisung eines Wertes für δ und der Berechnung der landesspezifischen Werte für I_0 und γ kann für jedes Land der Kapitalstock im Basisjahr K_0 und mit Hilfe von Zeitreihen zur Bruttoinvestition I eine Kapitalstockzeitreihe berechnet werden, wobei gilt:

$$K_t = K_0\,(1-\delta)^t + \sum_{i=0}^{t-1} I_i\,(1-\delta)^{t-i-1}.$$

[13] Es handelt sich dabei um den vierten der bekannten "stilisierten Fakten", welche Nicholas KALDOR (Capital Accumulation and Economic Growth, in: F.A. LUTZ und D.C. HAGUE (Hg.), The Theory of Capital, New York 1961, S. 177–222) der Wachstumstheorie zu erklären auftrug. Empirische Evidenz für eine langfristige Konstanz des Kapitalkoeffizienten in sieben Ländern seit 1870 findet sich bei Paul M. ROMER, Capital Accumulation in the Theory of Long-Run-Growth, in: Robert J. BARRO (Hg.), Modern Business Cycle Theory, Oxford 1989, S. 59 ff. Für die annähernde Konstanz des Kapitalkoeffizienten in den USA in der ersten Hälfte des 20. Jahrhunderts vgl. Lawrence KLEIN und R.F. KOSOBUD, Some Econometrics of Growth: Great Ratios of Economics, in: Quarterly Journal of Economics, Vol. 75 (1961), S. 173–198. Für die Entwicklung des Kapitalkoeffizienten in einzelnen Wirtschaftszweigen der Bundesrepublik in den fünfziger Jahren vgl. Dieter MERTENS, Die kurzfristige Kapazitätsausnutzungs-Rechnung des DIW, in: Vierteljahreshefte für Wirtschaftsforschung, Jg. 1961, H. 1, S. 72–90.

In der vorliegenden Untersuchung wird dem Vorschlag von HARBERGER gefolgt.[14] Anzustreben ist dabei (1) daß die Zeitreihen zur Bruttoinvestition möglichst weit zurückreichen, da mit zunehmender Zeitdauer Ungenauigkeiten bei der Schätzung des Kapitalstocks im Basisjahr an Bedeutung verlieren und (2) daß die Bruttoinvestition in konstanten Preisen gemessen wird. Darüber hinaus ist (3) auch eine möglichst disaggregierte Erfassung der Investitionen nach verschiedenen Komponenten (Maschinen, Bauten usw.) wünschenswert.[15]

Der Forderung nach der Erfassung der Investition zu konstanten Preisen wird entsprochen, indem wir auf Angaben aus der ICP-Datenbank zurückgreifen. Die Bruttoinvestition zu konstanten Preisen ergibt sich dabei aus dem Produkt von Investitionsquote und Bruttoinlandsprodukt zu konstanten Preisen in *internationalen $* zum Basisjahr 1985.[16]

Die Zeitreihen zur Investition sind für die meisten Länder bis 1988 dokumentiert, mindestens aber bis 1985, und reichen in vielen Fällen zurück bis 1950, für andere Länder bis 1955 oder 1960, und nur in einem Fall (Indonesien) nicht weiter als bis 1962. Um der Forderung nach möglichst weit zurückgehenden Investitionszeitreihen zu entsprechen, berücksichtigen wir für jedes Land die Investitionszeitreihen bis zur am weitesten zurückreichenden Angabe.

Schwierig ist die Bestimmung der Abschreibungsrate δ, da im ökonomischen Sinne mit der Abschreibungsrate sowohl der materiellen Abnutzung des Sachkapitals als auch der Obsoleszenz technisch noch funktionsfähigen

---

14 Vom Harbergerschen Vorschlag wird hier nur in einem Punkt abgewichen: Zur Bestimmung der für die Berechnung des Kapitalstocks in der Basisperiode benötigten langfristigen Durchschnittswerte der Bruttoinvestitionen I und des Wirtschaftswachstums γ schlägt HARBERGER neben der 3-Jahres-Durchschnittsbildung ein nicht genau spezifiziertes "Normalitäts"-Kriterium vor, nach dem diese drei Jahre in dem Sinne "normal" sein sollten, daß der Kapitalstock mit der gleichen Rate wächst wie das Bruttoinlandsprodukt, so daß die Wachstumsraten ihrem säkularen Trend entsprechen. Statt dessen greifen wir zur Bestimmung von γ und I auf das durchschnittliche jährliche Wachstum des realen Bruttoinlandsprodukts sowie auf die durchschnittliche Bruttoinvestitionsquote *über alle uns vorliegenden Beobachtungen des Zeitraums von 1950–1988* zurück.

15 Arnold C. HARBERGER (Perspectives on Capital and Technology ..., a.a.O.), schlägt darüber hinaus für verschiedene Kapitalgüter unterschiedliche Abschreibungsraten vor. Vgl. dazu z.B. die Kapitalstockschätzungen von Robert SUMMERS und Alan HESTON, The Penn World Tables, a.a.O., Appendix B, Anm. 2 (Diskette).

16 Die Angaben zum Bruttoinlandsprodukt in der ICP-Datenbank beziehen sich nicht nur forderungsgemäß auf das Bruttoinlandsprodukt in Preisen eines einheitlichen Basisjahres (1985), sondern sind darüber hinaus um die Kaufkraft im internationalen Kontext korrigiert.

Sachkapitals aufgrund des Einsatzes neuer, überlegener Kapitalgüter Rechnung getragen wird.[17]

Eine Zuweisung von unterschiedlichen Abschreibungsraten für verschiedene Komponenten des Kapitalstocks kann in der vorliegenden Untersuchung nicht vorgenommen werden, da die erforderlichen Zeitreihen zur Bruttoinvestition für die meisten Länder nur in aggregierter Form vorliegen. Wir können nur eine einheitliche Abschreibungsrate zugrunde legen. Ein Blick auf an anderer Stelle verwendete Abschreibungsraten zeigt, daß für δ ein Wert von etwa 10 % als plausibel angesehen werden kann.[18] Dieser Wert soll daher auch hier verwendet werden.

Da die Zuweisung eines Wertes für δ arbiträr ist, kann außer dem Rekurs auf das Alltagswissen oder auf offizielle steuerliche Abschreibungsfristen usw. keine Begründung für die Plausibilität des gewählten Wertes angeführt werden. Ein einfacher Test besteht jedoch darin, die Ergebnisse der unter Zugrundelegung einer bestimmten Abschreibungsrate gewonnenen Schätzungen für diejenigen Länder, für welche dies möglich ist, mit denen anderer, auf reichhaltigeren Daten beruhender Schätzungen zu vergleichen. Solche Schätzergebnisse finden sich in der ICP-Datenbank, in der für 28 Länder aus der Stichprobe der vorliegenden Untersuchung für die Jahre 1980–1988 der Kapitalstock pro Erwerbsperson in *internationalen $* ausgewiesen ist.[19]

Für den Vergleich wählen wir das letzte Jahr, für das in der ICP-Datenbank Angaben für alle Länder vorliegen (1985), da Schätzungen nach der *perpetual inventory*-Methode mit der Länge der berücksichtigten Zeitreihe zunehmend sensibel auf den Wert von δ reagieren, so daß sich eventuelle Unstimmigkeiten in bezug auf die Abschreibungsrate bei weiter vom Basisjahr der Schätzung entfernt liegenden Zeitpunkten deutlicher auswirken.

---

17 Murray BROWN, On the Theory and Measurement of Technological Change, Cambridge 1966, S. 82 f.

18 Robert G. KING und Sergio REBELO (Public Policy and Economic Growth: Developing Neoclassical Implications, in: Journal of Political Economy, Vol. 98 (1990), Supplement, S. S130) stellen z.B. fest, daß eine Sachkapitalabschreibungsrate von 10 % in Übereinstimmung mit "US-long-term experience" steht.

19 Robert SUMMERS und Alan HESTON (The Penn World Tables, a.a.O.) arbeiten mit Angaben zu Investitionen in "plant and equipment, non-residential building, other construction and residential building" und weisen diesen Komponenten eine Nutzungsdauer von 13, 25, 40 und 36 Jahren zu. Der Bestand an Wohngebäuden wird dabei gesondert ausgewiesen. Diese Angaben sind daher nicht direkt mit unseren Schätzungen vergleichbar. Mit Hilfe des angegebenen Verhältnisses des Wertes der Wohngebäude zum Wert des übrigen Sachkapitals und der Angaben zur Zahl der Erwerbspersonen können unsere Schätzungen und die von SUMMERS und HESTON jedoch in vergleichbare Größen umgerechnet werden.

Tabelle 4.1 zeigt die Durchschnittswerte, Standardabweichungen, Minima und Maxima der beiden Schätzungen des Kapitalstocks pro Erwerbsperson für das Jahr 1985.

Tabelle 4.1 Schätzungen des Kapitalstocks pro Erwerbsperson 1985 in *internationalen $*, n=28

Kapitalstock schätzung	Mittel-Wert	Std. Abw.	Min.	Max.
SUMMERS & HESTON	33572	21701	1895	64497
Eigene Schätzung	32396	19605	2061	64085

Ein Blick auf die deskriptive Statistik zeigt, daß sich unsere Schätzergebnisse bei denjenigen 28 Ländern, die einen Vergleich erlauben, in bemerkenswerter Übereinstimmung mit den auf weitaus aufwendigeren Schätzungen beruhenden Ergebnissen von SUMMERS und HESTON befinden. Der Korrelationskoeffizient zwischen den selbstermittelten Kapitalstocks unter Verwendung einer Abschreibungsrate von 10% und denen von SUMMERS und HESTON beträgt 0,96 und ist hochsignifikant. Dieser Befund kann als erster Anhaltspunkt für die Tauglichkeit unserer Schätzungen betrachtet werden.[20]

Gelegentlich wird allerdings von erheblich niedrigeren Abschreibungsraten ausgegangen. Zwar kann auch dafür keine stichhaltige Begründung angeführt werden, da aber verhältnismäßig niedrige Werte (3–4%) für die Abschreibungsrate häufig gerade in wachstumstheoretisch begründeten Arbeiten[21] angenommen werden, soll im folgenden überprüft werden, ob unsere zehnprozentige Abschreibungsrate zu hoch ist, um mit wachstumstheoretischen Vorstellungen vereinbar zu sein. Zur theoriegeleiteten Überprüfung der den Kapitalstockschätzungen zugrundeliegenden Abschreibungs-

20 Dabei ist allerdings offensichtlich, daß die Übereinstimmung zweier Schätzungen weder die eine noch die andere validieren kann, da beide den wahren Wert verfehlen können. Da aber dieser nicht bekannt ist, kann festgehalten werden, daß unsere Kapitalstockschätzungen mit einer Abschreibungsrate von 10% zumindest nicht zu Ergebnissen führen, die in ausgeprägtem Widerspruch zu denen aufwendigerer, aufgrund fehlender Daten aber nicht anwendbarer Schätzmethoden stehen.

21 Paul M. ROMER, Capital Accumulation in the Theory of Long-Run-Growth, a.a.O., S.60; N. Gregory MANKIW, David ROMER und David N. WEIL, A Contribution to the Empirics of Economic Growth, in: Quarterly Journal of Economics, Vol. 107 (1992), S.407–437.

rate konfrontieren wir unsere Schätzergebnisse mit zentralen Aussagen der Wachstumstheorie:

Der vierte der Kaldorschen "stilisierten Fakten"[22] besagt, daß der Kapitalkoeffizient auf dem Gleichgewichtswachstumspfad stabil ist. Dem trägt – wie gezeigt – die neoklassische Wachstumstheorie Rechnung. In unserer Stichprobe sind jedoch die meisten Länder ökonomisch wenig entwickelt und befinden sich daher vermutlich eher unterhalb ihres Gleichgewichtswachstumspfades. Sofern der Kapitalkoeffizient im Zeitverlauf überhaupt eine systematische Veränderung erfährt, ist daher mit der Wachstumstheorie nur ein im Länderdurchschnitt insgesamt steigender Kapitalkoeffizient zu vereinbaren.

Ein Blick auf unsere Daten zeigt, daß diese sich mit der wachstumstheoretischen Vorstellung in deutlicher Übereinstimmung befinden: Der aus unseren Schätzungen resultierende Kapitalkoeffizient beträgt im Durchschnitt über alle 75 Länder im Jahr 1965 1,22 und nimmt schließlich für 1985 den Wert 1,46 an; die durchschnittliche jährliche Wachstumsrate beträgt dabei etwa 1 %. Da die Zugrundelegung einer höheren Abschreibungsrate zu einer Verringerung der ermittelten Wachstumsrate des Kapitalkoeffizienten führt, kann geschlossen werden, daß in bezug auf die Entwicklung des Kapitalkoeffizienten unsere Abschreibungsrate von 10 % nicht zu hoch angesetzt ist.

Ein weiteres, dem zweiten der Kaldorschen "stilisierten Fakten" entsprechendes Resultat der neoklassischen Wachstumstheorie besagt, daß die Wachstumsrate der Kapitalintensität K/L auf dem Gleichgewichtswachstumspfad gleich der Rate des technischen Fortschritts ist. Dies folgt daraus, daß – wie in Kapitel 3.1.1 gezeigt wurde – die säkulare Wachstumsrate des reproduzierbaren Produktionsfaktors gleich der Summe der Wachstumsraten der mit exogen gegebener Rate wachsenden Produktionsfaktoren sein muß. Die für die neoklassische Wachstumstheorie charakteristische Differentialgleichung lautet[23]:

$$\mathrm{d}k/\mathrm{d}t = \mathrm{s}y - (\mathrm{n}+\mathrm{g}+\delta)k.$$

Dabei entsprechen: k der Kapitalintensität (K/AL) in bezug auf den Faktor effektive Arbeit, s der Spar- bzw. Investitionsquote, y dem Einkommen in bezug auf den Faktor effektive Arbeit AL, n der Rate des technischen Fortschritts, g der Wachstumsrate des Arbeitskräftepotentials und δ der Abschreibungsrate. Nach Division durch k und Nullsetzen der sich daraus er-

[22] Vgl. Anmerkung 13, S. 83 der vorliegenden Arbeit.

[23] Vgl. Abschnitt 3.1.1, Gleichung (11).

gebenden Wachstumsrate der Kapitalintensität w_k erhält man die Gleichgewichtsbedingung

$$s/v = n+g+\delta,$$

wobei v für den Kapitalkoeffizienten K/Y steht.[24] Diese Gleichung ist empirisch überprüfbar: Angaben für s und g liegen uns vor, und nach Zuweisung eines Wertes für δ ist auch v ermittelbar. Empirisch nicht meßbar bleibt nur die Rate des technischen Fortschritts n, wobei aber aus der Gleichgewichtsbedingung folgt:

$$n = s/v - (g+\delta).$$

Die Zugrundelegung von $\delta=0{,}1$ impliziert über die Jahre von 1965–1985 für den technischen Fortschritt n über die 75 Länder unserer Stichprobe eine durchschnittliche jährliche Rate von 0,28 %. Die Verteilung der implizierten Werte von n zeigt Abbildung 4.1.

Wie das Histogramm zeigt, ergeben sich für nur 6 Länder unserer Stichprobe leicht negative Werte, für die Mehrzahl der Länder impliziert die Gleichgewichtsbedingung positive Raten von 2–3 %.

Zwar ist der "wahre" Wert für den technischen Fortschritt unbekannt; es ist aber festzuhalten, daß die bei einer Abschreibungsrate von 10 % durch die Gleichgewichtsbedingung der neoklassischen Wachstumstheorie implizierte Rate des technischen Fortschritts von 2–3 % in Übereinstimmung mit verbreiteten Schätzungen steht.[25] Für die Plausibilität des Ergebnisses spricht zudem das deutliche Überwiegen von Ländern mit positiven Werten für den technischen Fortschritt.

---

24 Man sieht hierbei die formale Übereinstimmung mit der Gleichgewichtsbedingung des HARROD/DOMAR-Wachstumsmodells. Im Unterschied dazu wird jedoch in der neoklassischen Wachstumstheorie für die Bewegung hin zum säkularen Gleichgewichtswachstumspfad von einem variablen Kapitalkoeffizienten v ausgegangen.

25 Vgl. etwa Robert M. SOLOWS klassische Schätzung (Technical Change and the Aggregate Production Function, in: Review of Economics and Statistics, Vol. 39 (1957), S. 312–320) für die USA nach der Großen Depression von n=0,02 sowie die von N. Gregory MANKIW, David ROMER und David N. WEIL (A Contribution to the Empirics of Economic Growth, a.a.O., S. 413 f.) für eine Querschnittstichprobe über 75 Länder mit n=0,022.

Abbildung 4.1 Implizierte Gleichgewichtswerte für den technischen Fortschritt, 1965–1985, n=75

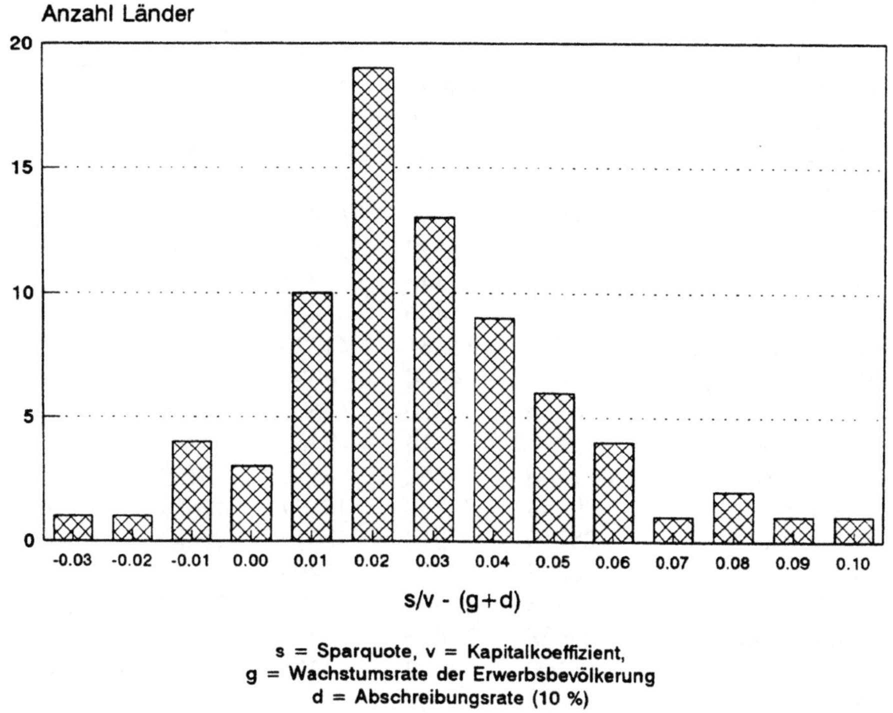

Die auf δ=0,1 beruhenden Sachkapitalstockschätzungen befinden sich damit nicht im Widerspruch zu wesentlichen Befunden der Wachstumstheorie, nach denen (1) der Kapitalkoeffizient in einer Stichprobe von Ländern auf unterschiedlichem Entwicklungsstand im Zeitverlauf tendenziell zunehmen wird und (2) für den technischen Fortschritt in unserem Jahrhundert Werte von jährlich etwa 2–3 % angenommen werden.

Unsere Kapitalstockschätzungen sollen daher der weiteren Analyse zugrunde gelegt werden. Die resultierenden Werte für den Kapitalstock pro Erwerbsperson sind für ausgewählte Jahre in Tabelle 4.2 wiedergeben.

Tabelle 4.2 Schätzung des Kapitalstocks pro Erwerbsperson in *internationalen $*, ausgewählte Jahre

Land	1965	1970	1975	1980	1985
Ägypten	975	1060	1115	2004	2759
Algerien	12243	13315	19093	29639	32164
Argentinien	8219	9181	11238	13439	12530
Australien	38958	44947	49250	51452	54177
Bangladesch	956	1226	961	857	1045
Belgien	27206	33757	40196	46552	47489
Botswana	1341	1781	5302	7189	8848
Brasilien	7671	8806	11998	15612	15584
Chile	12255	13612	12880	11351	10977
Costa Rica	6214	7348	8956	11356	10858
Dänemark	29213	36446	42811	44233	41266
Deutschland (W)	31085	38381	44220	47420	49493
Dominikan. Rep.	3832	4074	6081	8746	9496
Ecuador	8316	9320	11607	16720	17192
El Salvador	2247	2444	2762	3568	2931
Elfenbeinküste	1400	1652	2115	3129	3287
Finnland	29995	35337	43877	47682	53008
Frankreich	25110	32914	42917	49482	52392
Ghana	2069	2107	1894	1659	1250
Griechenland	9413	14503	21994	27387	28707
Großbritannien	20628	24676	28496	31742	31799
Guatemala	3100	3522	4223	5859	5586
Haiti	797	628	732	1180	1476
Honduras	2706	3340	3567	4388	4114
Hongkong	10458	12302	14153	18583	25402
Indien	1590	1811	1998	2203	2324
Indonesien	2146	1916	2743	4491	7197
Iran	12217	17103	19300	20734	19414
Irland	16854	21586	27989	34530	37512
Israel	26999	28755	38528	41044	39908
Italien	28004	34524	42215	47807	52529
Jamaika	10014	13192	14535	11599	8956
Japan	11245	18212	30306	39768	46623
Jordanien	3021	3780	5309	12019	19803
Kamerun	1069	1227	1454	2121	3379
Kanada	37035	40967	42166	46809	51891

Tabelle wird auf S. 91 fortgesetzt

Tabelle 4.2 Fortsetzung

Land	1965	1970	1975	1980	1985
Kenia	1820	1705	1963	2028	2061
Kolumbien	9761	10288	11282	11928	12866
Kongo, Volksrep.	2928	3343	3895	4251	5804
Korea (Süd)	3165	5090	8341	13941	16465
Malawi	719	992	1333	1461	1123
Malaysia	8660	10208	13614	17764	27022
Mexiko	12989	16400	19156	22674	25269
Neuseeland	29403	31077	38283	39410	40004
Nicaragua	7410	9699	11530	10371	10614
Niederlande	33176	41147	47352	49102	46562
Niger	909	927	1010	1208	1111
Nigeria	1743	1949	3089	5192	4389
Norwegen	39665	45423	50918	59739	64085
Österreich	19703	27337	35726	43153	48064
Pakistan	3849	4505	4409	3962	3355
Panama	7610	10144	15204	16409	16935
Paraguay	2170	2595	2999	4891	6910
Peru	9806	10668	11132	11732	12437
Philippinen	3998	4877	5532	7773	8725
Portugal	7464	10351	14060	15735	18943
Ruanda	252	252	274	366	507
Sambia	8768	8555	9227	7176	4758
Schweden	29300	34168	37214	38233	39206
Schweiz	48411	54905	69126	69544	74658
Senegal	1669	1548	1618	1585	1542
Singapur	10578	12615	22637	30209	48381
Spanien	17137	25398	33298	38765	37291
Sri Lanka	5016	5320	5881	6956	8783
Sudan	411	431	394	481	497
Syrien	9469	10825	12702	21092	25968
Thailand	1606	2400	3057	3915	4594
Togo	1058	1298	1615	2751	2537
Trinidad & Tobago	22099	24819	28743	39013	43751
Tunesien	6818	8370	8264	9174	9995
Türkei	4329	5600	7707	11132	12182
Uruguay	14918	13395	13177	18796	21808
USA	34268	38334	40011	42750	46029
Venezuela	19615	21660	23701	33385	27304
Zentralafrika	1139	1202	1219	1008	922

4.3 Der Produktionsfaktor Arbeit

Die Messung des Produktionsfaktors Arbeit ist mit weniger Problemen verbunden als die des Produktionsfaktors Kapital, da hierzu unmittelbar auf von internationalen Organisationen bereitgestellte Daten zurückgegriffen werden kann.

In makroökonomischen Untersuchungen wird der Faktor Arbeit in der Regel in Personen-Arbeitsstunden gemessen. Wo dieses Vorgehen aufgrund fehlender Angaben zur geleisteten Arbeitszeit – wie im vorliegenden Fall – nicht möglich ist, wird die Anzahl der Erwerbspersonen oder der Beschäftigten herangezogen.

Für die 75 Länder unserer Stichprobe liegen über den Untersuchungszeitraum von 1965–1985 vollständige Angaben zur Anzahl der Erwerbspersonen vor.[26] Diese stellen das Potential an Arbeitskräften dar, welches maximal, d.h. bei Vollbeschäftigung, zur Schaffung des Volkseinkommens herangezogen werden kann.

Das verbreitete Vorliegen von Arbeitslosigkeit weist jedoch darauf hin, daß der für das Produktionsergebnis maßgebliche Arbeitsinput nicht aus dem Potential, sondern aus der Anzahl der tatsächlich wirtschaftlich aktiven Personen besteht. Mit anderen Worten, bei der quantitativen Bestimmung der Produktionsinputs ist auch der Auslastungsgrad der Produktionsfaktoren zu berücksichtigen. Diesem Problem wenden wir uns im folgenden zu.

4.4 Die Messung des Auslastungsgrades

In den vorangegangenen Abschnitten ist gezeigt worden, wie die für unsere Untersuchung erforderlichen Angaben zum Volkseinkommen, zum Kapitalstock und zum Faktor Arbeit ermittelt werden können.

In bezug auf diese Variablen ist aber grundsätzlich zwischen Potentialgrößen und realisierten Größen zu unterscheiden: Die Produktionsfunktion bei Vollkapazität beschreibt den Vollkapazitätsoutput Y_v, d.h. den potentiellen oder Maximaloutput, als Funktion der vollausgelasteten Produktionsinputs Kapital K_v und Arbeit L_v, so daß

$$Y_v = f(K_v, L_v).$$

---

26 Die Anzahl der Erwerbspersonen in verschiedenen Ländern wird zusammengestellt vom INTERNATIONAL LABOUR OFFICE (ILO) in Genf und im *Yearbook of Labour Statistics* veröffentlicht. Die in der vorliegenden Arbeit herangezogenen Daten zur Erwerbsbevölkerung beruhen auf dieser Quelle und sind in der 5. Version der ICP-Datenbank enthalten.

Den potentiellen Vollkapazitätsgrößen stehen die realisierten Größen Y_r, K_r und L_r mit $K_v \geq K_r$ und $L_v \geq L_r$ gegenüber, wobei dann auch der realisierte Output in der Regel geringer ist als der Vollkapazitätsoutput:

$$Y_r = f(K_r, L_r) \leq Y_v.$$

Unter dem Auslastungsgrad der Produktionsfaktoren ist das Verhältnis von realisierten zu potentiellen Größen zu verstehen. So ist der Kapitalauslastungsgrad definiert als $\pi_K = K_r/K_v$ und der Auslastungsgrad des Faktors Arbeit als $\pi_L = L_r/L_v$. Der gesamtwirtschaftliche Auslastungsgrad π bezeichnet das Verhältnis von realisiertem Output zu bei Vollauslastung realisierbarem Output ($\pi = Y_r/Y_v$).

Der Faktor Arbeit bereitet dabei empirisch die wenigsten Probleme. Unter der Vollkapazitätsgröße L_v kann die Anzahl aller zur Verfügung stehenden Arbeitskräfte verstanden werden, während die realisierte Inputmenge L_r den in einer Periode tatsächlich eingesetzten Arbeitskräften entspricht und das Maß für die Nicht-Auslastung des Faktors Arbeit ist einfach die Arbeitslosenquote. Bei vorliegenden Angaben zur Erwerbsbevölkerung L_v und zur Arbeitslosenquote[27], welche definiert ist durch $ALQ = 1 - L_r/L_v$, können daher auch Werte für L_r bestimmt werden.

Bei der Schätzung von produktionstheoretischen Zusammenhängen anhand von Länderquerschnittsdaten zu Y, K und L kann aber nicht für alle Variablen konsistent auf Vollkapazitäts- bzw. auf empirisch realisierte Größen zurückgegriffen werden: Beobachtungen zum Output stehen nur in Gestalt von Y_r – nicht aber von Y_v – zur Verfügung. Für den Kapitalstock kann man dagegen in der Regel nur auf Schätzungen des akkumulierten und um Abschreibung verminderten Sachkapitalstocks K_v, nicht aber des auch tatsächlich im Produktionsprozeß eingesetzten Kapitals K_r zurückgreifen.

Aufgrund dieser Asymmetrie können weder die realisierten noch die potentiellen Werte der Produktionsfunktion unmittelbar anhand der vorliegenden Angaben geschätzt werden. Im ersten Fall muß der Sachkapitalstock um den Kapitalauslastungsgrad korrigiert werden. Der geschätzte realisierte Kapitalinput K_r^* ist in diesem Falle gleich $\pi_K K_v$. Im zweiten Fall muß der realisierte Output Y_r um den gesamtwirtschaftlichen Auslastungsgrad π korrigiert werden. Der Vollkapazitätsoutput Y_v beträgt dabei Y_r/π.

Damit ergeben sich zwei konsistente Ansätze zur Schätzung von Produktionsfunktionen, wobei aber in jedem Falle eine der empirischen Datenreihen mit Hilfe eines Auslastungsmaßes korrigiert werden muß, so daß:

---

27 Internationale Angaben zur Arbeitslosigkeit werden – ebenso wie Angaben zur Anzahl der Erwerbspersonen – im ILO *Yearbook of Labour Statistics* veröffentlicht.

$$Y_r = f(K_r^*, L_r) = f(\pi_K K_v, L_r)$$

oder

$$Y_v^* = (1/\pi)\, Y_r = f(K_v, L_v).$$

Da aber π nicht beobachtet werden kann und auch π_K sich der direkten Messung entzieht, ist man auf die Schätzung einer der beiden Größen angewiesen. Bei Kenntnis von L_r sollte dabei den realisierten Größen und damit der Schätzung von π_K gegenüber der von π der Vorzug gegeben werden, da mit der Berücksichtigung der tatsächlich eingesetzten Arbeitskraft L_r gegenüber der des Arbeitskräftepotentials L_v durch die Kenntnis von π_L bereits ein Informationsgewinn erzielt ist.

Schätzungen der Kapitalauslastung sind aber in jedem Falle schwierig, und bis heute kann nicht von einer Lösung der damit zusammenhängenden Probleme gesprochen werden.[28] Es finden sich jedoch dazu, insbesondere in der Literatur zur Konjunkturforschung, verschiedene Vorschläge.[29]

Im einfachsten Falle wird zur Bestimmung einer Proxivariable für π_K auf Angaben zur Auslastung des Produktionsfaktors Arbeit, gemessen durch die Arbeitslosenquote, zurückgegriffen, wobei davon ausgegangen wird, daß der Auslastungsgrad des Kapitalstocks dem des Faktors Arbeit entspricht.[30]

Anspruchsvollere Verfahren versuchen, den Auslastungsgrad von Arbeit und Kapital separat zu messen.[31] Zur Bestimmung von π_L wird dabei wieder auf Daten zur Arbeitslosigkeit zurückgegriffen; für π_K ist nach ermittelbaren Angaben zum Auslastungsgrad charakteristischer Kapitalgüter zu suchen.[32]

---

28 Für eine neuere Bestandsaufnahme vgl. Roger BETANCOURT, Capital Utilization, in: John EATWELL, Murray MILGATE und Peter NEWMAN (Hg.), The New Palgrave: A Dictionary of Economics, London 1987, Vol. 1, S. 368–370.

29 Vgl. Lawrence KLEIN, Some Theoretical Issues in the Measurement of Capacity, in: Econometrica, Vol. 28 (1969), S. 272–286; DERS. und R.S. PRESTON, Some New Results in the Measurement of Capacity Utilization, in: American Economic Review, Vol. 57 (1967), S. 34–58; Almarin PHILLIPS, Industrial Capacity. An Appraisal of Measures of Capacity, in: American Economic Review, Papers and Proceedings, Vol. 53 (1963), S. 275–292; Peter SCHÖNFELD, Probleme und Verfahren der Messung der Kapazität und des Auslastungsgrades, in: Zeitschrift für die gesamte Staatswissenschaft, Bd. 123 (1967), S. 25–59 sowie die *errata* auf S. 541–542, vgl. bes. S. 26–43.

30 Vgl. z.B. Robert M. SOLOW, Technical Change ..., a.a.O.

31 Vgl. Florian H. FLECK, Die ökonomische Theorie des technischen Fortschritts und seine Identifikation, Meisenheim am Glahn 1973, S. 173 f.

32 Zvi GRILICHES und D.W. JORGENSON (Issues in Growth Accounting: A Reply to Edward F. Denison (1972), in: Zvi GRILICHES, Technology, Education and Productivity, New York 1988, S. 308–362) benutzen z.B. zur Ermittlung des Kapitalauslastungsgrades Angaben zur Betriebsdauer von Elektromotoren.

Für unsere Länderstichprobe sind jedoch weder direkte Angaben zum Auslastungsgrad des Sachkapitals noch solche zur Auslastung charakteristischer Kapitalgüter ermittelbar. Als Proxivariable für den Auslastungsgrad des Sachkapitals kommt daher nur die anhand der Arbeitslosigkeit gemessene Arbeitsauslastung in Frage. Angaben dafür liegen für die meisten Länder unserer Stichprobe vor. Den Arbeitsauslastungsgrad von 1965–1985 (bestimmt anhand von Angaben zur Arbeitslosigkeit mit Hilfe der Identität $\pi_L = 1 - ALQ$), zeigt, differenziert nach Ländergruppen, Abbildung 4.2.

Abbildung 4.2 Arbeitsauslastungsgrad (1–ALQ), 1965–1985

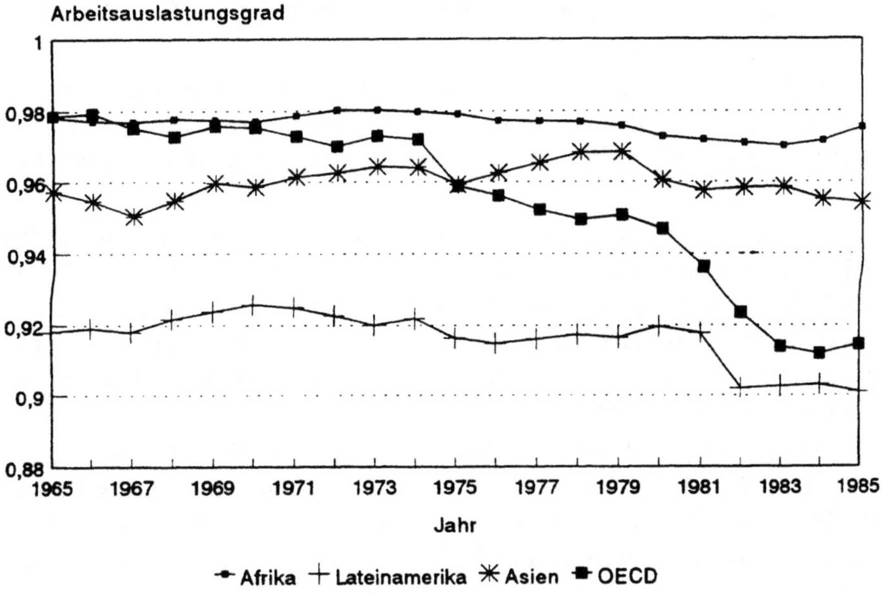

Wie Abbildung 4.2 zeigt, dokumentieren die afrikanischen Länder den höchsten Auslastungsgrad, d.h. die geringste Arbeitslosigkeit. Dabei handelt es sich jedoch mit den ärmsten gerade um solche Länder, in denen aus ökonomischer Sicht unqualifizierte Arbeitskraft reichlich vorhanden ist.[33] Ein großer Teil der Bevölkerung dieser Länder arbeitet in der Landwirtschaft, als Gelegenheitsarbeiter, mithelfender Familienangehöriger, Hausfrau oder lebt als Straßenhändler auf dem Subsistenzniveau und ist nicht aktiv auf der

---

33 Vgl. W. Arthur LEWIS, Economic Development with Unlimited Supplies of Labor, in: A.N. AGARWALA und S.P. SINGH (Hg.), The Economics of Underdevelopment, New York 1963, S. 402 ff. und Alexander GERSCHENKRON, Economic Backwardness in Historical Perspective, Cambridge (Mass.) 1962, S. 8 f.

Suche nach Beschäftigung oder ist formal "selbständig", findet sich daher auch nicht als arbeitslos in der Statistik. Daraus folgt, daß die Arbeitslosenquote wegen der versteckten Arbeitslosigkeit dort nicht als valider Indikator für den Arbeitsauslastungsgrad angesehen werden kann. Ebenso wenig ist in diesem Falle der aus der Arbeitslosenstatistik geschätzte Arbeitsauslastungsgrad als Proxivariable für den Kapitalauslastungsgrad geeignet; denn auf diese Weise würde sowohl für π_L als auch für π_K eine Überschätzung resultieren.[34]

Dies bedeutet zwar nicht, daß auf die Verwendung der vorliegenden Daten zur Arbeitslosigkeit ganz verzichtet werden sollte, denn sie liefern schließlich die einzige verfügbare Information zur Auslastung des Faktors Arbeit; zur Bestimmung der Kapitalauslastung muß jedoch nach anderen Wegen gesucht werden.

Dazu bieten sich Verfahren an, bei denen davon ausgegangen wird, daß auf Perioden hoher Kapazitätsauslastung – konjunkturell bedingt oder aufgrund exogener Einwirkungen – Perioden geringerer Kapazitätsauslastung folgen.

Im einfachsten Falle kann ausgehend von dieser Annahme eine Indexreihe zum Auslastungsgrad allein aus der zeitlichen Entwicklung des Output geschätzt werden, indem der über die Outputmaxima interpolierte Entwicklungspfad des Output als "Vollkapazitätsoutput" definiert wird, wobei die Abweichungen des empirischen vom Vollkapazitätsoutputpfad dann den Auslastungsgrad bestimmen.[35]

Vorzuziehen, weil sie mehr Information berücksichtigen, sind Verfahren, die nicht nur die Entwicklung des Output, sondern auch des Kapitalstocks betrachten und auf der Analyse des *beobachtbaren* Kapitalkoeffizienten im Zeitverlauf basieren. Zur Bestimmung des Auslastungsgrades wird dabei von einem bestimmten "wahren", aber *nicht beobachtbaren* Kapitalkoeffizienten K_v/Y_v bzw. K_r/Y_r ausgegangen, wobei der im Verlauf einer gegebenen Zeitspanne minimale beobachtete Kapitalkoeffizient min(K/Y) als Kapitalkoeffizient bei Vollauslastung angesehen wird.[36] Der Wert von

---

34 Vgl. Charles KENNEDY und A.P. THIRLWALL, Surveys in Applied Economics: Technical Progress, in: Economic Journal, Vol. 82 (1972), S. 29. Vgl. dazu auch unseren empirischen Befund (S. 103 der vorliegenden Arbeit).

35 Für dieses Auslastungsmaß ist die Bezeichnung "Wharton School Index" gebräuchlich; vgl. Peter SCHÖNFELD, Probleme und Verfahren der Messung der Kapazität und des Auslastungsgrades, a.a.O., S. 43 f.

36 Der *beobachtete* Kapitalkoeffizient K/Y beruht einerseits auf Angaben zu den kumulierten Nettoinvestitionen, d.h. zum potentiell einsetzbaren, dem Vollkapazitätskapitalstock K_v, andererseits aber auf Angaben zum realisierten Output Y_r (vgl. S. 92 f.), er entspricht demnach dem Verhältnis K_v/Y_r. Aus $K_v \geq K_r$ und $Y_r \leq Y_v$ folgt $K_v/Y_r \geq K_v/Y_v$

min (K/Y) entspricht dann einem 100%igen Auslastungsgrad des Kapitalstocks, und für jedes Jahr t ergibt sich der Auslastungsgrad π_K aus dem Verhältnis: min $[(K/Y)/(K_{(t)}/Y_{(t)})]$.[37]

Zu bemerken ist allerdings, daß die dem zugrundeliegende Annahme eines im Zeitverlauf konstanten Kapitalkoeffizienten als problematisch anzusehen ist. Sie entspricht zwar dem vierten der Kaldorschen "stilisierten Fakten" sowie der Beschreibung des Gleichgewichtswachstumspfades durch die neoklassische Wachstumstheorie und kann im Falle entwickelter Länder auch auf einige empirische Evidenz verweisen;[38] im Falle weniger entwickelter Länder ist jedoch die Annahme, daß alle Volkswirtschaften einen konstanten Kapitalkoeffizienten aufweisen, nicht einmal im Rahmen der neoklassischen Wachstumstheorie plausibel, denn die Bewegung hin zu einem Gleichgewichtswachstumspfad oder – nach einer Erhöhung der Sparquote – von einem säkularen Wachstumspfad zu einem höhergelegenen, ist von einem steigenden Kapitalkoeffizienten begleitet.

Bei Vorliegen von kapitalsparendem technischen Fortschritt ist dagegen unter Umständen auch ein abnehmender Kapitalkoeffizient zu erwarten, da in diesem Falle der gleiche Output mit einer geringeren, aber qualitativ verbesserten Menge an Sachkapital erzeugt werden kann.

Im Falle unserer heterogenen Länderstichprobe erscheint die Annahme eines für jedes Land im Zeitverlauf konstanten Kapitalkoeffizienten daher nicht gerechtfertigt. Es soll vielmehr auch die Möglichkeit zunehmender oder abnehmender Kapitalkoeffizienten eingeräumt werden, so daß bei mittelfristiger Betrachtung die Entwicklung des Kapitalkoeffizienten eines jeden Landes einem spezifischen Trend folgen kann.

Diese Modifikation berücksichtigt ein von KRENGEL und anderen vorgeschlagenes Verfahren zur Berechnung des Kapitalauslastungsgrades. Dabei charakterisieren nicht mehr Abweichungen des Kapitalkoeffizienten von seinem im Zeitverlauf beobachteten Minimum, sondern die Abweichungen von seinem Zeittrend den Kapitalauslastungsgrad.[39]

---

und $K_v/Y_r \geq K_r/Y_r$, so daß der niedrigste beobachtete Kapitalkoeffizient, d.h. der Wert min (K_v/Y_r), unter allen beobachtbaren Werten die beste Näherung an den "wahren" Kapitalkoeffizienten K_v/Y_v bzw. K_r/Y_r darstellt.

37 Dieses Verfahren beschreiben Florian H. FLECK, Die ökonomische Theorie des technischen Fortschritts und seine Identifikation, a.a.O., S. 182 ff.; Dieter MERTENS, Die kurzfristige Kapazitätsausnutzungs-Rechnung des DIW, a.a.O. und Almarin PHILLIPS, Industrial Capacity, a.a.O., S. 277 ff.

38 Vgl. Anmerkung 13, S. 83 der vorliegenden Arbeit.

39 Dieses Verfahren beschreiben Rolf KRENGEL, Produktionsvolumen und Produktionsfaktoren der Industrie im Gebiet der Bundesrepublik Deutschland, in: Vierteljahreshefte für Wirtschaftsforschung, Jg. 1964, H. 4, S. 364–369; Peter SCHÖNFELD, Pro-

Da in unserer Stichprobe viele Länder schnell wachsende Kapitalkoeffizienten vorweisen, soll die mittelfristige Trendentwicklung des Kapitalkoeffizienten allerdings nicht – wie in dem von KRENGEL und anderen für die Schätzung des Kapitalauslastungsgrades in der Bundesrepublik vorgeschlagenen Verfahren – als linearer Zeittrend modelliert werden. Wir folgen statt dessen der Spezifikation von KLEIN ET AL.[40]:

$$(K/Y)_t = (K/Y)_0 e^{a t}.$$

Nach diesen Vorüberlegungen läßt sich der Kapitalauslastungsgrad folgendermaßen bestimmen: Durch Logarithmieren ergibt sich

$$\ln (K/Y)_t = \ln (K/Y)_0 + a t.$$

Durch Regression des Logarithmus der beobachteten jährlichen Werte des Kapitalkoeffizienten auf die Zeit:

$$\ln (K/Y)_t = a_0 + a_1 t$$

wird zunächst für jedes Land die empirische Trendentwicklung des Kapitalkoeffizienten bestimmt. Nach Entlogarithmieren der durch die ermittelte Regressionsgleichung vorhergesagten Werte $\ln (K/Y)^*$ wird die Differenz D zwischen den geschätzten Werten $(K/Y)^*$ und den beobachteten Werten des Kapitalkoeffizienten K/Y festgestellt. Danach ist von der geschätzten Trendreihe des Kapitalkoeffizienten das Maximum der berechneten Differenz zu subtrahieren:

$$(K_r/Y_r)_t^* = (K/Y)_t^* - \max (D).$$

Die resultierende Reihe $(K_r/Y_r)_t^*$ stellt unsere Schätzung der Trendentwicklung des Vollauslastungskapitalkoeffizienten dar. Der Kapitalauslastungsgrad π_K ergibt sich dann aus dem Verhältnis des Vollauslastungska-

---

bleme und Verfahren der Messung der Kapazität und des Auslastungsgrades, a.a.O., S. 45 f. sowie Karl Heinrich OPPENLÄNDER, Investitionsinduzierter technischer Fortschritt, Berlin 1976, S. 45 ff.

40 Lawrence KLEIN und R.F. KOSOBUD, Some Econometrics of Growth, a.a.O. Die von KRENGEL und SCHÖNFELD vorgeschlagene lineare Spezifizierung

$$(K/Y)_t = (K/Y)_0 + a t$$

erweist sich in unserer Stichprobe nach dem Kriterium des Bestimmtheitsmaßes über die 75 Länder unserer Stichprobe auch empirisch als weniger adäquat.

pitalkoeffizienten $(K_r/Y_r)_t^*$ zum beobachtetem Kapitalkoeffizienten $(K/Y)_t$ $(=[K_v/Y_r]_t$[41]):

$$(K_r/Y_r)_t^*/(K_v/Y_r)_t = (K_r^*/K_v)_t = (\pi_K)_t.$$

Die auf diese Weise gewonnene Reihe zur Kapitalkapazitätsauslastung π_K ist so normiert, daß der in der zugrundegelegten Periode vom Trend am weitesten nach unten abweichende Kapitalkoeffizient das Jahr mit 100%iger Kapitalauslastung bestimmt. Nach einer einmal getroffenen Abgrenzung des Betrachtungszeitraums weist die Kapitalauslastung damit für jedes Land einen Maximalwert von genau Eins auf und folgt im gesamten Intervall $0 \leq \pi_K \leq 1$.

Das praktische Problem bei der Berechnung des Kapitalauslastungsgrades besteht damit bei dieser Methode vor allem in der Bestimmung einer geeigneten zeitlichen Abgrenzung.[42] Die der Berechnung des Auslastungsgrades zugrundeliegende Zeitspanne legen wir auf pragmatische Weise fest: Die jüngsten aus der ICP-Datenbank verfügbaren bzw. von uns errechneten Angaben zu Y_r und K_v beziehen sich auf das Jahr 1988; unsere folgenden empirischen Analysen beschränken sich aufgrund der zeitlich eingeschränkten Verfügbarkeit von Daten aus Quellen zu anderen Bereichen auf Zeitpunkte bzw. Entwicklungen zwischen den Jahren 1965–1985. Daher nehmen wir eine symmetrische Abgrenzung vor: Berücksichtigt werden alle vorliegenden Angaben vom jüngsten dokumentierten Jahr 1988 zurückgehend bis zum Jahr 1962, während auf alle Angaben vor 1962 verzichtet wird.[43] Die Zeitreihen für die Schätzung der Trendreihen der landesspezifischen Vollkapazitätskapitalkoeffizienten umfassen demnach jeweils maximal 27 jährliche Beobachtungen von 1962–1988.[44]

Für die Normierung des maximalen Kapitalauslastungsgrades wird einheitlich auf die für alle Länder unserer Stichprobe vorliegenden Angaben von 1965–1985 zurückgegriffen. Damit ist sichergestellt, daß für jedes Land im Untersuchungszeitraum von 1965–1985 der maximale Kapitalausla-

---

41 Vgl. Anmerkung 36, S. 96 f. der vorliegenden Arbeit.

42 Bei veränderter Periodenabgrenzung normieren u.U. andere Jahre mit Vollauslastung die Indexreihe, so daß eine auf diese Weise berechnete Kapitalauslastung keine historisch eindeutig fixierte Skala besitzt.

43 Eine weitere Begründung für den Verzicht auf die Berücksichtigung von Angaben vor 1962 liegt darin, daß die weiter zurückgehenden Kapitalstockschätzungen wegen der mit relativ großer Unsicherheit behafteten Schätzung des Kapitalstocks im Basisjahr weniger verläßlich sind.

44 Die entsprechende Regression wurde für alle 75 Länder berechnet. Im Durchschnitt ergibt sich daraus nach Entlogarithmieren: $K/Y = 1{,}17\ e^{0{,}009\,t}$.

stungsgrad genau den Wert Eins annimmt, ohne daß dabei von vornherein auf die Einbeziehung der für viele Länder vorliegenden Daten außerhalb dieses Zeitraums verzichtet wird.

Die von uns bestimmte Methode zur Berechnung des Kapitalauslastungsgrades erlaubt eine graphische Repräsentation. Exemplarisch ist diese für die Bundesrepublik Deutschland in Abbildung 4.3 wiedergegeben.

Abbildung 4.3 Kapitalkoeffizient und Kapitalauslastung, Bundesrepublik Deutschland, 1965–1985

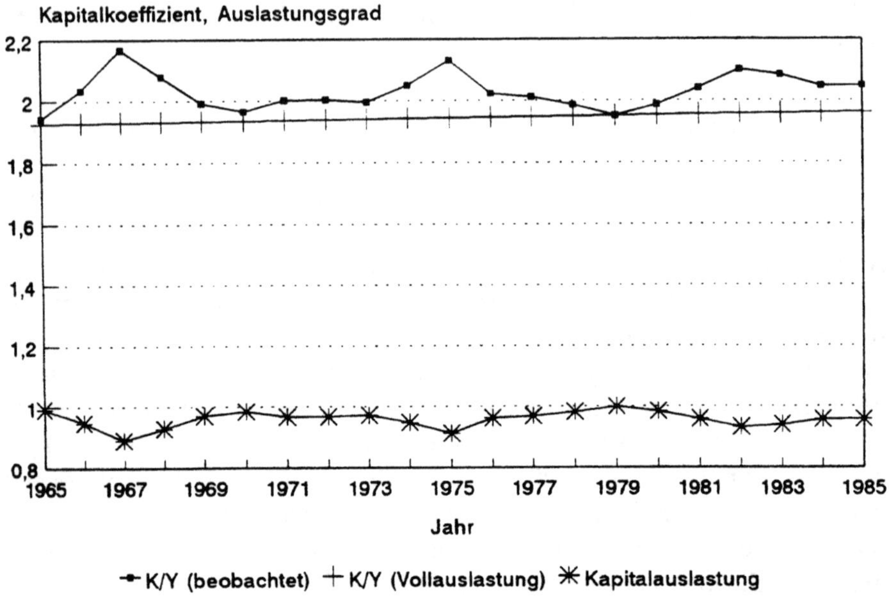

Im oberen Teil von Abbildung 4.3 ist die Entwicklung des beobachteten Kapitalkoeffizienten K/Y sowie die der daraus geschätzten Vollauslastungsreihe dargestellt. Dabei ist ersichtlich, daß der beobachtete Kapitalkoeffizient für die Bundesrepublik Deutschland nur im Jahre 1979 gleich dem von uns geschätzten Vollauslastungskapitalkoeffizienten ist; zu allen anderen Zeitpunkten ist der beobachtete Kapitalkoeffizient größer als der geschätzte Vollauslastungskapitalkoeffizient. Im unteren Teil ist der als Verhältnis von geschätztem Vollauslastungskapitalkoeffizienten zu beobachtetem Kapitalkoeffizienten berechnete Kapitalauslastungsgrad π_K wiedergegeben, der entsprechend im Jahr 1979 seinen Maximalwert Eins annimmt.[45]

45 Dabei ist anzumerken, daß auch mehrere Maxima mit dem Wert Eins möglich sind.

Der Kapitalauslastungsgrad läßt eine zyklische Entwicklung erkennen, wobei die aus unserer Schätzung folgenden Jahre mit den geringsten Kapitalauslastungen zutreffenderweise den aus der jüngeren Geschichte der Bundesrepublik bekannten Rezessionsjahren 1967, 1975 und 1982 entsprechen.

Nach diesem Verfahren bestimmen wir den Kapitalauslastungsgrad für alle 75 Länder unserer Stichprobe. Die Abbildungen 4.4 und 4.5 zeigen zwei weitere Beispiele, und zwar für Länder mit mittleren (Ecuador) und niedrigeren Kapitalkoeffizienten (Indien). Man erkennt in beiden Fällen tendenziell zunehmende Kapitalkoeffizienten und – wie schon in Abbildung 4.3 – einen zyklischen Verlauf des Auslastungsgrades.

In Abbildung 4.6 ist der durchschnittliche Verlauf des Kapitalauslastungsgrades – nach den vier Ländergruppen unserer Stichprobe differenziert – dargestellt, wobei eine über die Ländergruppen weitgehend gleichförmige Entwicklung deutlich wird. Dieser Befund entspricht dem bereits in anderen Untersuchungen festgestellten internationalen Konjunkturverbund[46] und steht damit in Übereinstimmung mit früheren Ergebnissen der empirischen Wirtschaftsforschung, was für die praktische Tauglichkeit unserer Schätzungen des Kapitalauslastungsgrades spricht.

Abbildung 4.4 Kapitalkoeffizient und Kapitalauslastung, Ecuador 1965–1988

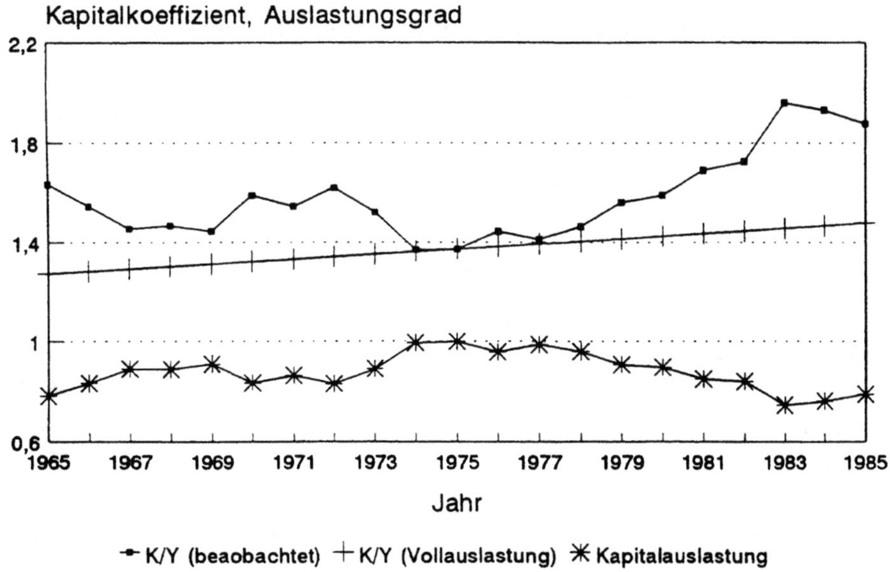

---

[46] Vgl. Eberhard SCHOLING und Vincenz TIMMERMANN, Länder- und Branchenkonjunkturverbund. Empirische Untersuchung unter Verwendung der Hauptkomponenten- und Transformationsanalyse, in: Kyklos, Bd. 30 (1977), S. 599–617.

Abbildung 4.5 Kapitalkoeffizient und Kapitalauslastung Indien, 1965–1988

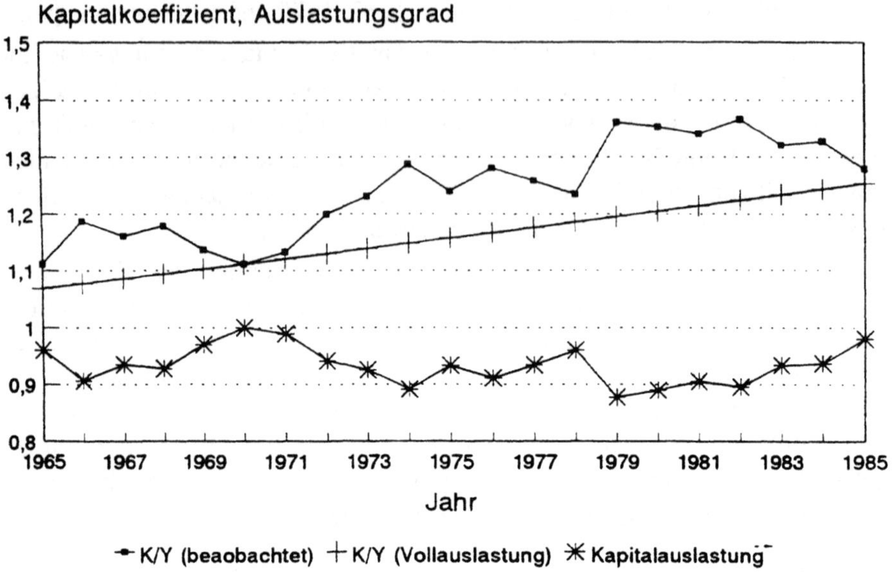

Abbildung 4.6 Kapitalauslastung nach Regionen, 1965–1988

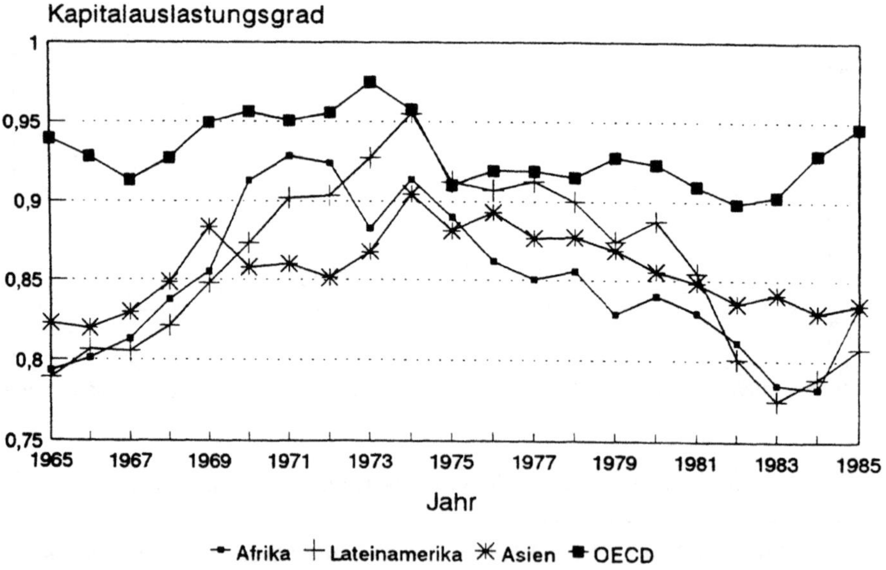

Abbildung 4.7 zeigt die Entwicklung der durchschnittlichen Kapital- und Arbeitsauslastung für die 75 Länder unserer Stichprobe. Dabei wird deutlich, daß die gegenüber unserer Vorgehensweise einfachere Methode der Verwendung des Arbeitsauslastungsgrades als Proxigröße für den Kapitalauslastungsgrad[47] für unsere Länderstichprobe nicht in Frage kommt, da sich Kapital- und Arbeitsauslastung nicht gleichförmig entwickeln: Einer gleichförmigen und insgesamt leicht rückläufigen Arbeitsauslastung steht nach unserer Schätzung eine zyklische und stärker schwankende Entwicklung der Kapitalauslastung gegenüber.

Abbildung 4.7 Kapital- und Arbeitsauslastung im Zeitverlauf

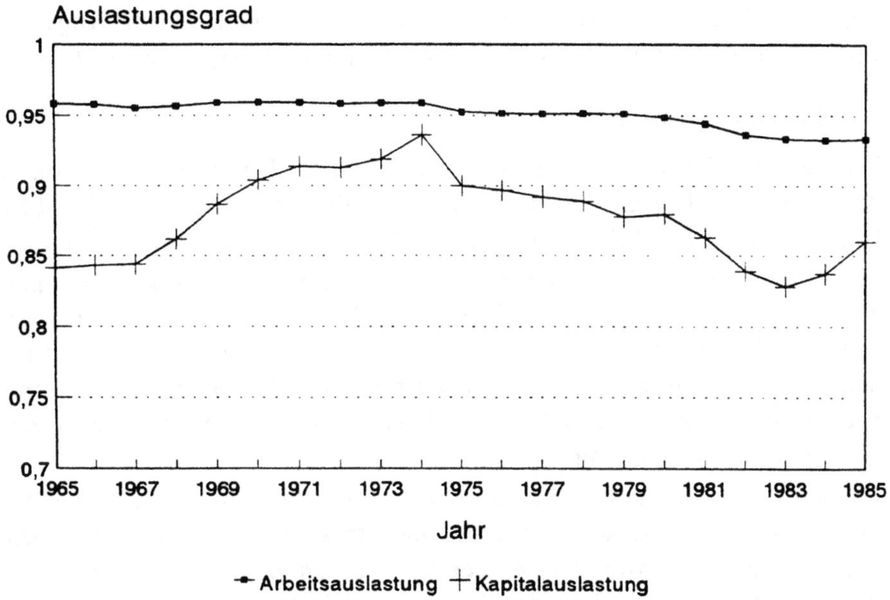

Die ermittelten Werte zum Auslastungsgrad erscheinen insgesamt plausibel. Daher kann für die weitere Analyse auf realisierte Produktionsinputs zurückgegriffen werden, so daß:

$$Y_r = f(K_r, L_r) = f(\pi_K K_v, \pi_L L_v).$$

In unserer Länderquerschnittsuntersuchung werden wir damit neben der Kapitalakkumulation bzw. dem Sachkapitalstock auch die Entwicklung des Kapitalauslastungsgrades innerhalb der untersuchten Länder berücksichti-

---

47 Vgl. S. 94 der vorliegenden Arbeit.

gen. Dies ist insofern angezeigt, als z.B. hohe Sachkapitalinvestitionen mit einem geringen Kapitalauslastungsgrad einhergehen können.[48] Entscheidend ist aber *die Leistungsabgabe der im Produktionsprozeß eingesetzten Produktionsfaktoren*, nicht die potentiell zur Verfügung stehende Menge. Wenn anerkannterweise zur Bestimmung der gesamtwirtschaftlichen Produktivität die Auslastungsgrade der Produktionsfaktoren berücksichtigt werden müssen, dann gilt dies natürlich auch für die Untersuchung der *Veränderung* der Produktivität. Bei nichtberücksichtigten Veränderungen des Auslastungsgrades werden diese dabei aber zwangsläufig und irrtümlicherweise als Veränderungen der Produktivität interpretiert, und nicht – wie es richtig wäre – als Veränderungen der realisierten Inputmengen.[49]

Die Berücksichtigung des Auslastungsgrades der Produktionsfaktoren Kapital und Arbeit ist daher als ein wichtiger Schritt auf dem Wege der Operationalisierung unserer Variablen zur empirischen Analyse anzusehen.

4.5 Zusammenfassung

In diesem Kapitel wurde dargestellt, wie für unsere Untersuchung die durch die traditionelle Produktions- und Wachstumstheorie begründeten Variablen Output, Kapital und Arbeit sowie der Auslastungsgrad bestimmt werden.

Für den Output greifen wir dabei auf das Bruttoinlandsprodukt in *internationalen $* zum Basisjahr 1985 aus der ICP-Datenbank zurück, den Sachkapitalstock schätzen wir aus Zeitreihen zur Bruttoinvestition unter Zugrundelegung einer jährlichen Abschreibungsrate von 10% mit Hilfe der *perpetual inventory*-Methode, und für den Faktor Arbeit ziehen wir die Anzahl der Erwerbspersonen heran.

Den Auslastungsgrad des Faktors Arbeit bestimmen wir anhand von Angaben zur Arbeitslosigkeit, den des Kapitalstocks mit Hilfe von Zeitreihenanalysen aus den Abweichungen des empirischen Kapitalkoeffizienten von der geschätzten Entwicklung des Kapitalkoeffizienten bei Vollauslastung.

Zur Berechnung unserer endogenen Variable zum Entwicklungsstand, der Arbeitsproduktivität Y/L, beziehen wir das Bruttoinlandsprodukt auf den um den Auslastungsgrad korrigierten Faktor Arbeit, d.h. auf die Anzahl der nicht arbeitslosen Erwerbspersonen, und bei der Berechnung der Kapitalintensität K/L greifen wir im weiteren sowohl für K als auch für L auf um den Auslastungsgrad korrigierte Angaben zurück.

---

[48] Nicholas STERN (The Determinants of Growth, in: Economic Journal, Vol. 101 (1991), S. 128) führt dazu als Beispiel Indien in der sechziger und siebziger Jahren an.

[49] Vgl. J.-W. KENDRICK, Total Factor Productivity – What it Does and Does not Measure, in: OECD, Technology and Productivity, Paris 1991, S. 155.

5 Die Messung von Humankapital und Bildungsstand

Unter Humankapital werden neben dem Bildungsstand und der Berufserfahrung auch Gesundheit, die Bereitschaft zur räumlichen, beruflichen und sozialen Mobilität sowie angeborene Fähigkeiten verstanden. Im folgenden ist daher zu klären, auf welche Weise das Konzept Humankapital für unsere Untersuchung operationalisiert werden kann.

Dabei ist offensichtlich, daß Humankapital der direkten Messung nur schwer zugänglich ist. Da hier aber primär die Auswirkungen formaler Bildung untersucht werden sollen, ergibt sich eine Eingrenzung und Präzisierung des Humankapitalbegriffs.

Bei einer Länderquerschnittsstudie unproblematisch ist die Vernachlässigung angeborener Anlagen, da keine ernstzunehmenden Hinweise dahingehend vorliegen, daß die Bevölkerungen verschiedener Länder sich in ihrer genetischen Ausstattung hinsichtlich wirtschaftlich relevanter Charakteristika unterscheiden.

Gesundheit und die Bereitschaft zu räumlicher und sozialer Mobilität müssen dagegen als ungleich verteilt angenommen werden, wobei von einem positiven Einfluß des Bildungsstandes auf die Gesundheit ausgegangen werden kann. Diese Dimension des Humankapitals wird jedoch in der vorliegenden Arbeit keiner eigenen Analyse unterzogen.[1] Das gilt auch für die Mobilität sowie die Berufserfahrung der Arbeitskräfte.[2] Die Mehrdimensionalität des Konzepts Humankapital wird damit auf die Bildungsdimension beschränkt, so daß in diesem Zusammenhang synonym vom Bildungsstand gesprochen werden kann.

Auffällig ist, daß in empirischen Untersuchungen häufig nur unzureichend zwischen Humankapitalstrom- und -bestandsgrößen unterschieden wird: Als Proxigrößen für den Bildungsstand werden in der Regel leicht zugängliche Daten, wie die Alphabetisierungsquote oder Einschulungsraten, verwendet, wobei gelegentlich auch auf die Unzulänglichkeit der verwendeten Daten hingewiesen wird; eine theoretische Reflexion dessen, was im

---

1 Eine solche Analyse unternimmt Eberhard SCHOLING, Gesundheit in Entwicklungsländern und ihre sozioökonomischen Bestimmungsfaktoren, Habilitationsschrift, Hamburg 1992.

2 Die Relevanz des *learning by doing* ist unbestritten. In unserer Untersuchung sollen als Bestimmungsfaktoren wirtschaftlicher Entwicklung jedoch formale Bildungsanstrengungen untersucht werden; *learning by doing* ist dabei nur insoweit von Interesse, als systematische Zusammenhänge mit formaler Bildung angenommen werden müssen. Hier wird von der vereinfachenden Annahme ausgegangen, daß *learning by doing* keinen landesspezifischen Bestimmungsfaktoren unterliegt.

Einzelfall gemessen werden soll und was mit diesen Daten wirklich gemessen wird (Repräsentanzproblem), findet dagegen nur selten statt.[3]

Die vorherrschende Unklarheit zwischen Bestands- und Stromgrößen ist u.E. jedoch unverständlich. Bildungsinvestitionen sind offensichtlich eine Stromgröße, die in den gängigen Statistiken durch Einschulungsraten oder Bildungsaufwendungen wiedergegeben wird. Diese Aufwendungen führen zu in Menschen verkörpertem Humankapital. Diese Bestandsgröße wird als *Bildungsstand* bezeichnet.

Eine Besonderheit von Investitionen in Humankapital ist, daß Bildungsanstrengungen erst nach erheblichen Zeitverzögerungen zu einer Änderung des Bildungsstandes führen, wobei gesicherte Erkenntnisse über die Zeitverzögerungen zwischen Einschulungsraten und den unmittelbaren Auswirkungen von Bildung auf das Einkommen nicht vorliegen. Aufgrund einfacher Überlegungen zum Lebenszyklus und zum Generationswechsel in der Erwerbsbevölkerung legen vorliegende Untersuchungen in der Regel Zeitverzögerungen von 15–20 Jahren für die Primarschule und von 5–10 Jahren für die weiteren Stufen des Bildungssystems zugrunde.[4]

Bei der Quantifizierung von Humankapital anhand von Stromgrößen sind aber nicht nur die hinzukommenden Ströme, sondern – analog zur Abschreibung beim Sachkapital – auch die Verminderung des Bestandes im Zeitverlauf zu berücksichtigen. Dabei kann zwischen physischer, psychischer und technologischer Humankapitalobsoleszenz unterschieden werden[5]: Physische Obsoleszenz entspricht dem Ausscheiden von Individuen

---

3 Vgl. Kevin T. McNamara, Warren P. Kriesel und Bardy J. Deaton, Human Capital Stock and Flow and Economic Growth Analysis: Note, in: Growth and Change, Vol. 19 (1988), S. 61–66. Siehe dazu auch den jüngst erfolgten Appell von T. Paul Schultz (The Role of Education and Human Capital in Economic Development: An Empirical Assessment, Typoskript, Kiel, Institut für Weltwirtschaft, Juni 1992, S. 7 und 28), jetzt die Suche nach besseren Humankapitalindikatoren auf die Tagesordnung zu setzen: "... economic growth literature may now begin to go beyond intercountry regression coefficients on educational enrollment and literacy rates. Growth models call for a variable representing the level of, or increments to, the stock [Hervorhebung im Original, M. G.] of human capital. These are not provided by any existing international agencies, such as UNESCO. ... to shed more empirical light on the growth contribution of education and other forms of human capital, measures of the stock of human capital must be improved and disaggregated."

4 Vgl. z.B. Jandhyala B. Tilak, Education and Its Relation to Economic Growth, Poverty, and Income Distribution. Past Evidence and Further Analysis, World Bank Discussion Papers No. 46, Washington, D.C. 1988, S. 68 sowie Eleonora Barbieri Masini, Human Resources in Developing Countries, in: Futures, Vol. 22 (1990), S. 1038.

5 Vgl. Irene Valsecchi, L'Obsolescenza del Capitale Umano: Un Tentativo di Analisi per «Vintage», in: Rivista Internazionale di Scienze Sociali, Vol. 95 (1987), S. 91 f.

aus der Erwerbsbevölkerung infolge von Pensionierung, Invalidität oder Tod, psychische Obsoleszenz dem Vergessen und nachlassender Motivation und technologische Obsoleszenz der Veralterung des in der Jugend erworbenen Wissens.

Dabei ist festzustellen, daß die physische Obsoleszenz eines zu einem Zeitpunkt ermittelten Bildungsstandes zwar anhand detaillierter demographischer Angaben geschätzt werden könnte, Möglichkeiten zur Quantifizierung psychischer und technologischer Humankapitalobsoleszenz im Länderquerschnitt anhand vorliegender Daten dagegen nicht bestehen.

So ist bei dem Versuch der Ermittlung des Bildungsstandes anhand von Stromgrößen sowohl bei der Erfassung der den Stand erhöhenden Bildungsströme als auch bei der Erfassung der den Stand vermindernden Humankapitalobsoleszenz mit schwer zu bestimmenden Zeitverzögerungen und erheblichen Unsicherheiten zu rechnen.

Im folgenden werden wir die zur Quantifizierung des Bildungsstandes heranziehbaren Bildungsindikatoren im einzelnen untersuchen.

5.1 Einschulungsraten

Die wohl gebräuchlichsten Bildungsindikatoren sind Einschulungsraten, wobei zwischen Brutto- und Nettoeinschulungsraten unterschieden wird.

Bei den in zugänglichen Statistiken vorliegenden Angaben handelt es sich in der Regel um Bruttoeinschulungsraten. Diese sind definiert als der Anteil der eine Schule besuchenden Personen an der für die entsprechende Schulstufe in Frage kommenden Altersklasse. Nettoeinschulungsraten schließen dagegen Schüler außerhalb dieser Altersklasse aus; sie können demnach nur Werte zwischen Null und Eins annehmen, während Bruttoeinschulungsraten auch Werte über Eins erreichen können. Das ist für die Primarschule auch in vielen Ländern der Fall[6] und zeugt dann von einem hohen Anteil an Schülern außerhalb der für die entsprechende Schulstufe vorgesehenen Altersklassen, vor allem an Wiederholern, und damit von geringer interner Bildungseffizienz.

Bruttoeinschulungsraten weisen daher als Indikatoren den Nachteil auf, daß hohe Werte einerseits große Bildungsanstrengungen ausdrücken, andererseits aber auch Bildungsineffizienz anzeigen können. Sie sind demnach vor allem zur Evaluierung von Bildungsanstrengungen geeignet.

---

6 Von den 75 Ländern aus unserer Stichprobe weist z.B. für die Primarschule 1960 Frankreich mit 1,44 die höchste Bruttoeinschulungsrate auf, 1970 der Kongo mit 1,3 und 1980 Portugal mit 1,23.

Für eher am Ergebnis als an den Anstrengungen orientierte Fragestellungen sind Nettoeinschulungsraten vorzuziehen. Diese liegen allerdings nur für eine geringe Anzahl von Ländern und Zeitpunkten vor.

Darüber hinaus stellt sich bei der Verwendung von Einschulungsraten das Problem mangelnder internationaler und intertemporaler Vergleichbarkeit aufgrund der unterschiedlichen und sich häufig ändernden institutionellen Dauer der einzelnen Schulstufen.[7] So führt eine institutionell bedingt kürzere Primarschulzeit ceteris paribus zu höheren gemessenen Primareinschulungsraten als eine längere, da der Anteil der eine Schule Besuchenden an einem Altersjahrgang mit fortschreitender Schulbildungsdauer abnimmt. Vorzuziehen wäre von daher die Verwendung *kombinierter* Einschulungsraten, wie z.B. des verbreiteten HARBISON-MYERS-Index[8]. Damit würde jedoch von vornherein auf die wichtige Unterscheidung zwischen den Effekten der ersten vier bis sechs Schuljahre und denen weitergehender schulischer Ausbildung verzichtet.

Vielversprechender ist ein kürzlich vorgeschlagenes Verfahren, nach welchem aus Einschulungsraten ein synthetisches Maß für den Humankapital*bestand* berechnet wird. LAU ET AL.[9] definieren dazu den "Bildungskapitalstock" als die Anzahl der Personenschuljahre. Zu dessen Ermittlung gehen sie – wie zu einer Sachkapitalschätzung – nach der *perpetual inventory*-Methode vor, wobei sie aus Zeitreihen zu den Einschulungsraten in Primar- und Sekundarschule unter der Annahme einer Humankapitalobsoleszenzrate

---

7 Vgl. Donald MCGRANAHAN, Eduardo PIZARRO und Claude RICHARD, Measurement and Analysis of Socio-Economic Development, Genf 1985, S. 67 ff.

8 Frederick HARBISON und Charles A. MYERS (Education, Manpower, and Economic Growth, New York 1964, S. 31 f.) berechnen ihren *composite index* aus Bruttoeinschulungsraten im Sekundarschul- und Postsekundarschulbereich, wobei sie letztere mit dem Faktor 5 gewichten. Problematisch ist vor allem ihre Interpretation des Index, welcher offensichtlich die Bildungsanstrengungen eines Landes reflektiert, jedoch irrtümlicherweise als Indikator des Humankapital*bestandes* verstanden wird. Der gegenwärtige Schulbesuch der Jugend eines Landes darf aber nicht mit dem Bildungsniveau der Bevölkerung verwechselt werden (vgl. dazu Mary Jean BOWMAN, An Assessment of the Work of Harbison and Myers, in: Journal of Political Economy, Vol. 73 (1966), S. 315–317). Ökonomen, die in Versuchung kommen, auf den HARBISON-MYERS-Index zurückzugreifen, übernehmen mit dem Meßinstrument häufig auch gleich die falsche Interpretation. Als neuere Beispiele dafür vgl. die Studien von Shahid ALAM (Convergence in Developed Countries: An Empirical Investigation, in: Weltwirtschaftliches Archiv, Vol. 128 (1992), S. 189–201) und von Matthias LÜCKE (Technischer Fortschritt und die Arbeitsteilung zwischen Industrie- und Entwicklungsländern. Eine empirische Analyse, Tübingen 1992).

9 Lawrence J. LAU, Dean T. JAMISON und Frédéric F. LOUAT, Education and Productivity in Developing Countries: An Aggregate Production Function Approach, World Bank PRE Working Paper No. 612, Washington, D.C. 1990.

von Null die kumulierten Schuljahre eines Landes von 1900 bis zu Gegenwart berechnen.[10] Diese Vorgehensweise entspricht weitgehend den theoretischen Anforderungen an ein Maß für den Bildungsstand eines Landes. Dennoch sind Zweifel hinsichtlich der praktischen Brauchbarkeit eines solchen Maßes angebracht: Wie die Autoren selbst betonen, liegen für die meisten Länder Daten zur Einschulung nur zurückgehend bis zum Jahr 1960 vor, die Zeitreihe bis 1900, d.h. der größere Teil, muß daher durch rückwärtige Extrapolation des Trends ab 1960 geschätzt werden. Auch dürfte die dabei ignorierte Humankapitalobsoleszenz einen erheblichen Teil derjenigen Personen betreffen, die seit 1900 die Schule besucht haben. Unklar ist ferner, warum der Besuch tertiärer Bildungseinrichtungen nicht berücksichtigt wird. Hinzu kommt, daß bei der Verwendung von Einschulungsraten als Ausgangsdaten deren wesentliches Manko, die fehlende Berücksichtigung von Bildungseffizienz, bestehen bleibt.

In unserer Untersuchung soll daher auf stärker am aktuellen Bildungsstand orientierte Daten zurückgegriffen werden. Dafür kommen Angaben zur Alphabetisierung sowie Zensus- oder Mikrozensusdaten zum Bildungsstand in Frage. Diese Indikatoren werden in den beiden folgenden Abschnitten dargestellt.

5.2 Alphabetisierung

In empirischen Untersuchungen werden als Indikatoren für den Bildungsstand oft die leicht zugänglichen Angaben zur Alphabetisierungsquote von Personen ab 15 Jahren herangezogen. Dabei wird angenommen, daß Daten zur Alphabetisierung zur Messung eines Bildungsstandes, der etwa der Primarstufe entspricht, geeignet sind.[11] Auf der Makroebene wird das Erreichen bestimmter Alphabetisierungsquoten mit der Möglichkeit struktureller Transformationen der Gesellschaft in Verbindung gebracht.[12] Was genau Alphabetisierung im Hinblick auf ökonomische Rationalität und Produktivität im Individuum oder in der Gesellschaft bewirkt, liegt jedoch noch weitgehend im Dunkeln.

---

[10] Leider liegen die Ergebnisse dieser Schätzungen nicht vor, da die geplante und angekündigte Dokumentation der Daten aufgrund des Auseinandergehens der Arbeitsgruppe nicht erfolgen konnte (schriftl. Mitteilung von Prof. Lawrence J. LAU an den Verfasser vom 17.03.1992).

[11] Nach David WHEELER (Human Resource Policies, Economic Growth, and Demographic Change in Developing Countries, Oxford 1984, S. 20) sind Daten zur Alphabetisierung "undoubtedly the best available index" für die Messung elementarer Bildung.

[12] Vgl. die im vorangegangenen angeführte "ANDERSON-BOWMAN-Hypothese", nach der bei einer Alphabetisierungsquote von etwa 40 % entscheidende strukturelle Wandlungen erfolgen sollen.

Hinzu kommt, daß die vorliegenden Angaben zur Alphabetisierung mit großer Skepsis zu betrachten sind.[13] Legt man als Kriterium nicht *nominellen* Alphabetismus, d.h. die Fähigkeit eines Erwachsenen, seinen Namen zu schreiben, sondern *funktionalen* Alphabetismus, d.h. den tatsächlichen Umgang mit Geschriebenem, zugrunde, dann ist bei vielen Angaben zur Alphabetisierungsquote eine mehr oder weniger starke Korrektur nach unten angebracht, zumal sich in ihnen auch das hohe Prestige von Lesen und Schreiben widerspiegelt.[14]

Zusammenfassend läßt sich feststellen, daß Angaben zur Alphabetisierung zwar zur Messung eines elementaren Bildungsstandes herangezogen werden können, sie aber wegen ihrer geringen Verläßlichkeit möglichst durch andere Daten ergänzt werden sollten.

5.3 Zensus- und Mikrozensusdaten

Aufgrund der beschränkten Tauglichkeit von Einschulungsraten als Indikatoren für den Bildungsstand und der Mängel von Angaben zur Alphabetisierung wird auch auf demographische Quellen zurückgegriffen.[15]

In verschiedenen Statistiken[16] finden sich nach Geschlecht und Alterskohorten der Bevölkerung eines Landes differenzierte Angaben zur durchschnittlichen Anzahl der individuell absolvierten Schuljahre oder Schulstufen. Vergleichbare Angaben finden sich auch in einzelnen nationalen Dokumentationen zu Volkszählungen oder zu den in einigen Ländern

---

13 Beispiele offensichtlich widersprüchlicher Angaben zur Alphabetisierung zeigen Donald McGRANAHAN, Eduardo PIZARRO und Claude RICHARD, Measurement and Analysis of Socio-Economic Development, a.a.O., S. 89 ff.

14 John SIMMONS (Education for Development Reconsidered, in: World Development, Vol. 7 (1979), S. 1010) berichtet in diesem Zusammenhang, daß in den siebziger Jahren in Pakistan 72 % der Erwachsenen bei Volkszählungen angaben, alphabetisiert zu sein, wogegen aber nur die Hälfte aller Erwachsenen in der Lage gewesen seien, eine Zeitung zu lesen und zu verstehen.

15 So z.B. von George PSACHAROPOULOS und Ana María ARRIAGADA, The Educational Attainment of the Labor Force, World Bank Education and Training Series, Report No. EDT38, Washington, D.C. 1986; DIESELBEN, The Educational Composition of the Labour Force: An International Comparison, in: International Labour Review, Vol. 125 (1986), S. 561–574; DIESELBEN, The Educational Composition of the Labor Force: An International Update, Mimeo, The World Bank, Washington, D.C. 1992; Robert J. BARRO und Jong-Wha LEE, International Comparisons of Educational Attainment, World Bank Conference "How Do National Policies Affect Long Run Growth", Washington, D.C., Feb. 1993 sowie Lawrence J. LAU, Dean T. JAMISON, Shu-Cheng LIU und Steven RIVKIN, Education and Economic Growth. Some Cross-Sectional Evidence from Brazil, in: Journal of Development Economics, Vol. 41 (1993), S. 45–70.

16 UNESCO, Statistical Yearbook, Paris, verschiedene Jahre; UNITED NATIONS, Demographic Yearbook, New York, verschiedene Jahre.

von Zeit zu Zeit durchgeführten Stichprobenerhebungen (Mikrozensus) sowie in Fallstudien.

Die daraus ermittelbare durchschnittliche Anzahl von Schuljahren bestimmter Bevölkerungsgruppen ist u.E. anderen verfügbaren Länderquerschnittsmaßen für den erreichten Bildungsstand überlegen: Ein wesentlicher Vorteil ist, daß bei der "Anzahl der Schuljahre" wiederholte und abgebrochene Schuljahre nicht mitgezählt werden.[17] Es handelt sich also nicht um die bloße kumulierte Dauer des Schulbesuchs; aus demographischen Daten läßt sich vielmehr unmittelbar ablesen, welcher Teil einer Bevölkerung seine Schullaufbahn auf welcher Schulstufe abgeschlossen hat. Ein weiterer Vorteil bei der Erhebung des Bildungsstandes anhand von Zensus- oder Mikrozensusdaten besteht darin, daß damit die Erhebung des Bildungsstandes bestimmter Bevölkerungsgruppen *nach Abschluß* ihrer Ausbildung erfolgt und so – bei Vorliegen entsprechender Angaben und hinreichender Disaggregierung der Gesamtpopulation – der Bildungsstand des für die Schaffung des Volkseinkommens maßgeblichen Teils der Bevölkerung, der *Erwerbsbevölkerung*, bestimmt werden kann. Die Größe "Bildungsstand der Erwerbsbevölkerung" reflektiert daher nicht, wie andere Angaben zur Bildung, diejenigen Anstrengungen, welche die in Ausbildung befindliche Jugend eines Landes betreffen, sondern ermöglicht es, die in den an der Schaffung des Volkseinkommens Beteiligten verkörperten Ergebnisse vergangener Bildungsanstrengungen zu quantifizieren. Die Größe "Bildungsstand der Erwerbsbevölkerung" reflektiert somit einen Aspekt der produktionstheoretisch relevanten Faktorausstattung eines Landes.

Zur Charakterisierung des Bildungsstandes der Erwerbspersonen eines Landes kann im Idealfall direkt auf Zensusdaten, die den Bildungsstand der Erwerbsbevölkerung ausweisen, zurückgegriffen werden. Dies ist aber nur in wenigen Fällen möglich.

Sofern die Erwerbsbevölkerung nicht gesondert ausgewiesen ist, kann nach PSACHAROPOULOS und ARRIAGADA als beste Repräsentation der Erwerbspersonen eines Landes die männliche Bevölkerung ab 15 Jahren angesehen werden.[18] Dieser Vorschlag erscheint uns begründet: Es bestehen erhebliche Unterschiede in der weltweiten durchschnittlichen Erwerbsquote von Männern und Frauen; um 1980 betrug diese für die männliche Bevölkerung ab 15 Jahren 82,3 % gegenüber 34,9 % für die weibliche Bevölke-

---

[17] Die den verfügbaren Quellen zugrundeliegende Zensusfrage lautet sinngemäß: "Welches ist die höchste Klasse bzw. Schulstufe, die Sie erfolgreich absolviert haben?"

[18] George PSACHAROPOULOS und Ana María ARRIAGADA, The Educational Composition of the Labour Force: An International Comparison, a.a.O., S. 569.

rung.[19] Sofern in Zensusdaten nur die Differenzierung "männlich–weiblich" angegeben ist, ist demnach der männliche Bevölkerungsteil als bestmögliche Repräsentation der Erwerbsbevölkerung anzusehen.

Auf diese Weise kann die Anzahl der Länder und Zeitpunkte, für welche der Bildungsstand der Erwerbsbevölkerung anhand von Zensus- und Mikrozensusdaten bestimmbar ist, beträchtlich erhöht werden.[20] Entsprechende Daten zum Bildungsstand verschiedener Länder sind von PSACHAROPOULOS und ARRIAGADA aus verschiedenen Quellen zusammengestellt und 1986 publiziert sowie in einer aktualisierten Fassung von 1992 um weitere Länder und Jahre ergänzt worden.[21] In diesen Zusammenstellungen wird angegeben, welcher Anteil der Erwerbsbevölkerung bzw. einer ihr möglichst nahekommenden Teilpopulation ein bestimmtes Bildungsniveau erreicht hat. Die ausgewiesenen Bildungsniveaus folgen dabei der üblichen Darstellung von Zensusdaten[22]:

(1) keine Schulbildung oder weniger als ein abgeschlossenes Schuljahr;
(2) unabgeschlossene Primarstufe;
(3) abgeschlossene Primarstufe;
(4) unabgeschlossene Sekundarstufe;
(5) abgeschlossene Sekundarstufe;
(6) Besuch von tertiären Bildungseinrichtungen.

Zur Ermittlung der Anzahl der Schuljahre ist zusätzlich die landesspezifische Dauer der Primar- und Sekundarstufe in Jahren ausgewiesen. Der Ka-

---

19 T. Paul SCHULTZ, Women's Changing Participation in the Labor Force: A World Perspective, in: Economic Development and Cultural Change, Vol. 38 (1989), S. 461 f.

20 Eine noch weitergehende Erhöhung der Anzahl ermittelbarer Werte wird erreicht, wenn man – einer in UNESCO-Statistiken gebräuchlichen Abgrenzung folgend – den Bildungsstand für die *Bevölkerung ab 25 Jahren* zugrunde legt. Robert J. BARRO und Jong-Wha LEE (International Comparisons of Educational Attainment, a.a.O.) ermitteln auf dieser Grundlage für verschiedene Zeitpunkte Angaben für insgesamt 129 Länder. Personen unter 25 Jahren verkörpern aber in hohem Maße die Ergebnisse von jüngst vergangenen Bildungsanstrengungen und stellen – besonders in ärmeren Ländern – einen großen Teil der Erwerbspersonen dar, so daß diese Abgrenzung u.E. für produktionstheoretisch begründete Untersuchungen ungeeignet ist. Die Schnittmenge der Länderstichprobe von BARRO und LEE mit den Ländern unserer Untersuchung beträgt 73 Länder, so daß die eingeschränkte Tauglichkeit dieses Bildungsindikators für produktionstheoretische Fragestellungen an geeigneter Stelle auch empirisch gezeigt werden kann (vgl. Kap. 7.1.2 der vorliegenden Arbeit).

21 George PSACHAROPOULOS und Ana María ARRIAGADA, The Educational Attainment of the Labor Force, a.a.O.; DIESELBEN, The Educational Composition of the Labor Force: An International Update, a.a.O.

22 Vgl. UNITED NATIONS, Demographic Yearbook, a.a.O., verschiedene Jahre.

tegorie "keine Schulbildung oder weniger als ein abgeschlossenes Schuljahr" wird von PSACHAROPOULOS und ARRIAGADA dabei der Wert Null zugeordnet. Die "unabgeschlossenen" Bildungsniveaus der Primar- und Sekundarstufe werden als im Durchschnitt genau zur Hälfte abgeschlossen gewertet, so daß auch diesen eine bestimmte Anzahl von Schuljahren zugewiesen werden kann. Bei der Rubrik "Besuch tertiärer Bildungseinrichtungen" kann die Anzahl der Ausbildungs- bzw. Studienjahre mangels entsprechender Angaben nur geschätzt werden, wobei PSACHAROPOULOS und ARRIAGADA für die einzelnen Länder von unterschiedlichen Zeitspannen ausgehen, welche etwa 4–5 Jahre betragen.[23] Sie interpretieren dabei alle Angaben zum Besuch tertiärer Bildungseinrichtungen als "abgeschlossen".

Schließlich kann aus den Anteilen für die erreichten Bildungsniveaus und der entsprechenden Ausbildungsdauer ein gewichteter Mittelwert berechnet werden. Dieser wird von PSACHAROPOULOS und ARRIAGADA als "educational attainment of the labour force" bezeichnet.

Eine genaue Durchsicht der zugänglichen Quellen[24] ermöglichte es uns, über die Angaben von PSACHAROPOULOS und ARRIAGADA hinaus, für eine Reihe weiterer Länder und Zeitpunkte vergleichbare Daten zum Bildungsstand zu berechnen. Damit kann für unsere Untersuchung insgesamt auf entsprechende Daten für 64 Länder zu Jahren um 1970 und für 67 Länder zu Jahren um 1980 zurückgegriffen werden. Die so ermittelten Werte für die durchschnittliche Anzahl von Schuljahren der Erwerbspersonen zeigt Tabelle 5.1.[25]

---

23 Da die Zuweisung der Ausbildungsdauer für diese Bildungsstufe in den Arbeiten von PSACHAROPOULOS und ARRIAGADA nicht nachvollziehbar ist, gehen wir für unsere eigenen Berechnungen von einer einheitlichen Dauer von 4 Jahren aus.

24 UNESCO, Statistical Yearbook, a.a.O., verschiedene Jahre; UNITED NATIONS, Demographic Yearbook, a.a.O., verschiedene Jahre.

25 Zur genauen Vorgehensweise bei der Ermittlung vgl. Abschnitt 8.3.5.1. im Anhang der vorliegenden Arbeit.

Tabelle 5.1 Durchschnittliche Anzahl von Schuljahren in der Erwerbsbevölkerung um 1970 und um 1980

LAND	um 1970	um 1980
Ägypten	-	3,3
Algerien	1,6	4,7
Argentinien	6,6	7,5
Australien	9,3	11,4
Bangladesch	2,3	2,4
Belgien	8,1	8,1
Botswana	2,0	3,4
Brasilien	3,5	5,5
Chile	5,9	8,0
Costa Rica	4,0	-
Dänemark	-	8,6
Deutschland (West)	9,3	9,9
Dominikanische Republik	3,8	-
Ecuador	5,3	5,7
El Salvador	3,2	5,5
Elfenbeinküste	-	3,2
Finnland	6,8	8,5
Frankreich	4,9	6,2
Ghana	3,1	-
Griechenland	4,3	7,8
Großbritannien	-	12,2
Guatemala	2,9	3,3
Haiti	1,4	1,6
Honduras	3,2	4,0
Hongkong	7,5	8,5
Indien	2,3	2,0
Indonesien	3,7	4,9
Iran	2,0	2,4
Irland	5,3	6,6
Israel	8,7	10,2
Italien	6,7	7,7
Jamaika	-	6,9
Japan	7,6	9,8
Jordanien	5,6	5,9
Kamerun	-	2,4
Kanada	9,1	11,7
Kenia	2,5	3,5

Tabelle wird auf S. 115 fortgesetzt

Tabelle 5.1 Fortsetzung

LAND	um 1970	um 1980
Kolumbien	4,8	5,0
Kongo (Volksrepublik)	-	5,0
Korea (Süd)	3,9	8,0
Malawi	2,9	3,3
Malaysia	5,0	7,3
Mexiko	4,2	5,7
Neuseeland	9,2	12,0
Nicaragua	3,0	-
Niederlande	8,1	11,0
Niger	-	,0,9
Nigeria	0,7	-
Norwegen	7,9	10,3
Österreich	6,6	9,7
Pakistan	1,2	2,6
Panama	4,8	6,8
Paraguay	4,3	5,5
Peru	4,9	6,7
Philippinen	5,4	7,0
Portugal	3,9	4,5
Ruanda	-	2,1
Sambia	-	5,5
Schweden	7,4	9,1
Schweiz	7,7	11,4
Senegal	2,2	2,9
Singapur	5,2	4,5
Spanien	5,3	5,9
Sri Lanka	6,2	6,8
Sudan	5,1	-
Syrien	3,8	-
Thailand	4,1	4,8
Togo	0,9	2,9
Trinidad und Tobago	6,4	7,7
Tunesien	2,2	4,8
Türkei	3,0	3,7
Uruguay	6,7	7,5
USA	10,0	12,6
Venezuela	-	6,1
Zentralafrikanische Republik	1,9	-

Die Arbeiten von PSACHAROPOULOS und ARRIAGADA sind aufgrund ihres theoretisch begründeten Ansatzes und der Zusammenstellung von in dieser Form und Vollständigkeit zuvor nicht erhältlicher Daten grundlegend. Eine große Anzahl von Daten sowie wesentliche Elemente der vorgeschlagenen Vorgehensweise zur Bestimmung des Bildungskapitals können für die vorliegende Arbeit daher ohne weiteres direkt übernommen werden.

Neben der Ermittlung der durchschnittlichen Anzahl von Schuljahren ermöglicht die disaggregierte Erfassung des Bildungsstandes der Erwerbspersonen Einblicke in den spezifischen Aufbau der *Bildungspyramide* eines Landes. Die nach dem geschilderten Verfahren bestimmbare Bildungspyramide zeigt Abbildung 5.1.

Abbildung 5.1 Die Bildungspyramide

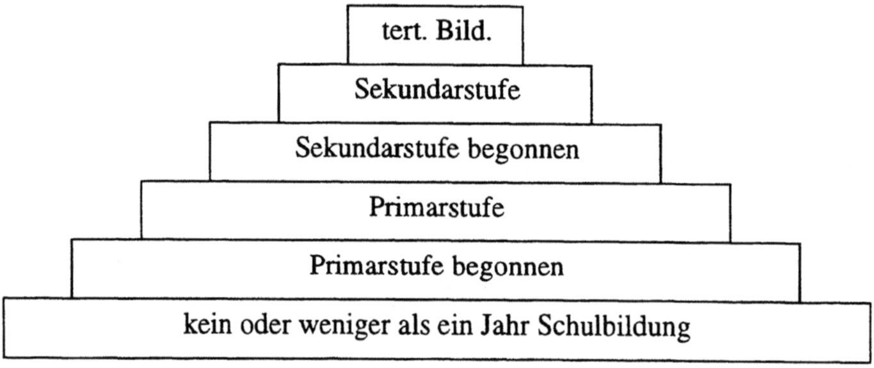

5.4 Zusammenfassung

Die im vorangegangenen dargestellten Bildungsstandsindikatoren aus Zensusdaten entsprechen – mehr als Bildungsindikatoren aus Einschulungsraten oder Alphabetisierungsquoten – den in produktionstheoretisch begründeten Untersuchungen an Humankapitalvariablen zu stellenden Anforderungen. Für jedes der 75 Länder unserer Stichprobe konnte auf diese Weise der Bildungsstand zu mindestens einem Zeitpunkt, für 56 Länder auch zu zwei Zeitpunkten erhoben werden. Damit stehen für eine Teilmenge unserer Stichprobe auch Paneldaten zur Verfügung.

Mit der Bestimmung konzeptuell klarer Bestandsindikatoren wird im folgenden eine differenziertere Untersuchung der Bedeutung des durch formale Bildung erworbenen Humankapitals für wirtschaftliche Entwicklung ermöglicht.

6 Die Messung des technischen Fortschritts

Neben den herkömmlichen Produktionsfaktoren Kapital und Arbeit sowie dem durch den Bildungsstand gemessenen Humankapital soll in der vorliegenden Untersuchung als produktionstheoretisch begründete Variable auch der Stand der Technik herangezogen werden.

Der Stand der Technik ist – das zeigen produktionstheoretische Analysen – ein wesentlicher Bestimmungsfaktor der Höhe des Pro-Kopf-Einkommens, der technische Fortschritt eine entscheidende Ursache wirtschaftlicher Entwicklung. Die *bedingte* Konvergenzhypothese sowie verschiedene Modelle der Neuen Wachstumstheorie weisen zudem auf die Bedeutung des bereits erreichten technischen Niveaus eines Landes für das erzielbare Wirtschaftswachstum hin.

Hinsichtlich der Quantifizierbarkeit von Wissen herrscht dagegen im allgemeinen große Skepsis[1]: Die mit der Messung des Standes oder der Entwicklung der Technik in einem Lande zusammenhängenden Fragen sind nicht hinreichend geklärt; angesichts mannigfaltiger konzeptioneller und praktischer Probleme gibt es bis heute keine im ganzen überzeugenden Meßmethoden. Eine Bestandsaufnahme der vorliegenden Ansätze zeigt jedoch, daß es mit Hilfe einer möglichst umfassenden Berücksichtigung vorliegender Daten möglich ist, international vergleichbare Indikatoren für bestimmte Konzepte von Wissen und technischem Fortschritt zu erheben.

Dabei sollte aus theoretischer Sicht der Stand der Technik klar von dessen Veränderung, dem technischen Fortschritt, unterschieden werden. Praktisch ist aber eine solche Unterscheidung nur schwer zu treffen, da Technologieindikatoren – etwa der Aktivitätsgrad in Forschung und Entwicklung – neben dem technischen Fortschritt immer auch den Stand der Technik widerspiegeln.

Technologieindikatoren sollten ein möglichst genaues und vergleichbares Bild der *technologischen Kapazität*[2] eines Landes geben. Für unsere Untersuchung kommen als Informationsbasis nur Technologieindikatoren aus statistischen Quellen in Frage. Dabei können Inputmaße von Outputma-

---

1 Vgl. dazu die bereits klassische Arbeit von Fritz MACHLUP, The Production and Distribution of Knowledge in the United States, Princeton 1962, S. 122 f.

2 Darunter ist zu verstehen: (1) die Fähigkeit, für ein bestimmtes Problem unter bestehenden Techniken die passende auszuwählen, (2) sich die ausgewählten Techniken oder Verfahren anzueignen, (3) falls keine geeigneten Techniken bereitstehen, bestehende zu modifizieren oder neue Problemlösungen zu entwickeln und (4) die Fähigkeit, Techniken in Anwendung zu bringen, zu verbreiten und in Gang zu halten; vgl. A. S. BHALLA und A. G. FLUITMAN, Science and Technology Indicators and Socioeconomic Development, in: World Development, Vol. 13 (1985), S. 180 ff.

ßen unterschieden werden. Die entsprechenden Indikatoren werden in den folgenden Abschnitten diskutiert.

6.1 Inputmaße

6.1.1 FuE-Daten

"Forschung und Entwicklung" wird im *Frascati-Handbuch*, dem Ergebnis der Standardisierungsbemühungen von OECD, UNESCO und anderen Organisationen, als "systematische, schöpferische Arbeit zur Erweiterung des Kenntnisstandes, einschließlich der Erkenntnisse über den Menschen, die Kultur und die Gesellschaft sowie deren Verwendung mit dem Ziel, neue Anwendungsmöglichkeiten zu finden"[3] definiert.

Darüber hinaus wird häufig noch zwischen "Grundlagenforschung" und "angewandter Forschung" unterschieden. Solche Unterscheidungen sind jedoch praktisch nur schwer zu treffen; viele Forschungsaktivitäten können verschiedenen Kategorien zugeordnet werden.[4] Daher wird im folgenden Forschung und Entwicklung im ganzen betrachtet.

Außerhalb des OECD-Bereichs sind UNESCO-Statistiken die maßgeblich Quelle für FuE-Daten; im UNESCO *Statistical Yearbook*[5] finden sich für verschiedene Länder und Jahre Angaben zum FuE-Personal und zu den FuE-Ausgaben. Diese Daten weisen aber – und zwar sowohl im Längsschnitt als auch im Querschnitt – eine Reihe von Problemen auf[6]: Die Angaben sind unvollständig; wenn Angaben vorliegen, dann sind die Bezugsjahre für verschiedene Länder häufig nicht die gleichen, die inhaltlichen Kriterien, z.B. die Definition von "Wissenschaftler" oder "Ingenieur", sind nicht hinreichend vergleichbar. Darüber hinaus sind die Angaben in einigen Fällen offensichtlich fehlerhaft.[7]

Aus diesem Befund ergibt sich, daß FuE-Daten zur Charakterisierung der technologischen Kapazität verschiedener Länder nur bedingt geeignet sind. Aufgrund der Lückenhaftigkeit der Angaben sind Zeitreihenanalysen

---

3 OECD, Die Messung wissenschaftlicher und technischer Tätigkeiten. Allgemeine Richtlinien für statistische Übersichten in Forschung und experimenteller Entwicklung. Frascati-Handbuch, Bonn 1980, S. 29.

4 Beispiele finden sich bei David C. MOWERY und Nathan ROSENBERG, Technology and the Pursuit of Economic Growth, Cambridge 1989, S. 10 ff.

5 UNESCO, Statistical Yearbook, Paris (erscheint jährlich).

6 Für eine eingehende Diskussion vgl. Simon TEITEL, Indicadores de ciencia y tecnología, tamaño de país y desarrollo económico: una comparación internacional, in: Desarrollo Económico, Vol. 25 (1985), S. 330.

7 Vgl. Sanjaya LALL, Building Industrial Competitiveness in Developing Countries, Paris 1990, S. 48 ff.

ebenso wenig möglich wie detaillierte Analysen von Forschung und Entwicklung nach den in den Datenquellen für einige Länder zu findenden Unterteilungen, z.B. nach Wirtschaftssektoren oder Forschungsfeldern. Die vorliegenden FuE-Daten ermöglichen für die 75 Länder unserer Untersuchung nur eine zusammenfassende Bestimmung der *FuE-Intensität*,[8] und zwar zu den FuE-Ausgaben in Form des durchschnittlichen Anteils der FuE-Ausgaben am Bruttoinlandsprodukt und zum FuE-Personal in Form des durchschnittlichen Anteils der in Forschung und Entwicklung beschäftigten Wissenschaftler und Ingenieure an den Erwerbspersonen eines Landes.

Die *FuE-Ausgaben-Intensität* kann für 67 unserer 75 Länder ermittelt werden, die *FuE-Personal-Intensität* für 73 Länder; für jedes der 75 Länder kann dabei zumindest eine der beiden FuE-Intensitäten bestimmt werden.

6.1.2 Technologietransfer aus dem Ausland

Die entscheidende Quelle für inländischen technischen Fortschritt sind inländische FuE-Anstrengungen. Diese sind in bestimmtem Maße auch auf Imitation und Adaption fortgeschrittener Techniken aus dem Ausland gerichtet. Ganz auf das Ausland gerichtet ist dagegen der Erwerb ausländischer Techniken in Form von Lizenzen oder Anlagen.[9]

Sofern nicht auf die Vorstellung vom technischen Wissen als öffentliches Gut zurückgegriffen wird, ist – ausgehend von der Feststellung, daß ein großer Teil des in weniger entwickelten Ländern realisierten technischen Fortschritts auf der Diffusion von andernorts entwickelten Techniken beruht – zu fragen, wie der ausländische Anteil am technischen Fortschritt eines Landes bestimmt werden kann.

Der Versuch einer Messung des internationalen Technologietransfers stößt jedoch auf Schwierigkeiten. So gibt es für viele der möglichen Kanäle des internationalen Technologietransfers, wie z.B. den Informationsfluß durch technische Literatur, durch spezielle Institutionen und durch persönliche Mobilität, keine adäquaten Angaben, und vorliegende Daten, wie die Zahlungsströme für Lizenzen von Patenten und Copyrights usw., reflektieren nur einen Teil des internationalen Technologietransfers.[10]

Hilfreich ist hier ein Rückgriff auf die *bedingte* Konvergenzhypothese, nach der das mögliche Ausmaß von Imitation und Adaption fortgeschritte-

---

8 Aufgrund störender Schwankungen und fehlender Werte muß auf Mittelwerte über den gesamten Untersuchungszeitraum von 1965 1985 zurückgegriffen werden.

9 Angaben zu Ausgaben für Lizenzen aus dem Ausland liegen für 60 unserer Länder vor.

10 Vgl. Keith PAVITT, Technology Transfer Among the Industrially Advanced Countries: An Overview, in: Nathan ROSENBERG und Claudio FRISCHTAK, International Technology Transfer, New York 1985, S. 12.

ner Techniken durch die technologische Kapazität eines Landes bestimmt wird. FuE-Daten können aus dieser Sicht sowohl als Indikatoren für auf die Schaffung völlig neuer Techniken gerichtete Aktivitäten angesehen werden als auch für auf Imitation und Adaption fortgeschrittener Techniken aus dem Ausland gerichtete. Beim gegebenen Stand der internationalen FuE-Statistik erscheint jedoch eine Trennung dieser beiden idealtypischen Komponenten von Forschung und Entwicklung nicht möglich. Wenn dagegen im Ausland erworbene und im Inland geschaffene Technologie als sich einander ergänzend angesehen werden,[11] ist die Unterscheidung zwischen auf inländische und auf ausländische Quellen gerichteten FuE-Anstrengungen fragwürdig: Bei hinreichender Markttransparenz sollte schließlich zum Erlangen eines bestimmten technologischen Ziels zwischen der Möglichkeit eigener Forschung und Entwicklung und dem Erwerb von fertigen Lösungen in der Form von Lizenzen abgewogen werden können. In diesem Falle sollten die FuE-Ausgaben und die Ausgaben für Lizenzen an ausländischen Produkten und Verfahren gemeinsam als Bestimmungsfaktoren des inländischen technischen Fortschritts angesehen werden.

6.2 Outputmaße

6.2.1 Patente

Die Institution des Patents geht auf mittelalterliche Privilegien zurück[12] und ist heute in den industrialisierten Marktwirtschaften fest etabliert, wobei ein Patent einem Erfinder einen zeitlich begrenzten Schutz[13] seiner Erfindung vor unautorisierter Verwendung zusichert.

Über den ökonomischen Nutzen des Patentsystems im allgemeinen[14] sowie über seine Berechtigung in ärmeren Ländern[15] wird seit langem ge-

---

[11] Vgl. dazu Graham JONES, The Role of Science and Technology in Developing Countries, Oxford 1971, S. 14.

[12] Vgl. Erich KAUFER, The Economics of the Patent System, Chur 1989, S. 2 ff.

[13] In Deutschland z.B. maximal 20 Jahre, in den USA maximal 17 Jahre und in Japan maximal 15 Jahre.

[14] Nach den Befürwortern wird damit den Produzenten des öffentlichen Gutes "technisches Wissen" eine Internalisierung der ansonsten externen Erträge ermöglicht, wodurch dem privaten Sektor ein Anreiz zu Forschung und Entwicklung gegeben wird (Anspornungstheorie). Die Offenlegung patentierter Erfindungen – so ein anderes Argument – soll zu ihrer Verbreitung und dadurch zur schnelleren Diffusion technischer Neuerungen führen (Offenbarungstheorie); vgl. Karl-Friedrich BEIER und Theo BODEWIG, Die Wirtschaftsdaten und Analysen des Ifo-Instituts in der Sicht des gewerblichen Rechtsschutzes und Urheberrechts, in: Ifo-Studien, 35. Jg. (1989), S. 334.

[15] Skeptiker weisen auf einen möglichen Mißbrauch des Patentwesens durch dominierende ausländische Unternehmen, die mit einer großen Anzahl von Patenten potentielle

stritten. Im Rahmen der vorliegenden Untersuchung werden Patente ausschließlich als Technologieindikatoren betrachtet; die Frage nach dem gesamtwirtschaftlichen Nutzen des Patentwesens kann daher in diesem Zusammenhang dahingestellt bleiben. Von Interesse ist hier vielmehr die Frage, was mit Hilfe der Patentstatistik *gemessen* werden kann. Dabei ist festzustellen, daß die mit Mühe und Kosten verbundene Prozedur der Patentanmeldung eine subjektive Mindestwertschätzung der potentiellen Neuerung durch den Anmelder widerspiegelt. Darüber hinaus bescheinigt eine Patenterteilung durch das Patentamt eine – soweit wie möglich an objektiven Standards orientierte – Anerkennung bestimmter Kriterien hinsichtlich der Neuigkeit und Qualität des Patentierten. Daher werden Patente häufig als Indikatoren für den technischen Fortschritt[16] oder die technologische Wettbewerbsfähigkeit[17] angesehen.

Ein Problem bei der Verwendung der Patentstatistik ist jedoch, daß erteilte Patente zwar den durch die Patentämter gesetzten Mindestanforderungen entsprechen müssen, dabei aber Neuerungen verschiedenster Art patentiert werden. Viele stehen dabei eher für die technischen Träume des *homo ludens* als für das ökonomisch nutzbare Wissen des *homo faber*.[18] Die Verteilung der Patente nach ihrem ökonomischen Wert ist daher extrem schief; es wird angenommen, daß die meisten Patente von nur geringem Wert sind und die Hälfte des Wertes aller Patente in nur 5–10% der Patente verkörpert

---

inländische Konkurrenten blockieren könnten, hin. Befürworter argumentieren, daß das Patentwesen in Ländern, welche bereits konkurrenzfähige Industrien aufweisen, den gleichen Nutzen stiftet wie in den reicheren Ländern, während die ärmsten Länder, die in keinem Bereich konkurrenzfähig sind, im schlechtesten Falle weder Vorteile noch Nachteile zu erwarten hätten; vgl. Martine HIANCE und Yves PLASSERARAUD, Brevets et Sous-Developpement, Paris 1972, S. 89 ff. und S. 209 ff. Erich KAUFER (a.a.O., The Economics of the Patent System, S. 41 ff.) sieht den Nutzen des Patentwesens vor allem im psychologischen Bereich: Die Schaffung eines Patentwesens gehöre zu den vertrauensbildenden Maßnahmen, die ausländische Investitionen stimulieren. Paul STONEMAN (The Economic Analysis of Technology Policy, Oxford 1987, S. 116) hält die Frage, "whether patents are 'good' or 'bad' ", für zur Zeit unentscheidbar; ebenso E. PENROSE, International Patenting and the Less-Developed Countries, in: Economic Journal, Vol. 83 (1973), S. 768–786.

16 Vgl. Jacob SCHMOOKLER, Patents, Invention, and Economic Change. Data and Selected Essays. Edited by Zvi Griliches and Leonid Hurwicz, Cambridge (Mass.) 1972.

17 Vgl. OECD Science and Technology Indicators Report, No. 2: R&D, Invention and Competitiveness, Paris 1986, S. 48; Karl Heinrich OPPENLÄNDER, Die wirtschaftspolitische Bedeutung des Patentwesens aus der Sicht der empirischen Wirtschaftsforschung, in: Karl Heinrich OPPENLÄNDER (Hg.), Patentwesen, technischer Fortschritt und Wettbewerb, Berlin 1986, S. 18; Zvi GRILICHES, Patent Statistics as Economic Indicators: A Survey, in: Journal of Economic Literature, Vol. 28 (1990), S. 1689.

18 George BASALLA, The Evolution of Technology, Cambridge 1988, S. 66 ff.

ist.[19] Hinzu kommt, daß nicht der gesamte Zuwachs des technischen Wissens patentiert wird,[20] so daß Patente nicht nur ein ungenaues, sondern auch unvollständiges Bild des technischen Fortschritts geben. Zu den Gründen, eine Invention nicht zu patentieren, zählen insbesondere[21]:

- eine Strategie, die Geheimhaltung dem Patentieren vorzieht;
- das Vertrauen auf technologischen Vorsprung vor der Konkurrenz;
- das Vorliegen von Eintrittsbarrieren für potentielle Konkurrenten;
- die Annahme, eine Erfindung sei kommerziell nicht zu verwerten.

Somit ist rechtlich geschütztes von geheimgehaltenem sowie von für die Konkurrenz als zumindest kurzfristig ökonomisch wertlos eingeschätztem technischen Wissen zu unterscheiden.

Dabei kann allerdings nicht davon ausgegangen werden, daß der Anteil des patentierten am gesamten FuE-Output über verschiedene Branchen, Länder und Jahre gleich ist; die Neigung, eine Invention zu patentieren, unterscheidet sich bekanntlich von Branche zu Branche erheblich. So wurde z.B. häufig bestätigt, daß die Neigung zur Anmeldung eines Patentes in der chemischen und pharmazeutischen Industrie besonders hoch und in der Automobil- und der Flugzeugindustrie besonders gering ist.[22] Die Gründe dafür sind in der technologischen Eigenart der jeweiligen Industrie zu suchen: Wo die Anmeldung eines Patents wenig Schutz verspricht oder wo der Output von Forschung und Entwicklung nicht oder nur schwer patentierbar ist, wird verstärkt auf Geheimhaltung zurückgegriffen.[23]

Bei internationalen Patentdaten stellt sich daher das Problem, daß Länder mit einem großen Anteil von Industrien mit starker Patentierneigung

---

19 Zvi GRILICHES, Patent Statistics as Economic Indicators, a.a.O., S. 1666, 1682 und 1698; Mark SCHANKERMAN, How Valuable is Patent Protection? Estimates by Field Using Patent Renewal Data, Centre for Economic Performance, Discussion Paper No. 46, London 1991, S. 16.

20 So vermutet Zvi GRILICHES (Patent Statistics as Economic Indicators, a.a.O., S. 1699), es sei unwahrscheinlich, daß mehr als die Hälfte des ökonomisch relevanten Wissenszuwachses patentierten Erfindungen zuzuschreiben sei.

21 Vgl. Christopher FREEMAN, Measurement of Output of Research and Experimental Development, Paris 1970, S. 21 sowie Zvi GRILICHES, Patent Statistics as Economic Indicators, a.a.O., S. 1696.

22 Vgl. z.B. John BOUND, Cummins CLINT, Zvi GRILICHES, Brownwyn H. HALL und Adam JAFFE, Who Does R&D and Who Patents? In: Zvi GRILICHES (Hg.), R&D, Patents, and Productivity, Chicago 1984, S. 51; Zvi GRILICHES, Patent Statistics as Economic Indicators, a.a.O., S. 1678; Pari PATEL und Keith PAVITT, Is Western Europe Loosing the Technological Race? In: Research Policy, Vol. 16 (1987), S. 69.

23 Vgl. Paul STONEMAN, The Economic Analysis of Technology Policy, a.a.O., S. 114 f.

ceteris paribus eine höhere Anzahl von Patenten aufweisen.[24] Darüber hinaus gibt es deutliche Anzeichen dafür, daß die Patentierneigung auch von Land zu Land variiert. So ist z.B. seit den siebziger Jahren die Anzahl japanischer Patentanmeldungen im Inland wie im Ausland außergewöhnlich hoch. Dabei wird angenommen, daß dies auf eine spezifische Patentierungsstrategie japanischer Unternehmen zurückzuführen ist und daß in der hohen Anzahl von Patentanmeldungen neben ökonomisch wertvollen Patenten auch viele Patente von zweifelhaftem Wert enthalten sind.[25] Systematische Unterschiede im Wert von Patenten stellen daher die Vergleichbarkeit von Patentdaten in Frage.[26]

Ein erster Schritt zur wertmäßig differenzierenden Patentzählung besteht darin, die Anzahl der Patentanmeldungen mit der schließlich erteilter Patente zu vergleichen, denn ein beantragtes Patent spiegelt nur die Evaluierung der Neuerung durch den Anmelder wider, ein schließlich erteiltes zusätzlich die Wertschätzung durch das Patentamt;[27] die Betrachtung von erteilten Patenten als Indikator weist somit den Vorteil auf, daß im Vergleich zu beantragten Patenten der an Neuerungen gestellte Mindeststandard erhöht ist.

In diesem Sinne zeigt SOETE, daß im Falle der OECD-Länder die FuE-Ausgaben ein besserer Prädiktor für die Patent*erteilungen* als für die Patent*anmeldungen* eines Landes sind.[28] Da empirische Befunde innerhalb der OECD-Länder aber nur bedingt Rückschlüsse auf andere Ländergruppen zulassen, überprüfen wir diese Beziehung auch anhand unseres Datensatzes. Dazu schätzen wir für diejenigen 59 Länder unserer Stichprobe, für die Angaben zu FuE-Ausgaben und Patentanmeldungen sowie -erteilungen vorliegen, eine an SOETES Vorgehensweise orientierte *Patentproduktionsfunktion*. Die Regression der an Inländer im Jahresdurchschnitt von 1968 bis 1987 erteilten Patente und – alternativ dazu – der von Inländern beantragten Patente

---

24 Vgl. Monika MUNDKOWSKI, Recent Trends in Technology Policy and Problems of Measuring the Absorption and Production of Technology, in: Herbert GIERSCH (Hg.), International Economic Development and Resource Transfer, Tübingen 1978, S. 572 f.

25 Yoshihiko AKASHI, Japan's Patenting Activity, in: Osaka City University Economic Review, Vol. 25 (1990), S. 13–26.

26 Zvi GRILICHES (Patent Statistics as Economic Indicators, a.a.O., S. 1702) vermutet insgesamt "very high estimates of both the variance and the skewness in the distribution of patent values".

27 Vgl. Bjørn L. BASBERG, Patents and the Measurement of Technological Change. A Survey of the Literature, in: Research Policy, Vol. 16 (1987), S. 138.

28 Luc G. SOETE, The Impact of Technological Innovation on International Trade Patterns: The Evidence Reconsidered, in: Research Policy, Vol. 16 (1987), S. 108 ff. Dabei

auf die durchschnittlichen FuE-Ausgaben in Mio. *internationalen $* zum Basisjahr 1985 (FuE) über die Periode von 1965 bis 1985 ergibt folgende hochsignifikante Beziehungen:

$$\text{Patenterteilungen} = \underset{(469)}{549} + \underset{(0{,}04)}{0{,}60}\ \text{FuE} \qquad R^2=0{,}78$$

$$\text{Patentanmeldungen} = \underset{(2491)}{2467} + \underset{(0{,}23)}{1{,}19}\ \text{FuE} \qquad R^2=0{,}31,$$

wobei n=59 und die Standardfehler der geschätzten Koeffizienten in Klammern angegeben sind.[29] Es zeigt sich demnach, daß SOETES Ergebnisse[30] auch für unsere Länderstichprobe Gültigkeit beanspruchen können. Daher werden wir zur Messung des FuE-Outputs durch inländische Patente nur auf *erteilte* Patente zurückgreifen.

Zur besseren internationalen Vergleichbarkeit von Patentdaten werden auch Patentanmeldungen im Ausland herangezogen. Dem liegt die Annahme zugrunde, daß der Erwerb von Schutzrechten an einer Neuerung potentiell weltweit angestrebt wird, da ein inländisches Patent nicht vor Nachahmern im Ausland schützt.[31] Die technologische Aktivität eines Landes wird dabei nicht mit dem im internationalen Vergleich problematischen Maßstab des inländischen Patentamtes gemessen; zudem wird davon ausgegangen, daß es sich bei den im Ausland angemeldeten Patenten um "ernstzunehmende"[32] Anmeldungen handelt, die höhere Kosten verursachen und daher auch einen höheren Mindestwert aufweisen als die im Inland angemeldeten, wodurch die relativ wertlosen Patente aus der Betrachtung ausscheiden.[33]

---

wird von der Annahme ausgegangen, daß FuE-Ausgaben den wesentlichen Input in die "Produktion" von Patenten darstellen.

29 Zur Beschreibung der Daten vgl. den Anhang der vorliegenden Arbeit, Abschnitt 8.3.6.1 und 8.3.8.

30 SOETES Ergebnisse lauten (vgl. "The Impact of Technological Innovation on International Trade Patterns", a.a.O., S. 109):

$$\text{Patenterteilungen} = 1525 + 1{,}75\ (0{,}20)\ \text{FuE}, \qquad R^2=0{,}81$$

$$\text{Patentanmeldungen} = 7129 + 3{,}11\ (0{,}04)\ \text{FuE}, \qquad R^2=0{,}29$$

wobei in Klammern die Standardfehler stehen und "FuE" die privaten FuE-Ausgaben bezeichnet (n=16).

31 "... the world rather than the nation is the appropriate market for patents." Paul STONEMAN, The Economic Analysis of Technical Change, Oxford 1983, S. 24.

32 Karl Heinrich OPPENLÄNDER, Stilisierte Fakten des Innovationsprozesses und ihre Analyse, in: Ifo-Studien, Bd. 37 (1991), S. 175.

33 Vgl. Keith PAVITT, Patent Statistics as Indicators of Innovative Activities. Possibilities and Problems, in: Scientometrics, Vol. 7 (1985), S. 84; Bjørn L. BASBERG, Patents and

Internationale Patentdaten sind durch Publikationen der World Intellectual Property Organization (WIPO) verfügbar.[34] In Wien besteht seit 1973 das "Internationale Patentdokumentationszentrum" (INPADOC[35]), welches internationale Patente erfaßt und auswertet. Von besonderem Interesse sind dabei sogenannte "Patentfamilien", d.h. Patente, die inhaltlich übereinstimmend für ein und dieselbe Erfindung in mindestens zwei Ländern beantragt werden.

Auf dieser Datenbasis sind in vergangenen Untersuchungen bereits verschiedene Zähl- und Auswahlverfahren für die von einem Land ausgehenden Patentanmeldungen zur Anwendung gekommen:

(1) die Anzahl der in den USA angemeldeten Patente;
(2) die Anzahl aller im Ausland angemeldeten Patente;
(3) die Anzahl der in mindestens 2 Ländern angemeldeten Patente.

Ad (1): Die ersten Untersuchungen, die Patentanmeldungen im Ausland zur Bestimmung eines international vergleichbaren FuE-Outputindikators heranziehen, greifen auf ausländische Patentanmeldungen in den USA zurück.[36] Ein Problem dabei besteht allerdings darin, daß die Neigung, in einem bestimmten Land Patente anzumelden, stark von der Wichtigkeit dieses Landes als Exportmarkt für die inländischen Industrieerzeugnisse abhängt.[37] Zudem kann geographische, sprachliche oder sozioökonomische Nähe zu einer hohen Zahl von Patentanmeldungen führen.[38] So werden z.B. die aus-

---

the Measurement of Technological Change, a.a.O, S. 136 f.; Klaus F. ZIMMERMANN und Joachim SCHWALBACH, Determinanten der Patentaktivität, in: Ifo-Studien, 37. Jg. (1991), S. 222.

34 WORLD INTELLECTUTAL PROPERTY ORGANIZATION (WIPO), Industrial Property Statistics, Genf, laufende Jahrgänge; WIPO, 100 Years of Industrial Property Statistics, Genf 1983.

35 Seit Anfang 1991: "Dienststelle Wien des Europäischen Patentamtes".

36 Luc G. SOETE, A General Test of Technical Gap Trade Theory, in: Weltwirtschaftliches Archiv, Bd. 117 (1981), S. 642 ff.; DERS. und Geoffrey WYATT, The Use of Patenting as an Internationally Comparable Science and Technology Output Indicator, in: Scientometrics, Vol. 5 (1983), S. 33 und S. 52.

37 Zu dem Ergebnis kommt bereits 1978 eine Studie über die internationale Patentierneigung von 8 Industrieländern (Dennis SCHIFFEL und Carole KITTI, Rates of Invention: International Patent Comparisons, in: Research Policy, Vol. 7 (1978), S. 339): "... gross exports from one country to another can 'explain' a large part of the patent applications filled by an exporter's nationals in the importing country." Vgl. auch Pari PATEL und Keith PAVITT, Is Western Europe Loosing the Technological Race? A.a.O., S. 68.

38 Vgl. J. SLAMA, Die Nutzung der Patentstatistik bei der Analyse der technischen Entwicklung in Ost und West, in: Karl Heinrich OPPENLÄNDER (Hg.), Unternehmens- und Infrastrukturinvestitionen als Stimulans für wirtschaftliches Wachstum in Ost und West, München 1988, S. 92 ff.

ländischen Patentanmeldungen in Kanada deutlich von US-amerikanischen Anmeldungen dominiert, Auslandspatentanmeldungen aus Kanada, Mexiko, Israel, Argentinien und Brasilien erfolgen überproportional häufig in den USA; die ehemaligen RGW-Länder, Österreich und die Schweiz melden häufig Patente in Deutschland an, und von Deutschland und Italien aus erfolgen besonders viele Patentanmeldungen in Frankreich.[39]

Sofern bestimmte Patentplätze für Auslandspatentanmeldungen betrachtet werden sollen, ist daher eine sorgfältige Auswahl zu treffen. Dabei zeigt sich, daß die Korrelation zwischen den FuE-Ausgaben und Auslandspatentanmeldungen am höchsten ist, wenn der Patentplatz USA betrachtet wird; danach folgen Patentanmeldungen in Japan, in der Bundesrepublik, in Frankreich und zuletzt in Großbritannien.[40] Als international vergleichbarer FuE-Outputindikator sind daher von den Auslandspatentanmeldungen an einem bestimmten Patentplatz in der Tat die Patentanmeldungen in den USA am besten geeignet.

In den zugänglichen Quellen werden nur etwa 30 Ursprungsländer von Auslandspatentanmeldungen angeführt.[41] Auf Anfrage fanden sich die Mitarbeiter von WIPO jedoch freundlicherweise dazu bereit, Daten für den Patentplatz USA auch für die fehlenden Ursprungsländer zur Verfügung zu stellen, allerdings nur für Jahre ab 1982.

Ad (2): Von FAGERBERG wird als Proxigröße für die innovatorische Aktivität eines Landes die Gesamtzahl der im Ausland angemeldeten Patente herangezogen.[42] Der wesentliche Vorteil dieses Indikators gegenüber dem von SOETE und anderen vorgeschlagenen – der Zählung von Patentanmeldungen in den USA – ist u.E., daß dabei nicht der FuE-Output eines Landes mit der Exportorientierung auf die USA als Absatzmarkt vermengt wird. Darüber hinaus stehen, wie FAGERBERG betont, bei Verwendung dieses Indikators auch Angaben für die USA als anmeldendes Land zur Verfügung.

---

39 Vgl. Luc G. SOETE und Geoffrey WYATT, The Use of Patenting as an Internationally Comparable Science and Technology Output Indicator, a.a.O., S. 34 f.

40 Luc G. SOETE, The Impact of Technological Innovation on International Trade Patterns, a.a.O., S. 110.

41 WIPO, Industrial Property Statistics, a.a.O., laufende Jahrgänge. Die Zahl der Länder unterliegt von Jahr zu Jahr kleineren Schwankungen.

42 FAGERBERGS Indikator ist definiert als: "total patent applications of residents in country x in all countries which report patent applications to WIPO … less patent applications by residents of x in country x." Jan FAGERBERG, Why Growth Rates Differ, in: Giovanni DOSI, Christopher FREEMAN, Richard R. NELSON, Gerald SILVERBERG und Luc G. SOETE (Hg.), Technical Change and Economic Theory, London 1988, 439–441 und Anm. 21, S. 454.

Gegen FAGERBERGS Index läßt sich jedoch einwenden, daß er zwar nicht sensibel im Hinblick auf die besondere Exportorientierung eines Landes auf die USA reagiert, wohl aber auf Exportorientiertheit schlechthin. So ist davon auszugehen, daß die Summe aller inländischen Patentanmeldungen im Ausland eine große Anzahl identischer Patentanmeldungen bei verschiedenen Patentämtern enthält, wodurch mit Mehrfachzählungen zu rechnen ist. Dieser Indikator stellt daher eher ein Maß für Anstrengungen in bezug auf die internationale Wettbewerbsfähigkeit dar als für den FuE-Output.

Ad (3): Das Verfahren der Zählung von Patenten, die für ein und dieselbe Neuerung in mindestens zwei Ländern angemeldet werden, wird vor allem vom Ifo-Institut verwendet und wie folgt begründet:

> "Die Werte für die Erfindungen insgesamt auf der Basis der Inlands-Patentanmeldungen sind nur von geringer Aussagefähigkeit, da sie keine Rückschlüsse auf die Qualität der Erfindungen zulassen. Ein bewährtes und in der Ifo-Patentstatistik eingeführtes Qualitätskriterium besteht darin, für jede Erfindung das Vorliegen einer Patentanmeldung in einem weiteren Land, d.h. im Ausland, zu prüfen. Zum einen bringt der Eigentümer einer Erfindung relativ hohe Erwartungen hinsichtlich ihres wirtschaftlichen Nutzens zum Ausdruck, wenn er die hohen Kosten einer Patentanmeldung im Ausland akzeptiert, zum anderen werden mit dem Ausschluß der jeweiligen Inlands-Patentanmeldungen die Unterschiede zwischen den verschiedenen Patentsystemen nahezu wirkungslos. Die internationale Vergleichbarkeit der Erfindungen mit Patentanmeldung in mehr als einem Land ist somit prinzipiell gegeben."[43]

Dieses Vorgehen erscheint uns zur Bestimmung eines international vergleichbaren Maßes für den Output von Forschung und Entwicklung als das bestbegründete. Ein Patent, welches in einer großen Zahl von verschiedenen Ländern angemeldet wird, hat bei diesem Verfahren kein größeres Gewicht als ein Patent, welches nur in mindestens einem weiteren Land angemeldet wird. Mehrfachzählungen der gleichen patentierten Neuerungen, wie sie bei den Patenten im Ausland nach FAGERBERGS Zählweise auftreten, werden damit vermieden.

Für die Bestimmung dieses Indikators ist eine inhaltliche Analyse der weltweit beantragten Patente zur Identifizierung von Mehrfachanmeldungen erforderlich. Diese Arbeit wird von der Wiener Außenstelle des Europäischen Patentamtes (INPADOC) geleistet. Ein direkter Bezug der Daten von dort erwies sich zwar als unmöglich, die entsprechenden Daten wurden aber

---

43 Konrad FAUST, Das technologische Potential der RGW-Länder im Spiegel der Patentstatistik, in: Ifo-Schnelldienst, Jg. 43 (1990), Nr. 12, S. 9. Vgl. auch DERS., Unternehmen als Patentanmelder in der Ifo-Patentstatistik, in: Ifo-Schnelldienst, Jg. 43 (1990), Nr. 15, S. 3–8.

freundlicherweise für die Jahre ab 1970 vom Ifo-Institut in München zur Verfügung gestellt. Damit können wir für die Jahre ab 1970 auch diesen FuE-Outputindikator heranziehen.

6.2.2 Bibliometrische Maße

Als Indikatoren für Forschung und Entwicklung werden, da der manifeste Output wissenschaftlicher Forschung vor allem in der Publikation der Ergebnisse für die Fachöffentlichkeit besteht, neben Patenten auch bibliometrische Maße auf der Grundlage von Beiträgen in wissenschaftlichen Fachzeitschriften herangezogen.[44]

Je nach Fragestellung werden dabei die während einer Periode in einem bestimmten Wissenschaftsfeld erschienenen Aufsätze eines Autors, einer Institution oder auch eines Landes gezählt.

Darüber hinaus werden auch Qualitätsmaße erhoben. Als *Zitationsrate* wird die Häufigkeit bezeichnet, mit der Publikationen zitiert werden.[45] Obwohl die Aussagekraft von Zitationszählungen dahingehend zu relativieren ist, daß Zitate nicht nur die inhaltliche Bedeutung und Qualität eines wissenschaftlichen Beitrags widerspiegeln, sondern auch durch Loyalitätsverhältnisse, das Prestige von Autoren und unredliche Zitierpraktiken usw. beeinflußt werden können,[46] ist mit der Zitationsrate ein brauchbares Qualitätsmaß zur Hand, welches in Verbindung mit der Artikelhäufigkeit die Konstruktion objektiv gewichteter Indikatoren ermöglicht.

Die wichtigste Quelle für bibliometrische Daten ist der "Science Citation Index". Eigene bibliometrische Recherchen anhand der Bibliotheksversion sind jedoch äußerst arbeits- und zeitaufwendig und fehlerträchtig,[47] und kommen aus diesem Grunde für unsere Untersuchung nicht in Frage. Der Bezug elektronisch aufgearbeiteter bibliometrischer Daten erfolgt in der

---

44 "... la principale 'production' visible des chercheurs en sciences de base consiste en la publication de leurs résultats dans les revues académiques." CENTRE NATIONAL DE LA RECHERCHE SCIENTIFIQUE (CNRS), Unité d'Indicateurs de Politique Scientifique, Étude de Faisibilité de la Production d'Indicateurs Bibliométriques pour le CNRS et les Universités, Paris 1990, S. 3.

45 P. VINKLER, An Attempt of Surveying and Classifying Bibliometric Indicators for Scientometric Purposes, in: Scientometrics, Vol. 13 (1988), S. 241 f.

46 Eine Übersicht über solche Einwände gibt A. J. NEDERHOF, The Validity and Reliability of Evaluation of Scholarly Performance, in: A. F. J. VAN RAAN (Hg.), Handbook of Quantitative Studies of Science and Technology, Amsterdam 1988, S. 204 ff.

47 Serge BAUIN und Harry ROTHMAN, Der 'Impact' von Zeitschriften als Annäherungsmaß für Zitationsraten, in: Peter WEINGART, Roswitha SEHRINGER und Matthias WINTERHAGER (Hg.), Indikatoren der Wissenschaft und Technik, Frankfurt am Main 1991, S. 96.

Regel über kommerziell arbeitende Datenbanken in den USA.[48] Von einer Inanspruchnahme dieser Quellen kann aber abgesehen werden, da in Form einer Sonderausgabe der Zeitschrift Scientometrics[49] auf dem "Science Citation Index" beruhende bibliometrische Artikelzählungen und Zitationsraten für fünf naturwissenschaftliche und technische Fachrichtungen (Physik, Mathematik, Biowissenschaften, Chemie und Ingenieurswissenschaften) für die Jahre von 1978–1980 im Länderquerschnitt zur Verfügung stehen. Diese bibliometrischen Indikatoren entsprechen hinsichtlich ihrer zeitlichen, geographischen und inhaltlichen Ausgestaltung weitestgehend den zu stellenden Anforderungen an Indikatoren für die technologische Kapazität eines Landes, so daß wir unmittelbar auf sie zurückgreifen können.[50]

6.3 Möglichkeiten zur Technologiemessung: Synthese

Zur Technologiemessung auf Landesebene liegen eine Reihe von brauchbaren Indikatoren vor: Neben Angaben zum FuE-Personal sowie zu den FuE-Ausgaben kann auf Patentdaten und bibliometrische Indikatoren zurückgegriffen werden. Da aber jeder dieser Indikatoren nur einen Teil des Ganzen widerspiegelt, ist keiner für sich allein genommen zu einer validen Technologiemessung geeignet.[51]

Eine Beschränkung der Betrachtung auf vorliegende Inputmaße – wie FuE-Ausgaben und FuE-Personal – ist nicht angezeigt, da diese Indikatoren aufgrund der mit dem FuE-Prozeß verbundenen Unsicherheit sowie ihrer gelegentlich zweifelhaften Verläßlichkeit nur eine beschränkte Aussagefähigkeit hinsichtlich des FuE-Outputs aufweisen.[52]

Dabei sind insbesondere Patentdaten geeignet, die erkanntermaßen unzuverlässigen FuE-Daten zu ergänzen. Empirisch stützt sich dieses Argu-

---

48 Journal Citation Reports. A Bibliometric Analysis of Science Journals in the ISI Database, Institute for Scientific Information, Philadelphia; National Science Foundation's Science Literature Database, Computer Horizons, Inc., Cherry Hill, New Jersey.

49 Scientometrics, Vol. 11 (1987).

50 Die Daten sind im Anhang der vorliegenden Arbeit, Abschnitt 8.3.7, beschrieben.

51 Vgl. Fritz MACHLUP, Stocks and Flows of Knowledge, in: Kyklos, Bd. 32 (1979), S. 409 sowie J. D. FRAME, Measuring Scientific Activity in Lesser Developed Countries, in: Scientometrics, Vol. 2 (1980), S. 133–145

52 Vgl. dazu Monika MUNDKOWSKI, Recent Trends in Technology Policy ..., a.a.O., S. 571: "... additional information on the functional relation between the input and output variables should be known, as otherwise the comparison is impossible because of different productivity of the R&D investment in the different countries. ... considerable deficiencies and time-lags may be involved, so that the conclusions from the input data are only of limited significance."

ment auf die wiederholt und auf verschiedenen Aggregationsebenen nachgewiesenen engen Beziehungen zwischen FuE-Ausgaben und Patenten.[53]

Während FuE-Daten nur ein unvollständiges Bild der auf den technischen Fortschritt gerichteten Anstrengungen geben, reflektieren Patentdaten allerdings ihrerseits auch nur einen Teil des technischen Fortschritts.[54] Als meßbarer Output von Forschung und Entwicklung sind neben Patenten vor allem wissenschaftliche Publikationen anzusehen. Im einzelnen mit verschiedenen Schwierigkeiten behaftet, können Patentdaten und bibliometrische Indikatoren zusammen ein vervollständigtes Bild von der technologischen Kapazität eines Landes vermitteln.[55]

Dazu kann im einfachsten Fall ein Index gebildet werden, in welchen jede Einzelvariable mit einem zuvor festzulegenden Gewicht eingeht. Dieses Vorgehen liefert jedoch keine Anhaltspunkte für die Richtigkeit der Variablenauswahl. Eine Indexgröße, in die inhaltlich völlig verschiedene Größen eingehen, ist aber ebenso wenig brauchbar wie eine, in der verschiedene Einzelmerkmale komplementär verteilt sind, so daß alle Beobachtungen den gleichen Indexwert zugewiesen bekommen. Hinzu kommt, daß nach erfolgter Variablenauswahl ein Gewichtungsschema festgelegt werden muß. Dabei ist auch die einfachste Alternative, den Einzelmerkmalen keine spezifischen Gewichte zuzuweisen, kein Ausweg, da damit implizit eine Entscheidung zur Gewichtung aller Merkmale mit dem Faktor Eins getroffen wird; die Gewichte bleiben in jedem Falle arbiträr.

Geeigneter sind daher Verfahren, welche Hinweise auf die interne Konsistenz der Variablenauswahl geben. Zu einer Größe sollen nur Indikatoren zusammengefaßt werden, welche denselben Sachverhalt messen, wenn auch in verschiedenen Aspekten.

---

53 Vgl. Zoltan J. ACS und David B. AUDRETSCH, Patents as a Measure of Innovative Activity, in: Kyklos, Bd. 42 (1982), S. 171–180; Zvi GRILICHES, Patent Statistics as Economic Indicators, a.a.O., S. 1669 ff.; Eberhard SCHOLING und Vincenz TIMMERMANN, Zur ökonomischen Erklärung des technischen Fortschritts, Beiträge zur Wirtschaftsforschung des Sozialökonomischen Seminars der Universität Hamburg, Diskussionsbeitrag Nr. 73, Hamburg 1992 S. 18 ff.

54 Da die Beantragung oder Erteilung eines Patents noch nicht dessen praktische Nutzung anzeigt, wird von Ronald SCHETTKAT und Michael WAGNER (Beschäftigungswirkungen moderner Technologien, in: Ronald SCHETTKAT und Michael WAGNER (Hg.), Technologischer Wandel und Beschäftigung, Berlin 1989, S. 4) mit Recht darauf hingewiesen, daß Patente weniger den Output von Forschung und Entwicklung, als ein intermediäres Stadium, den *throughput*, signalisieren.

55 Vgl. Manfredo MACIOTI, The Power and the Glory: A Note on Patents and Scientific Authors, in: Research Policy, Vol. 9 (1980), S. 113.

Zur Identifizierung solcher Variablengruppen stellt die *Hauptkomponentenanalyse* ein geeignetes Instrument dar. Dabei werden neben der Bestimmung der den Hauptkomponenten[56] zuzuordnenden Variablen auch die Gewichte festgelegt, mit der die einzelnen Variablen in die Hauptkomponenten eingehen sollen, das heißt, das Gewichtungsschema wird aus den Daten selbst bestimmt.

Im folgenden werden wir daher eine Technologiemessung mit Hilfe der Hauptkomponentenanalyse durchführen.

6.4 Eine Technologiemessung mit Hilfe der Hauptkomponentenanalyse

Die Hauptkomponentenanalyse ist in der ökonometrischen und statistischen Literatur bereits ausführlich behandelt.[57] Hier soll daher nur eine kurze, auf die Zielsetzung dieses Verfahrens beschränkte Charakterisierung gegeben werden. Im Hinblick auf den weiteren Gang unserer Untersuchung ist dabei besonders hervorzuheben, daß Hauptkomponenten intervallskaliert sind und daher in Regressionsanalysen als Variablen verwendet werden können.[58]

Ausgangsbasis für eine Hauptkomponentenanalyse ist ein Datensatz von k inhaltlich miteinander verbundenen – statistisch ausgedrückt: interkorrelierten – Variablen über n Beobachtungen:

$$X = \begin{bmatrix} X_{11} & X_{21} & \dots & X_{k1} \\ X_{12} & X_{22} & \dots & X_{k2} \\ . & . & \dots & . \\ . & . & \dots & . \\ X_{1n} & X_{2n} & \dots & X_{kn} \end{bmatrix}$$

Dabei entsprechen im Falle der vorliegenden Untersuchung die Spalten der Matrix X unseren noch näher zu beschreibenden k=6 Technologieindikatoren und die Zeilen den n=75 Ländern der Stichprobe.

Die Hauptkomponentenanalyse beruht darauf, daß sich jede Variable $X_1, \dots, X_k$ als Linearkombination von k *Hauptkomponenten* $F_1, \dots, F_k$ ausdrücken läßt. Für die i-te Variable, beobachtet am j-ten Land, ergibt sich dabei folgender Zusammenhang:

---

56 Eine Hauptkomponente entspricht einer synthetischen Variable, die durch eine Linearkombination von beobachteten Variablen bestimmt ist.

57 J. JOHNSTON, Econometric Methods, 3. Aufl., New York 1984, S. 536; I. T. JOLLIFFE, Principal Component Analysis, New York 1986; Leonard A. MARASCUILO und Joel R. LEVIN, Multivariate Statistics in the Social Sciences: A Researcher's Guide, Monterey 1983, S. 217–262.

58 Vgl. J. JOHNSTON, Econometric Methods, a.a.O., S. 542 ff.

$$X_{ij} = a_{i1} F_{1j} + a_{i2} F_{2j} + \ldots + a_{ik} F_{kj}, \quad (i=1,\ldots,k; j=1,\ldots,n).$$

Bei der Hauptkomponentenanalyse wird nun davon ausgegangen, daß ein ausreichend großer Teil der Varianz der k gemessenen Variablen bereits mit r Hauptkomponenten wiedergegeben werden kann, wobei $r<k$, so daß auf diese Weise eine *Variablenreduktion* möglich ist. Das Modell der Hauptkomponentenanalyse lautet daher:

$$X_{ij} = a_{i1} F_{1j} + a_{i2} F_{2j} + \ldots + a_{ir} F_{rj} + R_{ij}, \quad (i=1,\ldots,k; j=1,\ldots,n),$$

wobei R_{ij} für den bei der Reduktion der Linearkombination auf r Hauptkomponenten unerklärten Rest der am j-ten Land beobachteten Variable X_i steht. Die Hauptkomponenten werden so ermittelt, daß sie die Varianz der Variablen $X_1,\ldots,X_k$ möglichst gut reproduzieren. Praktisch wird dabei so vorgegangen, daß zunächst die erste Hauptkomponente so gewählt wird, daß nach dem Prinzip der kleinsten Quadrate der Rest R_{ij} minimiert wird. In entsprechender Weise wird mit den folgenden Hauptkomponenten verfahren. Die *Ladungskoeffizienten* $a_{i1},\ldots,a_{ir}$ entsprechen dann den Regressionskoeffizienten, die sich bei der multiplen Regression einer Variable X_i auf die zur ausreichenden Wiedergabe das Datensatzes benötigten r Hauptkomponenten ergeben würden.

Die Gesamtvarianz des Datensatzes, welche durch die k Variablen zu 100 % erklärt wird, soll also durch eine geringere Zahl von theoretisch angenommenen Hauptkomponenten möglichst gut reproduziert werden.[59] Die dem Ziel der Variablenreduktion am deutlichsten entsprechende Lösung ist demnach die, bei welcher bereits die erste Hauptkomponente die Gesamtvarianz ausreichend erklärt, so daß gilt:

$$X_{ij} = a_{i1} F_{1j} + R_{ij}, \quad (i=1,\ldots,k; j=1,\ldots,n),$$

wobei die Residuen R_{ij} möglichst klein sein sollen. Die Gesamtvarianz einer Vielzahl von Variablen wird dabei auf einen einzigen Hintergrundfaktor F_1 zurückgeführt; zur Charakterisierung der n Beobachtungsobjekte kann nach diesem Modell an Stelle der zunächst gemessenen k Variablen auf die varianzstärkste Hauptkomponente zurückgegriffen werden.

---

[59] Es gilt: $r \leq k$. Eine Lösung mit $r=k$ führt dabei zu einer 100-prozentigen Reproduktion der Matrix X, stellt damit aber auch nur eine Tautologie dar. Bei $r<k$ ergibt sich, daß mit zunehmender Datenreduktion (größerer Differenz $k-r$) auch die Reproduktion von X ungenauer werden muß.

Genau dieser Vorstellung entspricht unser Vorhaben, die *technologische Kapazität*[60] eines Landes durch nur eine komplexe Variable, die anhand verschiedener manifester Variablen gemessen wird, zu beschreiben.

Zu entscheiden ist dabei, wieweit die Zahl der Hauptkomponenten zur Beschreibung des Datensatzes reduziert werden kann, ohne daß dabei das für "ausreichend" gehaltene Mindestmaß an erklärter Varianz unterschritten wird.

In der Literatur werden Anteile von 70–90 % erklärter Varianz der Variablen als kritische Werte vorgeschlagen;[61] die Feststellung einer "ausreichenden" Erklärung liegt jedoch letztlich im Ermessen des Untersuchers. Um Willkür bei der Festlegung der Anzahl zu bestimmender Hauptkomponenten auszuschließen, hat sich in der Praxis das *KAISER-Kriterium* bewährt.[62] Da bei der Hauptkomponentenanalyse die Anzahl der potentiellen Hauptkomponenten gleich der Anzahl der Variablen k ist und die Summe der Erklärungsbeiträge aller potentiellen Hauptkomponenten 100 % beträgt, besagen Erklärungsbeiträge unter 100/k %, daß die entsprechende Hauptkomponente weniger zur Erklärung der Gesamtvarianz beiträgt als jede einzelne Variable. Das KAISER-Kriterium heißt daher: Bestimme alle Hauptkomponenten mit Erklärungsbeiträgen über 100/k %. Dadurch wird insbesondere dem Anspruch nach Variablenreduktion Rechnung getragen.

Für unsere Untersuchung folgen wir dem KAISER-Kriterium. Zusätzlich stellen wir die Bedingung, daß die durch die r ermittelten Hauptkomponenten erklärte Gesamtvarianz nicht weniger als 80 % betragen soll.

Die *inhaltliche* Güte einer Hauptkomponentenanalyse hängt von der Sorgfalt bei der Variablenauswahl ab. Dabei ist es angezeigt, aus einem zu analysierenden Bereich möglichst charakteristische Daten unterschiedlicher Provenienz zu berücksichtigen. Damit wird sichergestellt, daß inhaltlich unterschiedlich akzentuierte Bereiche der gleichen Hintergrundstruktur in die Analyse einbezogen werden. Bevor die Variablen und Ergebnisse unserer Hauptkomponentenanalyse im einzelnen beschrieben werden, soll daher zunächst eine Übersicht über unsere inhaltlichen Kriterien bei der Auswahl der Technologievariablen erfolgen.

Bei der vorangegangenen Diskussion[63] von Ansätzen zur Technologiemessung haben wir festgestellt, daß in neueren ökonomischen Studien häufig auf der Patentstatistik beruhende sowie bibliometrische Indikatoren

---

60 Zum Begriff der "technologischen Kapazität" vgl. S. 117, Anm. 2.

61 Vgl. I. T. JOLLIFFE, Principal Component Analysis, a.a.O., S. 93 f.

62 Ebenda, S. 95.

63 Vgl. S. 129 f. der vorliegenden Arbeit.

herangezogen werden. Diese beiden Indikatorgruppen sollen daher auch in unserer Hauptkomponentenanalyse berücksichtigt werden. Als qualitativ geeignete Indikatoren kommen dabei in Frage: Die Patenterteilungen im Inland, die Auslandspatentanmeldungen in den USA, die Anzahl von Erfindungen, die in mindestens zwei Ländern zum Patent angemeldet wurden und die mit der Zitationsrate gewichtete Anzahl der Beiträge in naturwissenschaftlichen und technischen Fachzeitschriften. Diese Variablen reflektieren den *Output* von Forschung und Entwicklung.

Die maßgebliche FuE-*Inputgröße* sind die FuE-Ausgaben. Dabei stellt aber – wie in Abschnitt 6.1.2 dargelegt wurde – der Erwerb von Patenten und Lizenzen aus dem Ausland häufig eine Alternative zu eigenen FuE-Ausgaben dar. Daher werden wir die Ausgaben für Forschung und Entwicklung mit denen für den Erwerb von Patenten und Lizenzen aus dem Ausland zusammenfassen.

Hinzu kommt ein Indikator für *qualifiziertes Humankapital*: die Anzahl der in Forschung und Entwicklung beschäftigten Wissenschaftler und Ingenieure.

Bei den angeführten Technologieindikatoren fehlen – insbesondere für die ärmeren Länder – im Zeitverlauf eine Reihe von Angaben,[64] so daß wir nur Durchschnittswerte über die gesamte Untersuchungsperiode berücksichtigen. Versuche, die Zeitspanne kürzer zu fassen oder zu mindestens zwei zeitlichen Zuordnungen zu gelangen, beschränken die Anzahl ärmerer Länder, für die Angaben vorliegen, auf einen kleinen Kreis von Schwellenländern. Hinsichtlich der zeitlichen Zuordnung der Technologieindikatoren streben wir daher eine in sich möglichst konsistente Charakterisierung der *technologischen Kapazität* eines Landes für unseren Beobachtungszeitraum an.

Im folgenden werden zunächst die Variablen und sodann die Ergebnisse unserer Hauptkomponentenanalyse zur Technologiemessung im einzelnen dargestellt. Anschließend erfolgt eine tabellarische Dokumentation des Datenmaterials und der ermittelten Technologie-Faktorwerte.

Die Anzahl von Patentanmeldungen und -erteilungen unterliegt starken jährlichen Schwankungen, so daß wir bei Patentdaten generell auf Durchschnittswerte über mehrere Jahre zurückgreifen.

Angaben zu den Patenterteilungen im Inland sind für unseren gesamten Beobachtungszeitraum (1965–1985) verfügbar. Da die Angaben für weiter zurückliegende Jahre jedoch in zunehmenden Maße lückenhaft werden, berücksichtigen wir nur die Jahre ab 1968. Eine symmetrische Abgrenzung

---

[64] Vgl. die Abschnitte 8.3.6–8.3.8 im Anhang der vorliegenden Arbeit.

um die Mitte unseres Beobachtungszeitraums – das Jahr 1975 – impliziert für diese Variable eine Durchschnittsbildung über die Jahre von 1968–1982 (Variable PAT_INL).

Angaben zu den qualifizierten Patentanmeldungen in mindestens 2 Ländern liegen uns beginnend mit dem Jahr 1970 vor. Wir bilden daher in diesem Fall den Durchschnitt über die Jahre von 1970–1980 (Variable PAT_2LÄN).

Angaben zu den Patentanmeldungen in den USA liegen uns erst ab 1982 vor. Um nicht zu stark von der zeitlichen Zuordnung der übrigen Patentdaten abzuweichen, wird in diesem Falle der Durchschnitt nur über 3 Jahre, von 1982–1984, berechnet (Variable PAT_USA).

Alle Patentdaten beziehen wir auf die Anzahl der Erwerbspersonen eines Landes.

Über bibliometrische Daten zu naturwissenschaftlichen und technischen Fachbeiträgen mit der entsprechenden Zitationsrate verfügen wir für die Jahre 1978–1980 und 1981–1985. Da wissenschaftliche Publikationen zu einem relativ frühen Zeitpunkt im FuE-Prozeß erfolgen,[65] wird auf die früheren Angaben zurückgegriffen. Die Artikelanzahl wird dabei zur Gewichtung mit der Zitationshäufigkeit multipliziert und – wie die Patentdaten – auf die Anzahl der Erwerbspersonen eines Landes bezogen (Variable PUBLIKAT).

Bei den Daten zum qualifizierten FuE-Personal (Wissenschaftler und Ingenieure in Forschung und Entwicklung) wird der Durchschnitt aus allen vorliegenden Werten über unsere gesamte Untersuchungsperiode von 1965–1985 gebildet. Die Werte für das Personal beziehen wir wieder auf die Anzahl der Erwerbspersonen (Variable FUE_PERS).

Auch im Falle der Ausgaben für Forschung und Entwicklung sowie für den Erwerb von Patenten und Lizenzen aus dem Ausland wird eine Durchschnittsbildung über alle innerhalb des Untersuchungszeitraums vorliegenden Angaben vorgenommen. Die Summe der Ausgaben für Forschung und Entwicklung sowie für Patente und Lizenzen aus dem Ausland wird auf das Bruttoinlandsprodukt bezogen (Variable FUE&LIZ).

Die sechs resultierenden, der Hauptkomponentenanalyse zugrundeliegenden Technologievariablen sind in Tabelle 6.1 zusammengestellt.

---

65 Vgl. Suichi TSUKAHARA und Keiichi YAMADA, A Note on the Time Lag between the Life Cycle of a Discipline and Resource Allocation in Japan, in: Research Policy, Vol. 11 (1982), S. 137 f.

Tabelle 6.1 Variablen für die Hauptkomponentenanalyse

Variable	Beschreibung	Zeitraum
PAT_INL	Patenterteilungen an Inländer/Erwerbsperson	1968–82
PAT_2LÄN	Patentanmeldungen in mind. 2 Ländern/Erwerbsp.	1970–80
PAT_USA	Patentanmeldungen in den USA/Erwerbsperson	1982–84
PUBLIKAT	(wiss. Artikel × Zitationsrate)/Erwerbsperson	1978–80
FUE_PERS	Wissenschaftler u. Ingenieure in FuE/Erwerbsp.	1965–85
FUE&LIZ	(Ausg. f. FuE + Patente + Lizenzen im Ausl)./BIP	1965–85

Die in Tabelle 6.1 wiedergegebenen Technologieindikatoren bilden die Basis für unsere Hauptkomponentenanalyse zum technischen Fortschritt. Die Anzahl der Länder unserer Stichprobe, für die Angaben über alle Variablen vorliegen, ist jedoch auf 16 der 22 OECD-Länder und auf nur 19 der 53 anderen Länder, d.h. auf 35 von 75 Ländern, beschränkt.

Da aber bereits bei einem einzigen fehlenden Wert für eine manifeste Variable die Berechnung eines Faktorwerts für das betreffende Land nicht möglich ist, muß nach Wegen gesucht werden, die fehlenden Werte für die Hauptkomponentenanalyse durch rechenbare Werte zu ersetzen.

In der Literatur werden dazu zwei Verfahren vorgeschlagen: (1) die Ersetzung eines fehlenden Wertes durch den Mittelwert der Gesamtstichprobe und (2) die individuelle Schätzung eines fehlenden Wertes anhand anderer Beobachtungswerte.

Die Ersetzung der fehlenden Werte durch den Gesamtmittelwert scheidet für unsere Untersuchung aus, da fehlende Werte überdurchschnittlich häufig bei ärmeren Ländern anzutreffen sind. Ein solches Vorgehen würde daher die zugrundegelegten Werte der ärmeren Länder verfälschen.

Eine individuelle Schätzung fehlender Werte kann mit Hilfe eines prognostischen Regressionsansatzes erfolgen. Als allgemein verwendbare Prognosevariable könnte hierbei an das Pro-Kopf-Einkommen gedacht werden. Auch diese Lösung scheidet hier jedoch aus, da das Pro-Kopf-Einkommen im weiteren Verlauf unserer Untersuchung eine zentrale endogene Variable darstellt. Ein solches Vorgehen würde daher eine artifizielle Beziehung zwischen exogenen und endogenen Variablen in den Datensatz hineintragen.[66]

---

[66] Vgl. D. V. MCGRANAHAN, C. RICHARD-PROUST, N. V. SOVANI und M. SUBRAMANIAN, Contents and Measurement of Socioeconomic Development, New York 1972, S. 20 und Anm. 13.

Das für die vorliegende Untersuchung gewählte Verfahren stellt einen Mittelweg dar: Fehlende Werte werden, soweit dies möglich ist, anhand von vorliegenden Variablen, *welche selber nicht in die Untersuchung eingehen*, geschätzt. Nur in Fällen, in denen dies nicht möglich ist, führen wir eine Mittelwertsubstitution durch. Ein fehlender Wert wird dabei aber nicht durch den Mittelwert der Gesamtstichprobe, sondern durch den Mittelwert derjenigen der vier Ländergruppen OECD, Asien, Lateinamerika und Afrika ersetzt, zu welcher das Land mit dem fehlendem Wert gehört. Um Verzerrungen durch die Landesgröße zu vermeiden, wird dabei nur auf Angaben im Verhältnis zur Größe eines Landes – d.h. zum Bruttoinlandsprodukt, zur Bevölkerung oder zur Anzahl der Erwerbspersonen eines Landes – zurückgegriffen.[67]

Vollständige Angaben liegen nur im Falle der qualifizierten Patentanmeldungen in mindestens 2 Ländern (PAT_2LÄN) vor. Mit den übrigen Variablen wird folgendermaßen verfahren[68]:

Die Variable zum Durchschnittswert der Patenterteilungen an Inländer pro Erwerbsperson über den Zeitraum von 1968–1982 (PAT_INL) weist 10 fehlende Werte auf. Für diese werden die Ländergruppenmittelwerte eingesetzt.

Für die Auslandspatente in den USA (PAT_USA) liegen ab 1982 vollständige Zeitreihen mit jährlichen Angaben für alle Länder bis auf das Zielland der Auslandspatente – die USA –, vor. Den fehlenden Wert für die USA ersetzen wir durch den OECD-Mittelwert.

Zur bibliometrischen Variable (PUBLIKAT) liegen für die Jahre um 1979 für 70 Länder unserer Stichprobe Angaben vor. Für die Jahre um 1985 liegen für eine kleinere Anzahl von Ländern ebenfalls Angaben vor, die aber keinen Eingang in die Analyse finden. Daher kann im Falle des einen Landes (Botswana), zu welchem für 1985, nicht aber für 1979 eine Angabe vorliegt, der fehlende Wert von 1979 durch den von 1985 ersetzt werden. Für die übrigen 4 fehlenden Werte wird der Ländergruppenmittelwert eingesetzt.

Für die Variable zum FuE-Personal (FUE_PERS) sind über den Beobachtungszeitraum 2 fehlende Werte festzustellen. Für diese werden wieder die Ländergruppenmittelwerte eingesetzt.

---

67 Bei unserer modifizierten Mittelwertsubstitution wird implizit von der Ähnlichkeit der Länder einer Gruppe ausgegangen. Diese Annahme ist angesichts der Heterogenität auch innerhalb der vier Ländergruppen zwar nicht unproblematisch, aber mit Sicherheit besser als die Wahl des weltweiten Mittelwertes.

68 Vgl. dazu auch Tabelle 6.3, S. 142 ff.

Eine Mittelwertsubstitution erfolgt auch bei den fehlenden Werten für die Ausgaben für Forschung und Entwicklung sowie Patente und Lizenzen aus dem Ausland (FUE&LIZ). Während der Anteil fehlender Werte bei den übrigen Variablen aber nur maximal 13 % erreicht, liegen für immerhin 21 Länder (28 %) zu mindestens einer der beiden Teilgrößen keine Angaben vor.[69] Ein günstigeres Bild ergibt sich aber, wenn zunächst für die FuE-Ausgaben sowie für die Ausgaben für Patente und Lizenzen aus dem Ausland – bezogen auf das Bruttoinlandsprodukt – jeweils für sich eine getrennte Ländergruppen-Mittelwertsubstitution durchgeführt wird, und die beiden Teilgrößen erst anschließend addiert werden. Da nur für 2 Länder zu keiner der beiden Teilgrößen Angaben vorliegen, ergibt sich eine reine Mittelwertsubstitution nur in weniger als 3 % der Fälle, während für die restlichen Länder mit fehlenden Angaben die resultierende Variable nur zum einen Teil geschätzt ist, zum anderen Teil aber aus einer beobachteten Komponente besteht.

Eine Betrachtung der Verteilung der Merkmalsausprägungen unserer Technologieindikatoren über die 75 Länder[70] zeigt, daß insbesondere die Technologie-Outputindikatoren (PAT_INL, PAT_USA, PAT_2LÄN, PUBLIKAT) eine extrem ungleiche Verteilung aufweisen, wobei viele Länder mit geringen Werten einigen wenigen Ländern mit z.T. sehr hohen Werten gegenüberstehen. Eine adäquate Messung über das gesamte Spektrum der 75 Länder ist in diesem Falle nicht gewährleistet. Daher werden diese 4 Technologie-Outputindikatoren für die Hauptkomponentenanalyse zunächst logarithmiert.[71]

Nach der Ersetzung der fehlenden durch rechenbare Werte und der logarithmischen Transformation der Outputindikatoren werden die Variablen standardisiert, d.h. so transformiert, daß sie einheitlich einen Mittelwert von Null und eine Standardabweichung von Eins aufweisen. Damit wird verhindert, daß Unterschiede bei der Skalierung der Variablen das Ergebnis der Hauptkomponentenanalyse beeinflussen können.

Mit den beschriebenen Variablen führen wir eine Hauptkomponentenanalyse durch, wobei wir insbesondere eine Variablenreduktion beabsichti-

---

69 Dabei fehlen – für sich betrachtet – Angaben zu den FuE-Ausgaben für 8 Länder und zu den Ausgaben für Patente und Lizenzen für 15 Länder.

70 Vgl. Tabelle 6.3, S. 142 ff.

71 Da die Variablen PAT_INL, PAT_USA und PAT_2LÄN für einige Länder den Wert Null aufweisen, für welchen der Logarithmus nicht definiert ist, wird im Falle dieser Variablen vor der Transformation zur Anzahl der Patente eine Eins hinzuaddiert. Diese logarithmierten Variablen X sind daher wie folgt berechnet:

$$\ln X = \ln [(\text{Anzahl Patente} + 1)/\text{Anzahl Erwerbspersonen}].$$

gen. Die Ergebnisse dieser Hauptkomponentenanalyse sind in Tabelle 6.2 wiedergegeben.

Tabelle 6.2 Hauptkomponentenanalyse mit 6 Technologievariablen

Faktor	erklärte Varianz	kumulierte erklärte Varianz
1	84,7 %	84,7 %
2	7,1 %	91,8 %
3	3,7 %	95,5 %
4	2,2 %	97,7 %
5	1,7 %	99,4 %
6	0,6 %	100,0 %

Variable	Ladung Faktor 1	Kommunalität
ln PAT_INL	0,90	0,81
ln PAT_USA	0,96	0,93
ln PAT_2LÄN	0,96	0,92
ln PUBLIKAT	0,91	0,82
FUE_PERS	0,91	0,82
FUE&LIZ	0,89	0,78

Die Variablen sind in Tabelle 6.1 (S. 136) beschrieben.

Tabelle 6.2 zeigt in aller Deutlichkeit die erwartete Lösung mit nur einem Generalfaktor: Die erste Hauptkomponente erklärt bereits 84,7 % der Gesamtvarianz des Datensatzes, und der Erklärungsbeitrag der potentiellen zweiten Hauptkomponente liegt mit 7,1 % deutlich unter 100/k %=16,6 %. Es handelt sich damit sowohl nach dem KAISER-Kriterium als auch nach der erklärten Gesamtvarianz um eine Ein-Faktor-Lösung.[72]

Alle Faktorladungen sind hoch (um 0,9 oder darüber), und aus den Kommunalitäten[73] geht hervor, daß jede Variable zu mindestens drei Vierteln durch den gemeinsamen Faktor erklärt werden kann.

Zur Veranschaulichung können die Varianzanteile der 6 potentiellen Hauptkomponenten der Größe nach geordnet werden. Dies ist in Abbildung 6.1 in Gestalt eines "Geröll-Diagramms" *(scree plot)* dargestellt.

---

72 Zu den Kriterien für die Anzahl der zu bestimmenden Hauptkomponenten vgl. S. 133.

73 Die Kommunalität entspricht hier dem Quadrat der Faktorladung, und gibt den erklärten Varianzanteil einer Variable an.

Abbildung 6.1 Geröll-Diagramm zur Hauptkomponentenanalyse

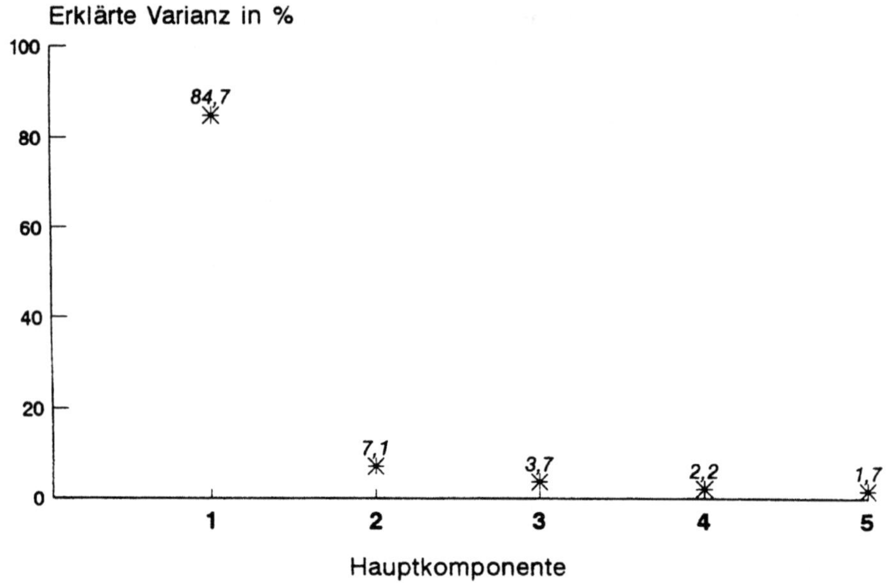

Abbildung 6.1 verdeutlicht noch einmal, daß nach der Bestimmung der ersten Hauptkomponente von den weiteren potentiellen Hauptkomponenten offensichtlich keine nennenswerten Beiträge zur Erklärung der Varianz des Datensatzes mehr zu erwarten sind. Die erklärten Varianzanteile der weiteren Hauptkomponenten liegen wie "Geröll" am Fuße eines Berges und können daher statistisch als reine Fehlervarianzkomponenten aufgefaßt werden.

Das vorliegende Ergebnis ist damit in inhaltlicher wie statistischer Hinsicht zufriedenstellend. Im nächsten Schritt werden – zur weiteren Verwendung als Variable TECHNIK – die sich aus der Hauptkomponentenanalyse für unsere 75 Länder ergebenden Faktorwerte des Generalfaktors bestimmt. Zu bemerken ist dabei, daß die Faktorwerte nur als standardisierte Werte berechnet werden können, da auch die manifesten Variablen aufgrund ihrer unterschiedlichen Dimensionalität vor der Hauptkomponentenanalyse standardisiert wurden.

Die resultierenden Faktorwerte sind, in aufsteigender Reihenfolge geordnet, zusammen mit den Werten der Ausgangsvariablen in Tabelle 6.3 wiedergegeben.

Aus Tabelle 6.3 gehen auch die Anzahl und die Verteilung der fehlenden sowie der geschätzten Werte hervor: Von den insgesamt 450 Werten fehlen in der Ausgangsmatrix für die Hauptkomponentenanalyse 39 (8,6 %), von welchen aber 20 ganz oder zum Teil aus anderen, nicht in die Analyse eingehenden Variablen geschätzt werden können. Danach verbleiben nur noch 19 Werte (4,2 %), für welche die Ländergruppen-Mittelwerte eingesetzt werden müssen.

Tabelle 6.3 zeigt plausible Ergebnisse hinsichtlich der Verteilung und der technologischen Position der untersuchten Länder. Durch die Häufung der ärmeren Länder am untersten Rand des Spektrums ist zwar die Vielfalt hinsichtlich des Technologie-Faktors beschränkt; dieser Befund stimmt jedoch mit der Vorstellung überein, daß viele der ärmsten Länder eine gravierende technische Rückständigkeit aufweisen.

Im weiteren soll daher als Technologievariable die aus der Hauptkomponentenanalyse resultierende Variable TECHNIK verwendet werden.

6.5 Zusammenfassung

Die Bestandsaufnahme vorliegender Technologieindikatoren ergibt, daß davon für unsere Untersuchung in Frage kommen:

(1) die FuE-Ausgaben zuzüglich der Ausgaben für Patente und Lizenzen aus dem Ausland;

(2) die Anzahl der Wissenschaftler und Ingenieure;

(3) die Patenterteilungen an Inländer durch das inländische Patentamt;

(4) die Patentanmeldungen in den USA;

(5) die Patentanmeldungen, welche in mindestens zwei Ländern erfolgen;

(6) die mit der Zitationsrate gewichtete Anzahl der Veröffentlichungen in einer Stichprobe naturwissenschaftlicher und technischer Fachzeitschriften.

Diese Indikatoren decken ein breites Spektrum von FuE-In- und Outputs ab. Für sich allein genommen als unvollkommen erkannt, können sie mit Hilfe der Hauptkomponentenanalyse zu einem synthetischen Maß zusammengefaßt werden. Dabei ergibt sich, daß die erste Hauptkomponente bereits 85 % der Gesamtvarianz der sechs Technologieindikatoren wiedergibt. Auf dieser Grundlage wird im weiteren untersucht, ob – zusätzlich zur Berücksichtigung der herkömmlicherweise zur Erklärung wirtschaftlichen Wachstums herangezogenen Größen – die Einführung dieser Fortschrittsvariable in eine wachstumstheoretisch fundierte empirische Analyse unserer Länderstichprobe einen signifikanten Beitrag zur Erklärung wirtschaftlicher Entwicklung leisten kann.

Tabelle 6.3 Hauptkomponentenanalyse: Faktorwerte und Variablen

Land	FAKTOR	FuE&LIZ	FuE–PERS	PUBLIKAT	PAT–INL	PAT–USA	PAT–2LÄN
Nigeria	-1,24	0,21	64	46	0,1	0,03	0,01
Thailand	-1,16	0,41	246	23	0,0	0,16	0,00
Niger	-1,11	0,03	23	1	1,3[a]	0,00	0,04
Indonesien	-1,11	0,30[b]	297	2	14,7[a]	0,05	0,00
Pakistan	-1,07	0,52[b]	100	14	0,7	0,07	0,00
Malawi	-0,93	0,12	41	17	0,2	0,00	0,18
Indien	-0,89	0,50	234	107	2,1	0,08	0,03
Ghana	-0,88	0,42[c]	715	25	0,0	0,00	0,08
Sudan	-0,88	0,27[b]	421	26	1,3[a]	0,00	0,00
Ruanda	-0,87	0,25	20	44	0,0	0,00	0,00
Algerien	-0,83	0,29	77	32	1,3[a]	0,00	0,05
Kenia	-0,82	0,81	94	130	0,1	0,04	0,00
Togo	-0,82	0,41[c]	191	1	1,3[a]	0,00	0,00
Kamerun	-0,80	0,48	67	13	1,3[a]	0,00	0,17
Sri Lanka	-0,79	0,21[b]	435	44	1,7	0,00	0,14
Elfenbeink.	-0,77	0,39	127	38	1,3[a]	0,00	0,03
Zentralafr.	-0,75	0,33	82	5	1,3[a]	0,00	0,08
Türkei	-0,74	0,47	443	38	1,9	0,24	0,09
Kolumbien	-0,73	0,14	166	34	3,6	0,77	0,02
Ecuador	-0,70	0,44	415	5	3,3	0,25	0,00
Philippinen	-0,69	0,22	236	17	4,0	0,92	0,26
Syrien	-0,66	0,45[c]	874	3	3,2	0,27	0,11
Paraguay	-0,64	0,20	461	5	2,7	0,58	0,10
Iran	-0,63	0,34	361	49	5,3	0,19	0,28
Peru	-0,63	0,28	854	16	6,5	0,28	0,09
Haiti	-0,62	0,31[c]	350	161[a]	0,5	0,37	0,04
Ägypten	-0,58	0,49	301	155	1,3	0,16	0,05
Malaysia	-0,58	0,61[c]	360	93	1,1	0,69	0,02
Kongo (VR)	-0,53	0,11	722	19	1,3[a]	0,00	0,00
Domin. Rep.	-0,51	0,40[a]	703	6	6,7	0,77	0,15
Guatemala	-0,49	0,25	194	78	5,8	0,78	0,05
Senegal	-0,49	1,00	365	73	1,3[a]	0,00	0,04

Tabelle wird auf S. 143 fortgesetzt (Fußnoten am Schluß der Tabelle)

Tabelle 6.3 Fortsetzung

Land	FAKTOR	FuE&LIZ	FuE-PERS	PUBLIKAT	PAT-INL	PAT-USA	PAT-2LÄN
Sambia	-0,46	1,10[b]	101	31	0,6	0,63	0,23
Honduras	-0,39	0,09	323	161[a]	7,8	0,55	0,00
Tunesien	-0,38	0,42[a]	574	76	9,2	0,32	0,20
Nicaragua	-0,35	0,22	655	161[a]	4,0	0,00	0,15
Botswana	-0,34	0,41[c]	64	59[d]	0,0	0,00	0,00
Jamaika	-0,34	0,17	146	389	2,6	1,9	0,00
El Salvador	-0,33	1,30	428	8	5,0	0,77	0,07
Jordanien	-0,33	0,52[b]	522	108	1,1	0,45	0,00
Brasilien	-0,25	0,57	648	125	10,0	1,3	0,96
Korea (S)	-0,20	0,55	901	36	17,8	4,6	0,61
Costa Rica	-0,19	0,37	292	177	10,5	2,4	0,31
Panama	-0,19	0,41	526[a]	107	5,1	2,8	1,1
Bangladesch	-1,31	0,11	76	10[a]	0,5	0,00	0,00
Hongkong	-0,16	0,10[b]	780[a]	534	3,4	18	0,22
Mexiko	-0,16	0,47	283	151	23,3	3,0	1,3
Singapur	-0,15	0,30[b]	905	324	2,4	7,3	0,24
Venezuela	-0,10	0,40[b]	670	281	34,2	4,7	0,20
Chile	-0,07	0,53	945	589	21,7	1,6	0,33
Portugal	-0,07	0,49	636	187	21,9	1,4	3,7
Uruguay	-0,00	0,28[b]	034	113	58,8	2,0	2,4
Tr. & Tobago	0,04	0,57	558	264	17,1	4,7	0,00
Argentinien	0,25	0,61	863	395	131	3,4	4,6
Griechenl.	0,27	0,21	552	758	361	4,6	5,8
Spanien	0,46	0,50	759	772	165	13	20
Irland	0,71	0,77	993	2555	18,2	38	33
Neuseeland	1,01	0,79[b]	485	7171	166	75	89
Italien	1,07	1,20	833	2268	248	68	73
Dänemark	1,15	0,97	187	11097	106	101	80
Österreich	1,17	1,00	341	3300	375	124	245
Kanada	1,27	1,40[b]	388	10470	139	173	39
Finnland	1,34	1,20	870	7279	149	138	108
Norwegen	1,37	1,40	318	7399	144	69	88

Tabelle wird auf S. 144 fortgesetzt (Fußnoten am Schluß der Tabelle)

Tabelle 6.3 Fortsetzung

Land	FAKTOR	FuE&LIZ	FuE_PERS	PUBLIKAT	PAT_INL	PAT_USA	PAT_2LÄN
Australien	1,42	1,40	792	9171	125	90	68
Belgien	1,48	1,70	957	6534	296	97	112
Frankreich	1,66	2,10	923	5713	413	139	173
Großbrit.	1,74	2,40	636	10953	310	158	191
Schweden	1,86	2,00	374	13977	480	288	337
Niederlande	1,91	2,40	824	10324	75	196	202
Deutschl. (W)	1,93	2,30	714	6381	356	330	419
Israel	1,98	2,30	370	19816	162	216	69
Japan	2,15	2,2	710	2914	579	287	143
Schweiz	2,23	2,20[b]	366	17966	1099	569	783
USA	2,24	2,60	085	14176	462	141[a]	159

FUE&LIZ: Ausgaben für FuE und Patente & Lizenzen aus dem Ausland, in % des Bruttoinlandsprodukts, 1965–1985.

FUE_PERS: Wissenschaftler und Ingenieure in FuE, pro Mio. Erwerbspersonen, 1965–1985.

PUBLIKAT: Publikationen in wissenschaftlich-technischen Zeitschriften × Zitationsrate, pro Mio. Erwerbspers., 1978–1980.

PAT_INL: Patenterteilungen an Inländer, pro Mio. Erwerbspersonen, 1968–1982.

PAT_USA: Patentanmeldungen in den USA, pro Mio. Erwerbspersonen, 1982–1984.

PAT_2LÄN: Patentanmeldungen in mindestens 2 Ländern, pro Mio. Erwerbspersonen, 1970–1980.

[a] Fehlende Werte sind durch den Ländergruppen-Mittelwert ersetzt.

[b] Fehlende Werte zu den Ausgaben für Erwerb von Patenten & Lizenzen/Bruttoinlandsprodukt sind durch den Ländergruppen-Mittelwert ersetzt.

[c] Fehlende Werte für FuE-Ausgaben/Bruttoinlandsprodukt durch den Ländergruppen-Mittelwert ersetzt.

[d] Aus anderen Variablen geschätzte Werte.

7 Empirische Analyse: Methoden und Ergebnisse

Ausgangspunkt der empirischen Analyse ist das aus dem theoretischen Teil unserer Untersuchung (Kapitel 2 und 3) folgende Gesamtmodell. Wirtschaftliche Entwicklung wird aus dieser Sicht vor allem bestimmt durch die Akkumulation von Sach- und Humankapital sowie durch den technischen Fortschritt. Der technische Fortschritt wird dabei sowohl durch FuE-Aktivitäten als auch durch Bildungsanstrengungen, als auch durch die Akkumulation von Sachkapital hervorgebracht. Zudem ist der Entwicklungsstand eines Landes im internationalen Kontext zu berücksichtigen, da dieser über die Möglichkeit zu aufholender Entwicklung entscheidet. Diese Wirkungszusammenhänge sind in Abbildung 7.1 zusammengefaßt.

Abbildung 7.1 Pfaddiagramm des theoretischen Gesamtmodells

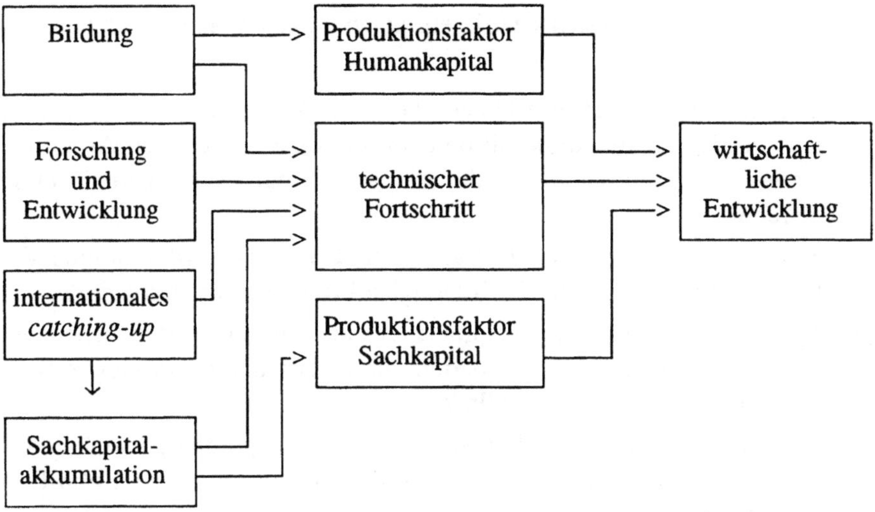

Der Entwicklungsstand wird in der vorliegenden Untersuchung anhand der Arbeitsproduktivität bestimmt (vgl. Kapitel 4.1); für die Variable *wirtschaftliche Entwicklung* greifen wir daher auf die Wachstumsrate der Arbeitsproduktivität über unseren Untersuchungszeitraum von 1965–1985 zurück, und den die Möglichkeit zu aufholender Entwicklung (internationales *catching-up*) wiedergebenden Entwicklungsstand messen wir anhand der Arbeitsproduktivität zu Beginn des Untersuchungszeitraumes. Für die auf *Bildung* zurückgeführte Variable *Humankapital* können wir auf die in Kapitel 5.2 und 5.3 diskutierten Bildungsstandsdaten zurückgreifen, für die aus der *Sachkapitalakkumulation* abzüglich der Abschreibung resultierende Variable *Sachkapital* stehen unsere in Kapitel 4.2 dargestellten Sachkapitalstockschätzungen zur Verfügung, und den *technischen Fortschritt* berücksichtigen wir anhand der im vorangegangenen geschilderten Ergebnisse unserer Hauptkomponentenanalyse (vgl. Kapitel 6.4) in Form der auf sechs ausgewählten Indikatoren aus den Bereichen *Forschung und Entwicklung* sowie hochspezialisierte *Bildung* beruhenden ersten Hauptkomponente.

7.1 Eine produktionstheoretische Analyse

In diesem Abschnitt erfolgt eine produktionstheoretisch begründete Untersuchung unseres Datensatzes. Diese verfolgt die Absicht, unsere theoretischen Vorstellungen über die in einer makroökonomischen Produktionsfunktion relevanten Variablen empirisch zu überprüfen. Dabei soll folgenden für die weitere Modellspezifizierung wichtigen Fragen nachgegangen werden:

(1) Läßt sich anhand unserer Daten zeigen, daß eine einfache Cobb-Douglas-Produktionsfunktion mit den herkömmlichen Faktoren Arbeit und Kapital fehlspezifiziert ist, da relevante Inputs nicht berücksichtigt werden?

(2) Stellt die Aufnahme von Humankapital als Produktionsfaktor eine Verbesserung der einfachen Cobb-Douglas-Produktionsfunktion dar?

(3) Ist es richtig, daß Humankapital nicht als ein den Faktor Arbeit vermehrender Qualitätsfaktor, sondern als eigenständiger Produktionsfaktor berücksichtigt werden sollte?

(4) Läßt sich zeigen, daß auch unter Zugrundelegung einer geeigneten und richtig spezifizierten Variable für das Humankapital eine Cobb-Douglas-Produktionsfunktion mit den Inputs Kapital, Arbeit und Humankapital noch nicht alle relevanten Größen berücksichtigt?

(5) Bewirkt die Aufnahme unserer aus der Hauptkomponentenanalyse resultierenden Technologievariable TECHNIK für den technischen Fortschritt eine empirische Verbesserung bei der Schätzung der Produktionsfunktion im Länderquerschnitt?

(6) Bestätigen sich produktionstheoretische Vorstellungen über das Fehlen von Skalenerträgen in makroökonomischen Produktionsfunktionen bezüglich bestimmter Inputfaktoren?

Während das Interesse an einer empirischen Überprüfung der ersten fünf Fragen im Hinblick auf unsere Untersuchung unmittelbar erkennbar sein dürfte, verlangt der letzte Punkt – die Frage nach der Skalenelastizität der Produktionsfunktion – eine Erläuterung:

Die Frage, ob sich anhand unserer Daten konstante Skalenerträge zeigen lassen, und, wenn ja, in bezug auf welche der in Frage kommenden Inputfaktoren, ist zunächst methodisch begründet: Wenn in bezug auf bestimmte Produktionsinputs von einer Skalenelastizität von Eins ausgegangen werden kann, dann kann weiteren Schätzungen diese Restriktion auferlegt werden. Damit verringert sich die Zahl der exogenen Variablen, was insbesondere dann zweckmäßig ist, wenn – wie im Falle makroökonomischer Produktionsfunktionen – mit hoher Multikollinearität zu rechnen ist.

Darüber hinaus ist die Skalenelastizität aber auch von theoretischem Interesse. Auf der Aggregationsebene eines Landes ist aus produktionstheoretischer Sicht schwer vorstellbar, daß es bei makroökonomischen Produktionsfunktionen zu zunehmenden oder abnehmenden Skalenerträgen kommen sollte.[1] Mit der Größe des Binnenmarktes und der damit verbundenen Möglichkeit zur Arbeitsteilung und Spezialisierung können zwar zunehmende Skalenerträge einhergehen. Sieht man jedoch von sehr kleinen Ländern ab, dann sind solche Skaleneffekte als gering einzuschätzen. Steigende Skalenerträge für gesamtwirtschaftliche Produktionsfunktionen werden ferner in einigen Modellen der *Neuen Wachstumstheorie* unterstellt.[2] Für abnehmende Skalenerträge gibt es dagegen unter normalen Umständen keine ökonomische Begründung.[3]

Zur Klärung der oben unter (1) bis (6) angeführten Fragen werden im folgenden auf verschiedenen Abstraktionsniveaus Produktionsfunktionen geschätzt, wobei für jeden Schritt der Analyse auf die größtmögliche Anzahl von Beobachtungen zurückgegriffen wird. Diese Anzahl ist dabei bestimmt durch die Möglichkeit, die Daten der 75 Länder unserer Stichprobe über verschiedene Beobachtungszeitpunkte zu *poolen*. Der Beobachtungszeitraum umfaßt 21 Jahre (1965–1985), daher steht maximal ein gepoolter Zeitreihen-Querschnitts-Datensatz über 1575 Fälle zur Verfügung. Über diese 1575 Fälle liegen uns Angaben oder Schätzungen allerdings nur für das Volkseinkommen, die Erwerbsbevölkerung und den Kapitalstock vor. Daneben sind nach den theoretischen Überlegungen der vorangegangenen

---

1 Die Annahme, daß makroökonomische Produktionsfunktionen vom Typ $Y=AK^{\alpha}L^{\beta}$ linear-homogen vom Grad Eins bezüglich der Inputfaktoren Kapital und Arbeit sind, konnte auch empirisch häufig bestätigt werden; vgl. Paul H. DOUGLAS, Comments on the Cobb-Douglas Production Function, in: Murray BROWN (Hg.), The Theory and Empirical Analysis of Production, New York 1967, S. 15–22.

2 Vgl. Kapitel 3.1.2 der vorliegenden Arbeit.

3 Vgl. dazu vor allem die klassische Arbeit von Allyn A. YOUNG, "Increasing Returns and Economic Progress", in: Economic Journal, Vol. 38 (1928), insbes. S. 528 ff. sowie Florian H. FLECK, Die ökonomische Theorie des technischen Fortschritts und seine Identifikation, Meisenheim am Glahn 1973, S. 296 f.

Kapitel aber noch weitere Größen für die Produktion von Belang, insbesondere das Humankapital und der Stand des technischen Wissens.

Zwei verschiedene Humankapitalvariablen (Alphabetisierung und Schuljahre der Bevölkerung ab 25 Jahren) liegen für die Jahre 1965, 1970, 1975, 1980 und 1985 vor, so daß sich daraus ein gepoolter Datensatz mit 375 Fällen bilden läßt. Darüber hinaus verfügen wir über eine aus produktionstheoretischer Sicht vorzuziehende Humankapitalvariable – die von uns bestimmte Anzahl von Schuljahren der Erwerbspersonen –, allerdings nur für die Jahre 1970 und 1980, und nicht zu beiden Zeitpunkten für alle Länder, so daß sich hierfür 131 Beobachtungen ergeben.

7.1.1 Zur Methode: Die Schätzung von *fixed effects*-Modellen

Das Hinzunehmen von weiteren Variablen über das Volkseinkommen und die Produktionsfaktoren Kapital und Arbeit hinaus führt, wie im vorangegangenen festgestellt wurde, ausgehend von einer maximalen, gepoolten Stichprobe mit 1575 Beobachtungen zu einer schrittweisen Verminderung der Fallzahl. Dabei ist mit einem *trade off* zwischen Qualität und Quantität zu rechnen: Je geringer der Abstraktionsgrad, das heißt, je genauer die Produktionsfunktion der theoretischen Vorstellung entspricht, desto geringer wird die Anzahl der zur Verfügung stehenden Beobachtungen, und damit auch die erzielbare Genauigkeit bei der Parameterschätzung. Auf den ersten Blick besteht damit nur die Alternative zwischen (1) der Schätzung von Modellen, die, aufbauend auf einer großen Zahl von Beobachtungen, zwar inferenzstatistische Schlüsse auf relativ geringe Konfidenzintervalle zulassen, theoretisch aber wenig ergiebig sind, und (2) der Schätzung von Regressionsgleichungen mit allen ermittelbaren und aus der Sicht der Theorie als bedeutsam anzusehenden erklärenden Variablen, wobei dann aber nur noch auf wenige Beobachtungen zurückgegriffen werden kann, was – zusätzlich zur erhöhten Anzahl von Regressoren – die Zahl der Freiheitsgrade empfindlich vermindert. Kommt dann noch Multikollinearität zwischen den exogenen Variablen hinzu, ist eine statistische Absicherung der geschätzten Parameter kaum noch möglich.

Im folgenden wird ein Untersuchungsdesign gewählt, welches einen Ausweg aus dem dargestellten Dilemma darstellt. Dazu wird auf die Schätzung sogenannter *fixed effects*-Modelle zurückgegriffen.[4] Diese bieten dem Untersucher bei der Schätzung von Regressionsgleichungen anhand ge-

---

4 Vgl. J. JOHNSTON, Econometric Methods, 3. Aufl., New York 1984, S. 396 ff. Diese Modelle werden in der Literatur gelegentlich auch als "Kovarianz-Modelle" bezeichnet; vgl. Robert S. PINDYCK und Daniel S. RUBINFELD, Econometric Models and Economic Forecasts, New York 1976, S. 202 ff.

pooler Datensätze die Möglichkeit, bereits im Schätzansatz zu berücksichtigen, daß ein Modell aufgrund fehlender exogener Variablen fehlspezifiziert sein könnte, sei es in Kenntnis der fehlenden und theoretisch bedeutsamen, praktisch aber nicht ermittelbaren Variablen, sei es in Unkenntnis der fehlenden Variablen.

Die Eigenart eines *fixed effects*-Modells besteht darin, bei der Regression einer endogenen Variable Y_{it} (i=1,...,j und t=1,... ,u) auf k exogene Variablen X_h (h=1,...,k):

$$Y_{it} = a_0 + \sum_{h=1}^{k} a_h \; X_{hit} + e_{it}$$

in einem gepoolten Datensatz über j Beobachtungsobjekte und u Zeitpunkte, d.h. n=j×u Fälle, auf bestimmte Weise die Restriktion aufzuheben, daß die Regressionskonstante a_0 über alle Fälle gleich zu sein hat. Dabei ist sowohl die Freigabe von a_0 über die Untersuchungsobjekte als auch über die Beobachtungszeitpunkte möglich. Auf diese Weise werden bei der Regression aus theoretischen Gründen angenommene Besonderheiten hinsichtlich der Untersuchungsobjekte oder -zeitpunkte zugelassen, ohne daß diese jedoch genau bestimmt werden müssen. Diese Besonderheiten werden dabei im Falle der Freigabe von a_0 über die Beobachtungszeitpunkte für jedes Objekt i als identisch angenommen und im Falle der Freigabe von a_0 über die Beobachtungs*objekte* für alle Zeitpunkte t. Die beiden Modelle lauten demnach:

(1) $$Y_{it} = a_i + \sum_{h=1}^{k} a_h \, X_{hit} + e_{it} \quad \text{und}$$

(2) $$Y_{it} = a_t + \sum_{h=1}^{k} a_h \, X_{hit} + e_{it}.$$

Praktisch wird dabei so verfahren, daß entweder für j–1 Beobachtungsobjekte[5] oder für u–1 Beobachtungszeitpunkte 0,1-Dummyvariablen (D_i bzw. D_t) in den Schätzansatz aufgenommen werden, so daß:

---

5 Anwendungsbeispiele für *fixed effects*-Modelle mit Länder-Dummyvariablen sind: Ann HARRISON, Opennes and Growth: A Time-Series, Cross-Country Analysis of Developing Countries, World Development Report Working Papers WPS 809, Washington, D.C. 1991 sowie Jan FAGERBERG, Innovation, Catching-Up and Growth, in:

(1a) $$Y_{it} = a_0 + \sum_{h=1}^{k} a_h X_{hit} + \sum_{i=1}^{j-1} b_i D_i + e_{it},$$

(2a) $$Y_{it} = a_0 + \sum_{h=1}^{k} a_h X_{hit} + \sum_{t=1}^{u-1} b_t D_t + e_{it}.$$

Die Koeffizienten der einzelnen Dummyvariablen entsprechen dabei der Differenz der Regressionskonstante des i-ten Objekts (des t-ten Zeitpunkts) zu a_0, wobei a_0 die Regressionskonstante des Objekts i (des Zeitpunkts t) darstellt, für das (den) keine Dummyvariable in die Schätzung aufgenommen wurde.

Zur Evaluierung von *fixed effects*-Modellen ist ein F-Test auf die gemeinsame Signifikanz der entsprechenden Dummyvariablen vorzunehmen. Erweisen sich diese nicht als signifikant[6], so ist die Vermutung, daß hinsichtlich der Objekte bzw. der Beobachtungszeitpunkte bestimmte, nicht bereits durch die k Regressoren X_h berücksichtigte Besonderheiten vorliegen, zurückzuweisen. Der heranzuziehende Signifikanztest entspricht dem Test eines stärker restringierten Modells (hier: ohne Dummyvariablen) gegenüber einem allgemeineren Modell (hier: mit Dummyvariablen). Dabei ist auf folgende F-Statistik mit d und n–k–1 Freiheitsgraden zurückzugreifen:

$$(F_{d,\,n-k-1}) = [(QSR_r - QSR_u)/d] \,/\, [QSR_u/(n-k-1)],$$

wobei d der Anzahl der Restriktionen, n der Anzahl der Beobachtungen, k der Anzahl der exogenen Variablen im unrestringierten Modell und QSR_r bzw. QSR_u den Quadratsummen der Residuen im restringierten und im unrestringierten Modell entsprechen. Bei Überschreiten des bei einem gewählten Signifikanzniveau durch die F-Verteilung gegebenen kritischen Wertes ist die Nullhypothese, daß die auferlegten Restriktionen nicht zu einer Verschlechterung des Schätzansatzes führen, zurückzuweisen.[7]

OECD, Technology and Productivity. The Challenge for Economic Policy, Paris 1991, S. 37–46.

6 In der vorliegenden Untersuchung werden grundsätzlich Signifikanztests für die drei konventionellen Signifikanzniveaus 0,01, 0,05 und 0,1 durchgeführt. Verbreiteter Terminologie folgend, soll bei einer Irrtumswahrscheinlichkeit von weniger als 1 % von "hochsignifikanten" Ergebnissen gesprochen werden, bei 1 % bis weniger als 5 % von "signifikanten"; Signifikanzniveaus bis zu einer Irrtumswahrscheinlichkeit von 10 % werden als "schwach signifikant" bezeichnet.

7 Vgl. J. JOHNSTON, Econometric Methods, a.a.O., S. 187 ff.

Es sei zum Abschluß der methodischen Anmerkungen noch auf folgendes hingewiesen: Zum Vergleich der Anpassung verschiedener Regressionen ist das Bestimmtheitsmaß R^2 nur bedingt geeignet, da es sich bei Aufnahme weiterer exogener Variablen in einen Schätzansatz auch dann erhöht, wenn der Erklärungsbeitrag der hinzugenommenen Variablen insignifikant ist. In der ökonometrischen Literatur wird daher zur ersten Abschätzung der Modellanpassung dem um die Zahl der aufgegebenen Freiheitsgrade *korrigierten Bestimmtheitsmaß* – im folgenden *kursiv* geschrieben – der Vorzug gegeben, welches definiert ist als[8]:

$$\mathit{R}^2 = \mathrm{R}^2 - [(k-1)/(n-k)](1-\mathrm{R}^2),$$

wobei k die Anzahl der exogenen Variablen, und n die Anzahl der Beobachtungen bezeichnen. Es ist ersichtlich, daß bei mehr als einer exogenen Variable das korrigierte Bestimmtheitsmaß R^2 geringer ist als R^2. Wo im folgenden Regressionen mit mehreren exogenen Variablen geschätzt werden, wird daher an Stelle des einfachen Bestimmtheitsmaßes das korrigierte Bestimmtheitsmaß angegeben.

7.1.2 Schätzungen von Produktionsfunktionen anhand gepoolter Daten

Im ersten Schritt erfolgt die Schätzung einer einfachen Cobb-Douglas-Produktionsfunktion[9] über die 1575 Fälle des gepoolten Datensatzes:

$$Y_{it} = A\, K_{it}^{\alpha}\, L_{it}^{\beta}.$$

Dabei ist A eine Konstante, und Y, K und L stehen für das Volkseinkommen sowie die Produktionsfaktoren Kapital und Arbeit.[10] Diese Produktionsfunktion ist jedoch wegen des Fehlens des Humankapitals als Produktionsinput und der mangelnden Berücksichtigung des technischen Fortschritts vermutlich fehlspezifiziert.

Die einfachste von der Theorie nahegelegte Modifikation ist die Berücksichtigung von exogenem technischen Fortschritt, so daß wir im zweiten Schritt die Produktionsfunktion

---

8 J. JOHNSTON (ebenda, S. 177) führt dazu verschiedene äquivalente Schreibweisen an.

9 Die Cobb-Douglas-Produktionsfunktion wird im Vergleich zur weniger stark restringierten, dafür aber ökonometrisch schwieriger zu handhabenden CES-Produktionsfunktion bei hochaggregierten Fragestellungen als geeigneter angesehen; vgl. dazu Karl Heinrich OPPENLÄNDER, Investitionsinduzierter technischer Fortschritt, Berlin 1976, S. 21 ff.

10 Es sei hier daran erinnert, daß K und L um den Auslastungsgrad korrigiert sind (vgl. Kapitel 4.4).

$$Y_{it} = A_t K_{it}^{\alpha} L_{it}^{\beta}$$

schätzen, wobei $A_t = A_0 e^{nt}$. Die Konstante n entspricht dabei der Rate des exogen gegebenen, allein durch die Zeit t hervorgebrachten technischen Fortschritts.

Im dritten und vierten Schritt erfolgt mit der Aufnahme von Dummyvariablen für 74 von 75 Ländern bzw. für 20 von 21 Jahren die Schätzung der beiden *fixed effects*-Modelle:

$$Y_{it} = A_t K_{it}^{\alpha} L_{it}^{\beta} \quad \text{und} \quad Y_{it} = A_i K_{it}^{\alpha} L_{it}^{\beta}.$$

Die Schätzergebnisse der aus den vier Modellspezifizierungen für den gepoolten Gesamtdatensatz folgenden Regressionen sind in Tabelle 7.1 wiedergegeben.

Tabelle 7.1 Cobb-Douglas-Produktionsfunktion und *fixed effects*-Modelle in der gepoolten Stichprobe (n=1575)

ln Y =	3,280* +	0,649* ln K +	0,336* ln L		R^2=0,970
	(0,065)	(0,005)	(0,008)		
ln Y =	3,276* +	0,648* ln K +	0,336* ln L +	0,001 t	R^2=0,970
	(0,065)	(0,006)	(0,008)	(0,001)	
ln Y =	3,263* +	0,648* ln K +	0,336* ln L +	JAHRE	R^2=0,970
	(0,072)	(0,006)	(0,008)		
ln Y =	2,828* +	0,663* ln K +	0,337* ln L +	LÄNDER*	R^2=0,998
	(0,111)	(0,009)	(0,025)		

Standardfehler in Klammern, R^2 ist um die Zahl der Freiheitsgrade korrigiert. Die Koeffizienten für die Jahres- und Länder-Dummyvariablen sind nicht angeführt, deren gemeinsame Signifikanz zeigen die Anmerkungen zum Signifikanzniveau. Signifikanztest für einseitige Fragestellungen: * signifikant mit p≤0,01.

Gegenüber der einfachen Cobb-Douglas-Produktionsfunktion stellt die 2. Schätzung, welche mit der Hinzunahme einer für den exogenen technischen Fortschritt stehenden Zeitvariable dem traditionellen Wachstumsmodell entspricht, keine signifikante Verbesserung dar; bei $F_{(1,1571)}=1{,}43$ wird nicht einmal das 10-Prozent-Signifikanzniveau erreicht. Auch die erste Variante des *fixed effects*-Modells (3. Schätzung) mit 20 Dummyvariablen für die Jahre 1966–1985 erzielt gegenüber der 1. Schätzung keine signifikante Verbesserung ($F_{(20.1522)}=0{,}21$). Die Zeit ist demnach auch dann nicht relevant, wenn nicht, wie in der 2. Gleichung, ein linearer Zeittrend unterstellt wird, sondern für jedes einzelne Jahr spezifische Verhältnisse zugelassen werden.

Die 4. Schätzung, das *fixed effects*-Modell mit 74 Länder-Dummyvariablen, ergibt dagegen eine deutlich verbesserte Schätzung; der F-Test für die gemeinsame Bedeutung der Länder-Dummyvariablen zeigt, daß diese hochsignifikant sind ($F_{(74,1498)}=303$).

Wenn sich die Dummyvariablen in einem *fixed effects*-Modell als signifikant erwiesen, zeigt dies, daß das einfachere, d.h. stärker restringierte Modell wegen mangelnder Berücksichtigung relevanter exogener Variablen fehlspezifiziert ist. Die einfache Cobb-Douglas-Produktionsfunktion vom Typ $Y=AK^{\alpha}L^{\beta}$ ist demnach als fehlspezifiziert anzusehen, da dabei signifikante Charakteristika der einzelnen Länder nicht berücksichtigt werden; die adäquate Spezifizierung für den gepoolten Gesamtdatensatz ist das *fixed effects*-Modell mit länderspezifischen Effekten.

Dieser Befund wird durch die Betrachtung der empirischen Skalenelastizität der 4 Modelle erhärtet; während in den ersten drei Modellen die Skalenelastizität kleiner als Eins ist, ergibt sich aus der Schätzung des 4. Modells ein Wert von 1,00. Dieses Ergebnis ist hochsignifikant: Die Nullhypothese $\alpha+\beta=1$ kann für die ersten drei Gleichungen mit $p\leq0,01$ zurückgewiesen werden, denn die Schätzung des mit der Restriktion $\alpha+\beta=1$ geschätzten Modells ergibt mit $F_{(1,1572)}=8,46$ für die Cobb-Douglas-Produktionsfunktion, $F_{(1,1571)}=8,97$ für die 2. Gleichung und $F_{(1,1552)}=8,88$ für die 3. Gleichung hochsignifikant verschlechterte Anpassungen. Nach diesen Modellen würde eine Vervielfachung des Kapital- und Arbeitseinsatzes um einen bestimmten Faktor nur zu einer im Verhältnis zu diesem Faktor geringeren Erhöhung des Output führen, was darauf hindeutet, daß wahrscheinlich in diesen Fällen produktionsrelevante Inputs nicht berücksichtigt sind.

Für das *fixed effects*-Modell nach der 4. Gleichung zeigt sich dagegen, daß bei der Berücksichtigung länderspezifischer Besonderheiten durch Dummyvariablen mit $F_{(1,1498)}=0,002$ von konstanten Skalenerträgen ausgegangen werden kann.[11]

---

[11] Auffällig ist bereits, daß in allen 4 Ansätzen der frei geschätzte Koeffizient für die Produktionselastizität von Sachkapital α höher ist als der allgemein angenommene Faktoranteil von etwa 0,35–0,5. Dieses Ergebnis tritt allerdings bei der Schätzung makroökonomischer Produktionsfunktionen häufig auf. Robert C. FEENSTRA und James R. MARKUSEN (Accounting for Growth with New Inputs, NBER Working Paper No. 4114, Cambridge (Mass.) 1992, S. 18.) sprechen in diesem Zusammenhang bereits von einem "empirical stylized fact". Vgl. dazu auch Michael D. INTRILIGATOR, Productivity and the Embodiment of Technical Progress, in: Scandinavian Journal of Economics, Vol. 94 (1992), Supplement, S. 76 ff. Zur Erklärung ist anzunehmen, daß der

Somit können wir feststellen, daß ein *fixed effects*-Modell – die um länderspezifische Dummyvariablen ergänzte Cobb-Douglas-Produktionsfunktion – für diese Analyseebene die adäquate Spezifizierung darstellt. Im weiteren ist daher nach den sich hinter den Länder-Dummyvariablen verbergenden Größen zu suchen. Dafür kommen insbesondere die in den vorangegangenen Kapiteln als theoretisch relevante Produktionsinputs identifizierten Variablen zum Humankapital in Betracht.

Unter diesen Variablen weisen die als einfache Humankapital-Proxigröße interpretierbaren Angaben zur Alphabetisierung mit Werten für die Jahre 1965, 1970, 1975, 1980 und 1985 die größte Beobachtungshäufigkeit auf, woraus sich ein gepoolter Datensatz über 375 Fälle ergibt. Im folgenden Schritt wird anhand dieser Daten eine um den Produktionsfaktor Humankapital (H) erweiterte Cobb-Douglas-Produktionsfunktion geschätzt, wobei:

$$Y_{it} = A\, K_{it}^{\alpha}\, L_{it}^{\beta}\, H_{it}^{\gamma}.$$

Die Ergebnisse der auf dieser Produktionsfunktion beruhenden Schätzungen sind in Tabelle 7.2 wiedergegeben.

Tabelle 7.2 Regression von ln Y auf ln K, ln L und ln ALPHA, mit und ohne Länder-Dummyvariablen (n=375)

ln Y =	3,750* +	0,604* ln K +	0,252* ln L +	0,129* ln ALPHA[a]	
	(0,199)	(0,018)	(0,032)	(0,041)	R^2=0,970
ln Y =	3,339* +	0,650* ln K +	0,253* ln L +	0,057‡ ln ALPHA	+LÄNDER*
	(0,358)	(0,022)	(0,082)	(0,034)	R^2=0,997

[a] ALPHA: Anzahl der alphabetisierten Beschäftigten.

R^2 ist um die Zahl der Freiheitsgrade korrigiert, Standardfehler in Klammern. Die Koeffizienten für die Länder-Dummyvariablen sind nicht angeführt, gemeinsam sind diese signifikant mit p≤0,01. Signifikanztests für einseitige Fragestellungen: * signifikant mit p≤0,01, ‡ signifikant mit p≤0,05.

Kapitalstock mit nicht berücksichtigten produktionsrelevanten Variablen positiv korreliert ist, so daß der geschätzte Koeffizient α zu hoch ausfällt. In unseren folgenden Schätzungen zeigt sich dementsprechend – darauf sei bereits an dieser Stelle hingewiesen –, daß mit der Berücksichtigung weiterer Produktionsfaktoren die geschätzten Werte für α geringer ausfallen.

Tabelle 7.2 zeigt, daß die einfache Humankapitalvariable "Anzahl der alphabetisierten Beschäftigten"[12] (ALPHA) einen hochsignifikanten Regressionskoeffizienten aufweist. Wie bei der vorangehenden Schätzung anhand des Gesamtdatensatzes ergibt sich auch hier keine Verbesserung des Schätzansatzes durch die Berücksichtigung der zeitlichen Dimension, und zwar weder durch die Aufnahme einer Trendvariable noch durch Aufnahme von Jahres-Dummyvariablen.[13] Das *fixed effects*-Modell mit Dummyvariablen für die Länder

$$Y_{it} = A_i \, K_{it}^{\alpha} \, L_{it}^{\beta} \, H_{it}^{\gamma}$$

stellt dagegen gegenüber der einfachen Produktionsfunktion wieder eine hochsignifikant verbesserte Schätzung dar ($F_{(74,297)}$=42,8). Demnach sind auch nach Aufnahme dieser einfachen Humankapital-Proxivariable noch wesentliche Bestimmungsfaktoren unberücksichtigt geblieben.

Der hier gewählten Spezifizierung des Humankapitals als eigenständige Variable liegt die theoretische Annahme zugrunde, daß Humankapital neben dem Produktionsfaktor Arbeit separat in die Produktionsfunktion aufgenommen werden sollte.

Daneben ist aber auch die Annahme verbreitet, daß Humankapital als ein reines Qualitätsmaß für den Faktor Arbeit anzusehen sei. Dabei wird eine multiplikative Verknüpfung des Faktors Arbeit mit einem humankapitaltheoretisch zu begründenden Qualitäts- oder Fortschrittsfaktor H/L vorgenommen, so daß E=L(H/L). Die entsprechende Produktionsfunktion unter Einschluß des resultierenden Faktors effektive Arbeit (E) lautet demnach:

$$Y = A \, K^{\alpha} \, E^{\varepsilon}.$$

Im Unterschied zu unserer Produktionsfunktion wird hier an Stelle der Produktionsfaktoren L und H von einem einzigen homogenen Produktionsfaktor E ausgegangen. Da dies gleichbedeutend ist mit der Auferlegung einer

---

12 Zur Schätzung der Anzahl der alphabetisierten Beschäftigten wird die Anzahl der Beschäftigten mit der Alphabetisierungsquote multipliziert. Dabei sind hier – wie auch im folgenden – unter den Beschäftigten die nicht arbeitslosen Erwerbspersonen, d.h. der um den Auslastungsgrad korrigierte Faktor Arbeit, zu verstehen, so daß die Selbständigen, ohne daß es ferner besonderer Erwähnung bedarf, in unsere Betrachtung eingeschlossen sind.

13 Die entsprechenden Schätzgleichungen sind daher auch nicht in der Tabelle angeführt; das gleiche gilt für die folgenden Darstellungen. Über die Ergebnisse und Signifikanz der F-Tests auch hinsichtlich der zurückgewiesenen Modelle informiert zusammenfassend Tabelle 7.5 (S. 161).

Restriktion auf unsere Spezifizierung der Produktionsfunktion, läßt sich die Hypothese, daß das in der Literatur verbreitete Alternativmodell bevorzugt werden sollte, mit Hilfe der beschriebenen F-Statistik testen. Dabei zeigt sich, daß die Alternativhypothese $Y=AK^{\alpha}E^{\varepsilon}$ auf hohem Signifikanzniveau zurückzuweisen ist ($F_{(1,371)}=64{,}0$).

Zurückgewiesen werden kann auch die Hypothese $\alpha+\beta=1$, wobei mit K und L bereits alle relevanten Produktionsinputs erfaßt wären und Humankapital als reine Kontrollvariable angesehen werden müßte ($F_{(1,371)}=11{,}5$).

Bestimmte Modelle der *Neuen Wachstumstheorie* beruhen auf der Annahme konstanter Skalenerträge in bezug auf die reproduzierbaren Produktionsfaktoren. In vorliegenden Fall entspricht dies der Hypothese $\alpha+\gamma=1$.[14] Auch diese Hypothese kann jedoch klar zurückgewiesen werden; der entsprechende F-Wert ist mit $F_{(1,371)}=84{,}5$ hochsignifikant.

Dagegen läßt sich die aus dem von uns favorisierten Modell folgende Annahme einer Skalenelastizität von Eins in bezug auf die Produktionsfaktoren K, L und H bestätigen: Der F-Test zeigt, daß die Restriktion $\alpha+\beta+\gamma=1$ das Schätzergebnis nicht signifikant verschlechtert ($F_{(1,371)}=2{,}00$; kritischer Wert für das 10-Prozent-Signifikanzniveau: F=2,65), so daß die Alternativhypothese $\alpha+\beta+\gamma\neq1$ keine Unterstützung erfährt.

Auf der gegebenen Analyseebene steht neben der Alphabetisierung noch eine weitere Humankapitalvariable zur Verfügung. Dabei handelt es sich um die durchschnittliche Anzahl der Schuljahre für die Bevölkerung ab 25 Jahren aus der Datenbank von BARRO und LEE[15], in welcher für die Jahre 1965, 1970, 1975, 1980 und 1985 zu 73 Ländern aus unserer Stichprobe Angaben enthalten sind (Variable SCHULE25)[16]. Die Schätzung der Produktionsfunktion:

$$Y_{it} = A\, K_{it}^{\alpha}\, L_{it}^{\beta}\, H_{it}^{\gamma}$$

über die gepoolte Stichprobe mit 365 Beobachtungen ergibt:

---

14 Vgl. dazu Kapitel 3.1.2 der vorliegenden Arbeit. Siehe auch N. Gregory MANKIW, David ROMER und David N. WEIL, A Contribution to the Empirics of Economic Growth, in: Quarterly Journal of Economics, Vol. 107 (1992), S. 421 f.

15 Robert J. BARRO und Jong-Wha LEE, International Comparisons of Educational Attainment, World Bank Conference "How Do National Policies Affect Long Run Growth", Washington, D.C., Feb. 1993. Vgl. dazu Kapitel 5.3, Anmerkung 20 der vorliegenden Arbeit. Die Beschreibung der Daten erfolgt im Anhang (Kapitel 8.3.5.2).

16 Zur Schätzung der Anzahl der Personenschuljahre der Beschäftigten ab 25 Jahren wird die Anzahl der Beschäftigten mit der durchschnittlichen Anzahl von Schuljahren nach BARRO und LEE multipliziert.

$$\ln Y = \underset{(0{,}183)}{3{,}360} + \underset{(0{,}020)}{0{,}636} \ln K + \underset{(0{,}024)}{0{,}322} \ln L + \underset{(0{,}033)}{0{,}026} \ln \textsc{Schule}25, \quad R^2=0{,}970, \; n=73$$

wobei in Klammern die Standardfehler angegeben sind und das Bestimmtheitsmaß um die Zahl der Freiheitsgrade korrigiert ist. Die Koeffizienten für die Konstante sowie K und L sind mit einer Irrtumswahrscheinlichkeit von weniger als 1 % signifikant, der Koeffizient der Humankapitalvariable dagegen ist mit einem t-Wert von 0,81 klar insignifikant.

Eine weitere Überprüfung zeigt darüber hinaus, daß sich in dieser Produktionsfunktion konstante Skalenerträge bereits in bezug auf die beiden herkömmlichen Produktionsfaktoren Kapital und Arbeit ergeben; die Alternativhypothese $\alpha+\beta<1$ ist bei einem F-Wert von $F_{(1,361)}=1{,}39$ (kritischer Wert für $p\leq 0{,}1$: $F=2{,}65$) zurückzuweisen. Damit zeigt sich, daß die bereits in Kapitel 5.3 vorgebrachte Skepsis hinsichtlich der Validität der Daten von BARRO und LEE zur Messung von Humankapital in produktionstheoretischen Zusammenhängen berechtigt ist. Zu vermuten ist, daß die Ergebnisse von Bildungsanstrengungen insbesondere in Zeiten schneller Bildungsexpansion stark in den Personen unter 25 Jahren verkörpert sind und daß diese Personengruppe zudem – besonders in ärmeren Ländern – einen großen Teil der Beschäftigten darstellt. Die Nichtberücksichtigung der unter 25jährigen ist daher in produktionstheoretisch begründeten Länderquerschnittsuntersuchungen unangebracht; die Anzahl der Schuljahre in der Bevölkerung ab 25 Jahren nach BARRO und LEE ist in einer aggregierten Produktionsfunktion für Länder aller Entwicklungsniveaus nicht als geeignete Variable für den Produktionsfaktor Humankapital anzusehen.

Im nächsten Schritt soll überprüft werden, ob unsere Humankapitalvariable – die Anzahl der Schuljahre aller Beschäftigten (SCHULE) – zu plausibleren Schätzergebnissen führt. Dafür muß allerdings eine weitere Verminderung des Stichprobenumfangs in Kauf genommen werden, denn für die Variable SCHULE konnten wir nur Angaben zu den Jahren um 1970 und 1980 mit insgesamt 131 Beobachtungen erheben. Von diesen 131 Angaben sind für den Vergleich unserer Humankapitalvariable mit der von BARRO und LEE noch die Beobachtungen für die Elfenbeinküste von 1970 sowie die für Nigeria von 1980 auszuschließen, da für diese Länder in der Datenbank von BARRO und LEE keine Angaben enthalten sind. Die für den Vergleich der Humankapitalvariablen herangezogene Stichprobe ist damit von der Abgrenzung her identisch und besteht aus insgesamt 129 Beobachtungen zu Zeitpunkten um 1970 und 1980. Für diese Länder und Zeitpunkte liegt uns zum Humankapital zudem noch eine dritte Variable, die bereits im vorangegangenen erprobte Alphabetisierungsquote, vor, so daß wir diese in den

Vergleich einbeziehen werden. Die Ergebnisse dieses Vergleichs der drei Humankapitalvariablen in der Produktionsfunktion

$$Y_{it} = A\, K_{it}^{\alpha}\, L_{it}^{\beta}\, H_{it}^{\gamma}$$

sind in Tabelle 7.3 wiedergegeben, wobei zur Schätzung von H alternativ die Anzahl der alphabetisierten Beschäftigten, die Anzahl der Personenschuljahre der Beschäftigten ab 25 Jahren und die Anzahl der Personenschuljahre in der beschäftigten Erwerbsbevölkerung herangezogen werden.

Tabelle 7.3 Vergleich der Humankapitalvariablen ALPHA, SCHULE und SCHULE25 in einer Produktionsfunktion (n=129)

ln Y =	3,837* +	0,608* ln K +	0,195* ln L +	0,168* ln ALPHA[a]	
	(0,328)	(0,030)	(0,053)	(0,069)	R^2=0,975
ln Y =	3,357* +	0,647* ln K +	0,287* ln L +	0,037 ln SCHULE25[b]	
	(0,284)	(0,032)	(0,040)	(0,054)	R^2=0,974
ln Y =	3,560* +	0,587* ln K +	0,158* ln L +	0,227* ln SCHULE[c]	
	(0,234)	(0,029)	(0,051)	(0,067)	R^2=0,976

a ALPHA: Anzahl der alphabetisierten Beschäftigten.
b SCHULE25: Anzahl der Personenschuljahre in der beschäftigten Bevölkerung ab 25 J.
c SCHULE: Anzahl der Personenschuljahre der Beschäftigten.

Standardfehler in Klammern, R^2 ist um die Zahl der Freiheitsgrade korrigiert. t-Tests für einseitige Fragestellungen: * signifikant mit p≤0,01.

Der Vergleich der Humankapitalvariablen SCHULE und SCHULE25 zeigt eine deutliche Überlegenheit unserer Variable SCHULE, der Personenschuljahre in der Erwerbsbevölkerung: Wenn diese als Proxivariable für Humankapital herangezogen wird, ergeben sich bei der Schätzung einer Produktionsfunktion mit den Inputs Kapital, Arbeit und Humankapital für alle Produktionselastizitäten hochsignifikante Koeffizienten. Dagegen ist der Koeffizient der Humankapitalvariable SCHULE25 mit einem t-Wert von nur 0,68 auch hier wieder insignifikant.

Eine Mittelposition nimmt die Variable zur Alphabetisierung ein. Sie ist hier, wie schon im über 375 Beobachtungen gepoolten Datensatz, signifikant positiv; ein anderes Bild ergibt sich jedoch, wenn dabei länderspezifische Besonderheiten zugelassen werden: in diesem Fall wird auch die Humankapitalvariable zur Anzahl der Alphabetisierten insignifikant.

Die Schätzergebnisse der entsprechenden *fixed effects*-Modelle unter Einschluß von 74 Länder-Dummyvariablen zeigt Tabelle 7.4.[17]

Tabelle 7.4 Schätzungen von drei *fixed effects*-Modellen mit verschiedenen Humankapitalvariablen (n=129)

$$\ln Y = \underset{(0{,}592)}{2{,}345^*} + \underset{(0{,}034)}{0{,}592^*} \ln K + \underset{(0{,}152)}{0{,}484^*} \ln L + \underset{(0{,}073)}{0{,}080} \ln \text{ALPHA}^a + \text{LÄNDER}^* \quad R^2=0{,}999$$

$$\ln Y = \underset{(0{,}559)}{2{,}327^*} + \underset{(0{,}035)}{0{,}583^*} \ln K + \underset{(0{,}121)}{0{,}525^*} \ln L + \underset{(0{,}045)}{0{,}049} \ln \text{SCHULE25}^b + \text{LÄNDER}^* \quad R^2=0{,}999$$

$$\ln Y = \underset{(0{,}527)}{2{,}355^*} + \underset{(0{,}035)}{0{,}580^*} \ln K + \underset{(0{,}119)}{0{,}511^*} \ln L + \underset{(0{,}046)}{0{,}060^\dagger} \ln \text{SCHULE}^c + \text{LÄNDER}^* \quad R^2=0{,}999$$

a ALPHA: Anzahl der alphabetisierten Beschäftigten.
b SCHULE25: Anzahl der Personenschuljahre in der beschäftigten Bevölkerung ab 25 J.
c SCHULE: Anzahl der Personenschuljahre der Beschäftigten.

R^2 ist um die Zahl der Freiheitsgrade korrigiert, Standardfehler in Klammern. Die Koeffizienten für die Jahres- und Länder-Dummyvariablen sind nicht angeführt, deren gemeinsame Signifikanz zeigen die Anmerkungen zum Signifikanzniveau. Signifikanztests für einseitige Fragestellungen: * signifikant mit $p \leq 0{,}01$, † signifikant mit $p \leq 0{,}10$.

Aus der Tabelle ist ersichtlich, daß die Variable SCHULE als einzige der herangezogenen Humankapitalvariablen auch dann noch zumindest auf dem 10-Prozent-Niveau signifikant positiv ist, wenn $j-1$ Länder-Dummyvariablen in die Schätzung aufgenommen werden.

Auch weitere zur Überprüfung der Modellspezifizierung durchgeführte Tests bestätigen die Tauglichkeit der Variable SCHULE zur Messung des Produktionsfaktors Humankapital in einer Produktionsfunktion vom Typ $Y=A K^{\alpha} L^{\beta} H^{\gamma}$: Die Alternativhypothese, daß an Stelle der separaten Berücksichtigung des Humankapitals als Produktionsfaktor eher das Humankapital pro Arbeitskraft zur qualitativen Gewichtung des Faktors Arbeit herangezogen werden sollte, kann zurückgewiesen werden ($F_{(1,127)}=16{,}0$); ebenso die

17 Um die Vergleichbarkeit mit den vorangegangen Regressionen zu gewährleisten, wird hier mit den bisherigen 129 Fällen weitergerechnet, obwohl für die Variable SCHULE 131 Beobachtungen zur Verfügung stehen. Eine Kontrollrechnung zeigt jedoch, daß alle Ergebnisse für die entsprechende Regression mit n=131 Fällen bezüglich der hier dargestellten Dezimalstellen identisch sind. Für die im weiteren folgenden Signifikanztests werden daher alle 131 verfügbaren Beobachtungen herangezogen.

Hypothese $\alpha+\beta=1$, nach welcher Humankapital nicht als herkömmlich entlohnter Produktionsfaktor aufzufassen wäre ($F_{(1,127)}=10{,}7$). Auch die in verschiedenen Modellen der *Neuen Wachstumstheorie* zugrundegelegte Annahme konstanter Skalenerträge in bezug auf die reproduzierbaren Produktionsfaktoren ($\alpha+\gamma=1$) kann mit einem hochsignifikanten F-Wert klar zurückgewiesen werden ($F_{(1,127)}=23{,}3$).

Dagegen ist die unserer Vorstellung entsprechende Hypothese, nach der sich eine Skalenelastizität von Eins in bezug auf die Produktionsfaktoren Sachkapital, Arbeit und Humankapital ergeben sollte ($\alpha+\beta+\gamma=1$), bei einer Teststatistik von $F_{(1,127)}=2{,}42$ mit den vorliegenden Daten zu vereinbaren (der kritische Wert für $p\leq 0{,}1$ beträgt $F=2{,}68$).

Von den zur Messung des Produktionsfaktors Humankapital herangezogenen Größen bewährt sich damit in erster Linie unsere Variable SCHULE. Die von anderen Untersuchern häufig verwendete Alphabetisierung erscheint in dieser Hinsicht als etwas weniger geeignet, und die jüngst vorgeschlagene Variable zum Bildungsstand von Personen ab 25 Jahren erweist sich, unseren theoretischen Vorbehalten entsprechend, auch empirisch als untauglich.

Die in diesem Abschnitt für die verschiedenen gepoolten Datensätze von n=1575 bis n=131 durchgeführten Hypothesentests sind abschließend zur Übersicht in Tabelle 7.5 zusammengefaßt.

Tabelle 7.5 Überprüfung produktionstheoretischer Hypothesen

Hypothese Spezifizierung n	$Y=A K^{\alpha} L^{\beta}$ n=1575	H=ALPHA $Y=AK^{\alpha}L^{\beta}H^{\gamma}$ n=375	H=SCHULE25 $Y=AK^{\alpha}L^{\beta}H^{\gamma}$ n=365	H=SCHULE $Y=AK^{\alpha}L^{\beta}H^{\gamma}$ n=131
H ist als Produktionsfaktor nicht signifikant	keine Prüfung möglich	nein t=3,14*	ja t=0,81	nein t=2,96*
$\alpha + \beta = 1$	nein, < 1 $F^{1}_{1572}=8{,}46$*	nein, < 1 $F^{1}_{371}=11{,}5$*	ja $F^{1}_{361}=1{,}39$	nein, <1 $F^{1}_{127}=10{,}7$*
$\alpha + \gamma = 1$	keine Prüfung möglich	nein, < 1 $F^{1}_{371}=84{,}5$*	[a]	nein, <1 $F^{1}_{127}=23{,}3$*
$\alpha + \beta + \gamma = 1$	keine Prüfung möglich	ja $F^{1}_{371}=2{,}00$	[a]	ja $F^{1}_{127}=2{,}42$
H/L ist als ein Qualitätsmaß für den Faktor Arbeit anzusehen	keine Prüfung möglich	nein $F^{1}_{371}=64{,}0$*	[a]	nein $F^{1}_{127}=16{,}0$*
Die Zeit ist als Variable nicht signifikant in: $A_t = A_0^{nt}$	ja $F^{1}_{1571}=1{,}43$	ja $F^{1}_{370}=0{,}07$	[a]	ja $F^{1}_{126}=0{,}40$
Dummyvariablen für die Jahre sind gemeinsam nicht signifikant	ja $F^{20}_{1552}=0{,}22$	ja $F^{4}_{367}=0{,}34$	[a]	ja $F^{1}_{126}=0{,}40$
Dummyvariablen für die Länder sind gemeinsam nicht signifikant	nein $F^{74}_{1498}=303$*	nein $F^{74}_{297}=42{,}8$*	[a]	nein $F^{74}_{53}=30{,}9$*
Dabei: H ist als Produktionsfaktor nicht signifikant	keine Prüfung möglich	nein t=1,68‡	[a]	nein t=1,32†

ALPHA: Anzahl alphabetisierte Beschäftigte; SCHULE25: Anzahl Personenschuljahre der Beschäftigten ab 25 Jahren; SCHULE: Anzahl der Personenschuljahre der Beschäftigten.
Signifikanztests für einseitige Fragestellungen:
* signifikant mit $p \leq 0{,}01$, ‡ signifikant mit $p \leq 0{,}05$, † signifikant mit $p \leq 0{,}10$.

a keine weiteren Tests, da sich SCHULE25 bereits nach den ersten beiden Test als untauglich erweist.

7.1.3 Die Schätzung einer Produktionsfunktion um 1975

Im vorangegangenen Abschnitt wurde gezeigt, daß Humankapital in makroökonomischen Produktionsfunktionen als eigenständiger Produktionsfaktor berücksichtigt werden sollte. Dabei stellte sich auch heraus, daß unter den verschiedenen hier betrachteten Alternativen zur Messung des Produktionsfaktors Humankapital unsere Variable SCHULE am besten geeignet ist. Ferner konnte die verschiedenen Modellen der *Neuen Wachstumstheorie* zugrundeliegende Annahme, daß die Summe der Produktionselastizitäten der reproduzierbaren Produktionsfaktoren gleich Eins ist ($\alpha+\gamma=1$), zurückgewiesen werden. Anhand unserer Daten ergibt sich vielmehr eine mit der herkömmlichen Vorstellung übereinstimmende konstante Skalenelastizität in bezug auf die Produktionsfaktoren Kapital, Arbeit und Humankapital ($\alpha+\beta+\gamma=1$).

Es ist aber auch erkennbar, daß wir mit den Produktionsfaktoren Kapital, Arbeit und Humankapital (letzteres gemessen anhand der Variable SCHULE) in der Produktionsfunktion $Y=AK^{\alpha}L^{\beta}H^{1-\alpha-\gamma}$ noch nicht alle länderspezifischen Bestimmungsfaktoren des Einkommens erfaßt haben, denn gegenüber der einfachen Produktionsfunktion weist das entsprechende *fixed effects*-Modell eine hochsignifikant ($F_{(74,53)}=30,9$) verbesserte Anpassung auf (vgl. Tabelle 7.5). Unsere Hypothesentests geben dabei auch die Richtung an, die zur weiteren Verbesserung des Modells einzuschlagen ist: Zu vervollständigen ist die Messung landesspezifischer Merkmale, denn im Unterschied zu einer Berücksichtigung von Dummyvariablen für die Länder führt die Berücksichtigung des Zeittrends nicht zu einer Verbesserung der Anpassung ($F_{(1,126)}=0,40$).[18]

Zur Schätzung einer gemeinsamen Produktionsfunktion für unterschiedlich entwickelte Länder sollte dabei aus theoretischer Sicht insbesondere eine die *technologische Kapazität* eines Landes charakterisierende Größe T gefunden werden, so daß für jedes Land i gilt:

$$Y_i = f(K_i, L_i, H_i, T_i).$$

Im nächsten Schritt überprüfen wir daher, ob unser Technologiefaktor aus der Hauptkomponentenanalyse ein geeignetes Maß für den Technologieparameter der Produktionsfunktion darstellt.

Hinsichtlich der Variable TECHNIK gehen wir zunächst davon aus, daß es nicht möglich ist, die Messung des *Standes der Technik* explizit von der

---

18 Im vorliegenden Fall eines über zwei Zeitpunkte gepoolten Datensatzes ist die Aufnahme einer Zeit-Dummyvariable äquivalent mit der Berücksichtigung einer Variable für den Zeittrend, vgl. Tabelle 7.5 (S. 161).

Messung der Veränderung des Standes, d.h. des *technischen Fortschritts* zu unterscheiden, denn wie die zugrundeliegenden Technologieindikatoren geben auch die daraus berechneten Faktorwerte sowohl das technische Wissen eines Landes als auch den Einsatz seiner Ressourcen zum Vorantreiben des technischen Fortschritts wieder.

Angesichts dieser Ambivalenz besteht unsere Vorgehensweise darin, die Variable TECHNIK alternativ als Maß für T und für w_T heranzuziehen und zu erproben, wie sie sich in der Schätzung von Produktionsfunktionen bewährt, die im einen Fall die Variable T und im anderen Fall die Variable w_T beinhalten. Dazu wird die Produktionsfunktion

$$Y = A\, K^{\alpha} L^{\beta} H^{\gamma} T^{\varphi}$$

im ersten Fall durch Logarithmieren linearisiert, im zweiten Fall durch Logarithmieren und Differenzieren nach der Zeit in Wachstumsraten ausgedrückt, wobei A eine Konstante darstellt und damit eine Wachstumsrate von $w_A=0$ aufweist, so daß:

(1) $$\ln Y = \ln A + \alpha \ln K + \beta \ln L + \gamma \ln H + \varphi \ln T$$

und

(2) $$w_Y = \alpha\, w_K + \beta\, w_L + \gamma\, w_H + \varphi\, w_T.$$

Die Technologievariable TECHNIK konnte für alle 75 Länder für einen etwa in Mitte des Untersuchungszeitraums liegenden Zeitpunkt um 1975 berechnet werden; der Zeitpunkt für die Schätzung der Gleichung (1) ist dadurch festgelegt. Die für T heranzuziehenden Faktorwerte der Variable TECHNIK liegen allerdings in standardisierter Form, d.h. mit einem Mittelwert von Null, vor, so daß der Logarithmus von T für die Länder unterhalb des Mittelwertes nicht definiert ist. Daher transformieren wir die Faktorwerte vor dem Logarithmieren in der Weise, daß zu jedem Faktorwert der Betrag des Wertes des Landes mit der minimalen Merkmalsausprägung zuzüglich Eins addiert wird, so daß $T'=T+\min(T)+1$. Für den transformierten Wert T' gilt dann: $T'\geq 1$ und daher auch $\ln T'\geq 0$.

Das Humankapital H soll durch unsere Variable SCHULE bestimmt werden, für welche Angaben für Jahre um 1970 (t_1) und 1980 (t_2) vorliegen, allerdings nur für 56 Länder.[19] Für H greifen wir dabei auf den Mittelwert der Angaben zu 1970 und 1980 zurück. Die Werte für Y, K und L sind definiert

19 Zu den 56 Ländern in der Panel-Stichprobe vgl. Anhang, Abschnitt 8.1., Tabelle 8.2.

wie im vorangegangenen. Der Schätzansatz für die Gleichung (1) lautet demnach:

$$\ln Y = C + \alpha \ln K + ß \ln L + \gamma \ln H + \varphi \ln T',$$

wobei C die für ln A stehende Regressionskonstante bezeichnet. Diese Schätzung erfolgt, um eine Vergleichbarkeit der Ergebnisse zu gewährleisten, anhand derselben Teilstichprobe von 56 Ländern wie die der Wachstums-Gleichung (2), d.h. anhand der Länder, für welche zum anhand der Variable SCHULE gemessenen Bildungsstand Angaben zu 2 Zeitpunkten vorliegen.

Für die Schätzung der Gleichung (2) wird die durchschnittliche jährliche Wachstumsrate von H geschätzt nach der Formel:

$$w_H = \ln [H(t_2)/H(t_1)]/(t_2-t_1).$$

Die Wachstumsraten von Y, K und L werden auf die gleiche Weise bestimmt, und zwar über den gesamten Untersuchungszeitraum von 1965–1985; für die Wachstumsrate von T setzen wir die Faktorwerte aus der Technologie-Hauptkomponentenanalyse ein. Ein möglicher Schätzansatz für die Gleichung (2) lautet demnach:

(2a) $$w_Y = C + \alpha\, w_K + ß\, w_L + \gamma\, w_H + \varphi\, w_T,$$

wobei C für eine Regressionskonstante steht. Eine Variante von Gleichung (2) ergibt sich aus der aus theoretischen Überlegungen nahegelegten Restriktion, daß technischer Fortschritt nicht noch zusätzlich zu den durch w_T und evtl. auch durch w_K ausgedrückten Komponenten exogen anfällt. Diese Annahme impliziert eine Regression durch den Ursprung, d.h. eine Regressionskonstante von Null, so daß sich als alternativer Schätzansatz Gleichung (2b) ergibt:

(2b) $$w_Y = \alpha\, w_K + ß\, w_L + \gamma\, w_H + \varphi\, w_T.$$

Die Schätzergebnisse nach Gleichung (1) für einen Zeitpunkt um 1975 sowie für die beiden Gleichungen (2a) und (2b) für die Wachstumsraten über den Zeitraum von 1965–1985 zeigt Tabelle 7.6.

Tabelle 7.6 Die Variable TECHNIK als Proxivariable für T bzw. w_T (n=56)

$\ln Y =$	$3{,}233^{*}$ +	$0{,}640^{*} \ln K$ +	$0{,}228^{*} \ln L$ +	$0{,}102 \ln H$ +	$0{,}086 \ln T'$	
	(0,368)	(0,050)	(0,095)	(0,104)	(0,137)	
						$R^2=0{,}98$
$w_Y =$	0,002 +	$0{,}480^{*}\, w_K$ +	$0{,}416^{‡}\, w_L$ +	$0{,}130^{‡}\, w_H$ +	$0{,}0026^{†}\, w_T$	
	(0,005)	(0,059)	(0,195)	(0,056)	(0,0018)	
						$R^2=0{,}68$
$w_Y =$		$0{,}491^{*}\, w_K$ +	$0{,}436^{*}\, w_L$ +	$0{,}138^{*}\, w_H$ +	$0{,}0029^{‡}\, w_T$	
		(0,050)	(0,183)	(0,051)	(0,0015)	
						$R^2=0{,}95$

H:	Anzahl der Personenschuljahre der Beschäftigten.
TECHNIK:	Faktorwerte der Technologie-Hauptkomponentenanalyse.
$\ln T'$:	ln [TECHNIK + min (TECHNIK) + 1].
w_T:	TECHNIK.

Signifikanztests für einseitige Fragestellungen: * signifikant mit $p \leq 0{,}01$, ‡ signifikant mit $p \leq 0{,}05$, † signifikant mit $p \leq 0{,}1$.

Aus Tabelle 7.6 geht hervor, daß unsere Variable TECHNIK im Rahmen eines produktionstheoretischen Ansatzes insbesondere als Proxigröße für den technischen Fortschritt w_T geeignet ist, weniger dagegen als Maß für den Stand des technischen Wissens T: Während der Koeffizient für T' bei der Schätzung von Gleichung (1) mit einem t-Wert von 0,63 nicht signifikant von Null verschieden ist, ergibt sich für w_T in der Wachstumsraten-Gleichung (2a) mit einem t-Wert von 1,46 ein zumindest auf dem 10-Prozent-Niveau signifikant positiver Koeffizient. Die Regressionskonstante C ist mit einem t-Wert von 0,33 klar insignifikant, so daß wir begründeterweise die Gleichung (2b) mit der Restriktion C=0 schätzen können. Hierbei ist der Koeffizient für w_T mit einem t-Wert von 2,02 sogar auf dem 5-Prozent-Niveau gesichert. Wir können also feststellen, daß sich bei der Länderquerschnittschätzung der in Wachstumsraten ausgedrückten Produktionsfunktion $Y_i = A K_i^{\alpha} L_i^{\beta} H_i^{\gamma} T_i^{\varphi}$ unsere Technologievariable TECHNIK als Proxivariable für den technischen Fortschritt w_T bewährt.

Eine weitergehende Überprüfung der Technologievariable TECHNIK durch die Schätzung von *fixed effects*-Modellen ist anhand unseres Datensatzes nicht mehr möglich, da bei Regressionen zur Identifizierbarkeit des Modells die Bedingung gilt, daß die Anzahl der Beobachtungen größer sein muß als die der exogenen Variablen, so daß in einem reinen Querschnittsansatz nicht genügend Freiheitsgrade zur Aufnahme von mindestens einer erklärenden Variable zuzüglich n–1 Länder-Dummyvariablen zur Verfügung stehen.

Wir schließen daher an dieser Stelle die produktionstheoretische Untersuchung unseres Datensatzes ab. Für die folgende Analyse der Determinanten wirtschaftlicher Entwicklung ist folgendes festzuhalten:

(1) Als Variablen makroökonomischer Produktionsfunktionen im Länderquerschnitt weisen der Sachkapitalstock, die Anzahl der Erwerbspersonen, das Humankapital (gemessen durch die Anzahl der Personenschuljahre der Erwerbsbevölkerung – d.h. durch die Variable SCHULE – oder, wo dies nicht möglich ist, durch die Anzahl der alphabetisierten Erwerbspersonen) und der Technologieparameter (als bestimmbar erweist sich dabei anhand unserer Variable TECHNIK eine Proxigröße für die Wachstumsrate w_T) eine empirisch nachweisbare Eigenständigkeit auf. Sie sollen daher auch im folgenden berücksichtigt werden.

(2) Die Analyse der Skalenelastizität der von uns geschätzten Produktionsfunktionen zeigt, daß die Annahme konstanter Skalenerträge in bezug auf die Produktionsfaktoren Kapital, Arbeit und Humankapital empirisch nicht falsifiziert wird. Im weiteren können wir daher den Output sowie die Produktionsfaktoren Kapital und Humankapital gleichermaßen auf den Produktionsfaktor L beziehen, so daß der Faktor Arbeit als erklärende Variable wegfällt.

7.2 Eine Untersuchung wirtschaftlicher Entwicklung im Länderquerschnitt

Im folgenden untersuchen wir die Bestimmungsfaktoren wirtschaftlicher Entwicklung im Länderquerschnitt. In Übereinstimmung mit der im vorangegangenen durchgeführten produktionstheoretischen Analyse legen wir dabei folgende Produktionsfunktion zugrunde:

$$Y_i = A\, K_i^{\alpha}\, H_i^{\gamma}\, L_i^{1-\alpha-\gamma}\, T_i^{\varphi}.$$

Der Einfachheit halber wird im weiteren auf die Darstellung des Index i für die Länder verzichtet. Da wir wirtschaftliche Entwicklung anhand der Arbeitsproduktivität messen wollen (vgl. Kapitel 4.1), verwenden wir als Entwicklungsindikator, d.h. als endogene Variable, die Wachstumsrate des Bruttoinlandsprodukts, bezogen auf den um den Auslastungsgrad korrigierten Faktor Arbeit, und zwar über den gesamten Beobachtungszeitraum unserer Untersuchung von 1965–1985. In Wachstumsraten ausgedrückt und auf

L bezogen ergibt sich aus der Produktionsfunktion folgende Bestimmungsgleichung für das Wachstum der Arbeitsproduktivität:

$$w_{(Y/L)} = w_A + \alpha\, w_{(K/L)} + \gamma\, w_{(H/L)} + \varphi\, w_T.$$

Neben diesen unmittelbar aus der Produktionsfunktion folgenden Determinanten der Wachstumsrate $w_{(Y/L)}$ wollen wir dabei aber auch die durch die Möglichkeit zu aufholender Entwicklung im internationalen Kontext implizierten Bestimmungsfaktoren der wirtschaftlichen Entwicklung $Z_1,\ldots,Z_m$ berücksichtigen. Daher lautet unser Schätzansatz:

$$w_{(Y/L)} = w_A + a_1\, w_{(K/L)} + a_2\, w_{(H/L)} + a_3\, w_T + \sum b_m Z_m.$$

Im weiteren ist daher zu klären, welche Variablen für Z_m heranzuziehen sind. Nach der *einfachen Konvergenzhypothese* besteht ein negativer Zusammenhang zwischen dem Logarithmus des Pro-Kopf-Einkommens zu einem Basiszeitpunkt und seiner davon ausgehend zu erzielenden Wachstumsrate. Eine Überprüfung dieser Hypothese zeigt, daß sich eine solche Korrelation – in Übereinstimmung mit den in Kapitel 3 dargestellten Ergebnissen anderer empirischer Untersuchungen – in unserem Datensatz über die Gesamtstichprobe von Ländern auf unterschiedlichen Entwicklungsniveaus nicht feststellen läßt; *unbedingte* Konvergenz ist nur für die Gruppe der entwickelten Länder nachzuweisen: Die Regression der jährlichen Wachstumsrate von Y/L über den Zeitraum von 1965–1985 auf den Logarithmus von Y/L zum Basisjahr 1965 zeigt, daß sich nur innerhalb der reichsten 25 Länder für $\ln(Y/L)_0$ der aus der einfachen Konvergenzhypothese folgende negative Koeffizient ergibt, in der Gesamtgruppe und für die ärmeren 50 Länder ist der Koeffizient dagegen nicht signifikant von Null verschieden.[20]

---

20 Die ermittelten Gleichungen lauten (Standardfehler in Klammern):

Gesamtgruppe:	$w_{(Y/L)}$ =	0,0439	– 0,0025 $\ln(Y/L)_0$,	n=75, R^2=0,015;
		(0,0207)	(0,0024)	
arme Länder:	$w_{(Y/L)}$ =	0,0664	– 0,0055 $\ln(Y/L)_0$,	n=50, R^2=0,034;
		(0,0346)	(0,0042)	
reiche Länder:	$w_{(Y/L)}$ =	0,2560	– 0,0241 $\ln(Y/L)_0$,	n=25, R^2=0,528.
		(0,0459)	(0,0048)	

Aus der gleichgewichtstheoretischen Begründung für Wachstumskonvergenz (MANKIW ET AL., a.a.O., vgl. auch Kap. 3.3, Gleichungen (48) bis (50) und Fußnote 55 der vorliegenden Arbeit) ergibt sich, daß, sofern sich die Länder unserer Stichprobe in der Nähe ihrer Gleichgewichtswachstumspfade befinden, die Regressionskoeffizienten für $\ln(Y/L)_0$ dem Term $-(1-e^{-\mu t})\times 100/20$ entsprechen, wobei der Parameter μ die jährliche Konvergenzrate $-(\partial w_{(Y/L)}/dt)/w_{(Y/L)}$ angibt. Dies impliziert aufgrund der von uns geschätzten Parameter für μ Werte von jährlich 0,0026, 0,0058 und 0,0329. Der Abstand eines Landes von seinem Gleichgewichtswachstumspfad – gemessen anhand

Die Sonderposition der entwickelten Länder, welche damit in der Tat einen "Konvergenz-Klub" bilden,[21] veranschaulicht Abbildung 7.2.

Abbildung 7.2 Korrelation zwischen $w_{(Y/L)}$ und ln(Y/L), n=75

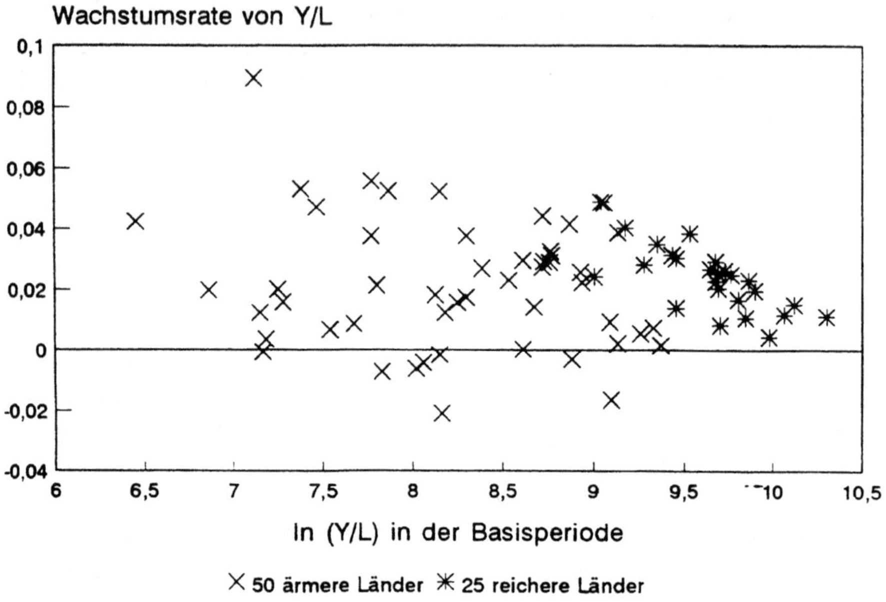

Die *einfache* Konvergenzhypothese bietet demnach bei einer globalen Betrachtung keine befriedigende Erklärung für den Zusammenhang zwischen dem Pro-Kopf-Einkommen und seiner Wachstumsrate. Dazu ist u.E. eine modifizierte Hypothese, die *bedingte* Konvergenzhypothese, besser in der Lage: Nach der bedingten Konvergenzhypothese ist Konvergenz kein automatisch ablaufender Prozeß; aufholendes wirtschaftliches Wachstum kann vielmehr nur dann stattfinden, wenn die dafür nötigen Bedingungen gegeben sind. Die *notwendige* Bedingung für aufholendes wirtschaftliches Wachstum besteht dabei im Vorliegen eines Entwicklungsrückstandes im

---

der Differenz von gleichgewichtiger und aktueller Wachstumsrate – halbiert sich demnach jeweils im Laufe von 270, 119 bzw. 21 Jahren. Auch aus dieser – in der Literatur seit MANKIW ET AL. weit verbreiteten – Rechnung zeigt sich, daß im zugrunde gelegten Modell Wachstumskonvergenz in einem absehbaren Zeitraum nur innerhalb der reicheren Länder stattfindet.

21 Dieses Ergebnis folgt auch, wenn nicht, wie hier, als entwickelte Länder die 25 nach dem Pro-Kopf-Einkommen von 1975 reichsten Länder, sondern die OECD-Länder separat betrachtet werden.

Vergleich zu mindestens einem fortgeschritteneren Land, hinzu kommt aber als *hinreichende* Bedingung das Vorhandensein der für erfolgreiche Imitation und Adaptation fortgeschrittener Techniken benötigten Fähigkeiten. Diese werden als *Determinanten der technologischen Absorptionsfähigkeit* bezeichnet.

Es herrscht jedoch keine Klarheit darüber, welche Größen als Determinanten der technologischen Absorptionsfähigkeit angesehen werden sollten. Genannt werden hierzu vor allem der Bildungsstand (H/K), der Stand des technischen Wissens (T), die Offenheit eines Landes (OFFEN) sowie politische und sozialpsychologische Merkmale (SOZPOL). Wenn wir in unseren oben angeführten vollständigen Schätzansatz (vgl. S. 167) für $\sum b_m Z_m$ diese Variablen einsetzen, erhalten wir:

$$w_{(Y/L)} = w_A + a_1 w_{(K/L)} + a_2 w_{(H/L)} + a_3 w_T + b_1 \ln (Y/L)_0 + b_2 \ln (H/L) + b_3 T + b_4 \text{OFFEN} + b_4 \text{SOZPOL},$$

wobei nach der aus der neoklassischen Wachstumstheorie folgenden Konvergenzgleichung[22] auf den Entwicklungsstand eines Landes in Form des Logarithmus der Arbeitsproduktivität zu Beginn des Beobachtungszeitraums $(Y/L)_0$ zurückzugreifen ist und für den Bildungsstand auf den Logarithmus der Humankapitalausstattung H/L.

Eine Überprüfung eines in dieser Weise vollständigen Schätzansatzes der Determinanten von $w_{(Y/L)}$ ist u.W. bislang noch nicht erfolgt, wofür vermutlich das Fehlen geeigneter Variablen für $w_{(H/L)}$ und H/L sowie für w_T und T verantwortlich ist. Wir verfügen aber durch die Bestimmung von differenzierten Daten für den Bildungsstand und in Form der Faktorwerte aus unserer Technologie-Hauptkomponentenanalyse über Variablen aus allen relevanten Bereichen, so daß wir im folgenden einen im Vergleich zu bisherigen Untersuchungen der Bestimmungsfaktoren wirtschaftlicher Entwicklung in wesentlichen Punkten vervollständigten Ansatz schätzen können.

Die durchschnittliche jährliche Wachstumsrate einer Größe X bestimmen wir dazu aus dem Verhältnis der Anfangs- und Endwerte X_0 und X_t sowie der Anzahl der zwischen der Messung von X_0 und X_t liegenden Jahre t nach der Formel:

$$w_X = \ln (X_t/X_0) / t.$$

22 Vgl. Kapitel 3.3 der vorliegenden Arbeit.

Auf diese Weise berechnen wir für die 75 Länder unserer Stichprobe über den Zeitraum von 1965–1985 Angaben für $w_{(Y/L)}$ und $w_{(K/L)}$.

Die Technologievariable TECHNIK reflektiert – wie wir in Abschnitt 7.1.3 (S. 162ff.) feststellen konnten – eher den technischen Fortschritt w_T als den Stand der Technik T, so daß wir für w_T die Faktorwerte der Technologievariablen TECHNIK heranziehen können.

Für $w_{(H/L)}$ greifen wir – da unsere Humankapitalvariable zur durchschnittlichen Anzahl der Schuljahre der Erwerbspersonen (SCHULJ) nur für Zeitpunkte um 1970 und 1980 und zudem nicht für alle Länder zu beiden Zeitpunkten vorliegt – auf die Wachstumsrate der Alphabetisierungsquote zwischen 1965 und 1985 zurück, die für alle 75 Länder unserer Stichprobe ermittelbar ist.

Die Konvergenz-Variable $(Y/L)_0$, die für die Möglichkeit zu aufholender Entwicklung im internationalen Kontext steht, beziehen wir auf den Basiszeitpunkt 1965.

Für die Messung des Bildungsstandes H/L ziehen wir unsere Humankapitalvariable zur durchschnittlichen Anzahl von abgeschlossenen Schuljahren in der Erwerbsbevölkerung (SCHULJ) heran. Die zugrundeliegenden Zensusdaten konnten für unterschiedliche Untergruppen um 1970 und 1980 erhoben werden. Um vergleichbare Daten für die gesamte 75-Länder-Stichprobe zu erhalten, werden zunächst aus den erhobenen Angaben für die 56 Länder der Schnittmenge, für welche Angaben zu beiden Zeitpunkten vorliegen, die Durchschnittswerte berechnet. Für 19 Länder liegen jedoch Angaben nur zu einem Zeitpunkt vor. Im Falle der 8 Länder, zu denen nur für 1970, sowie der 11 Länder, zu denen nur für 1980 Angaben vorliegen, muß daher anders verfahren werden. Wir führen dazu zunächst für die 56 Länder mit vollständigen Angaben Regressionen des Durchschnittswerts für 1975 ($SCHULJ_{75}$) auf die beobachteten Angaben durch, und zwar zum einen auf den Wert von 1970 ($SCHULJ_{70}$) und in einer zweiten Regression auf den Wert von 1980 (SCHULJ80). Den Durchschnittswert für 1975 sehen wir als vollständig durch die Entwicklung im Zeitverlauf zwischen 1970 und 1980 bestimmt an. Daher wird den Schätzungen die Restriktion auferlegt, daß die Regressionsgerade durch den Ursprung gehen soll. Die entsprechenden Regressionen sind:

$$SCHULJ_{75} = \underset{(0{,}01)}{1{,}13}\ SCHULJ_{70}, \qquad R^2=0{,}99,$$

$$SCHULJ_{75} = \underset{(0{,}01)}{0{,}89}\ SCHULJ_{80}, \qquad R^2=0{,}99,$$

wobei in Klammern die Standardfehler angegeben sind. Es ist ersichtlich, daß die Regressionskoeffizienten nur geringfügige Konfidenzintervalle aufweisen. Die fehlenden Werte für 1975 schätzen wir daher aus den ermittelten Regressionsgleichungen in Verbindung mit den vorliegenden Angaben zu 1970 bzw. 1980.

Eine Alternative zur Messung des Bildungsstandes H/L besteht in der Verwendung der Alphabetisierungsquote von 1975 (LIT75). Diese Variable liegt für alle Länder unserer Stichprobe vor und ist, ebenso wie die Variable SCHULJ, eine Bestandsgröße, und daher prinzipiell zur Verwendung in unserem Ansatz geeignet. In Abschnitt 7.1.2 hatte sich zwar gezeigt, daß als Humankapitalvariable in Produktionsfunktionen Angaben zur durchschnittlichen Anzahl der Schuljahre der Erwerbspersonen vorzuziehen sind, im folgenden wird der Bildungsstand H/L aber nicht als Produktionsfaktor, sondern als Determinante der technologischen Absorptionsfähigkeit betrachtet, so daß nicht ausgeschlossen werden kann, daß dabei die Alphabetisierungsquote geeigneter ist als die Variable SCHULJ.

Für das technische Wissen T verfügen wir – im Unterschied zu allen anderen durch unseren Ansatz nahegelegten Variablen – über keine unabhängig gemessene Größe, denn die Technologievariable TECHNIK drückt in stärkerem Maße den technischen Fortschritt w_T als den Stand der Technik T aus, so daß eine Messung von sowohl w_T als auch T nicht erfolgen kann.

Als Determinante wirtschaftlicher Entwicklung wollen wir schließlich auch einen Indikator für die Offenheit der untersuchten Länder in der Basisperiode heranziehen. Da sowohl Im- als auch Exporten ein wachstumsförderndes Potential eingeräumt werden kann, betrachten wir als Indikator für die Offenheit einer Volkswirtschaft die Außenhandelsintensität, d.h. die Summe der Im- und Exporte (Im+Ex), bezogen auf das Bruttoinlandsprodukt.[23] Die Außenhandelsintensität ist aber erfahrungsgemäß negativ mit der Größe eines Landes korreliert, so daß bei der Verwendung dieses Indikators ein Kontrolle auf Größeneffekte erfolgen sollte.[24] Dazu schätzten wir für die 75 Länder unserer Stichprobe zunächst die folgende Regression der Außenhandelsintensität auf das logarithmierte Bruttoinlandsprodukt von 1965:

$$(Im_i+Ex_i)/Y_i = \underset{(0{,}25)}{0{,}82} - \underset{(0{,}015)}{0{,}031} \ln Y_i,$$

23 Für den Iran liegen dazu keine Angaben vor, so daß hier wieder auf die modifizierte Mittelwertsubstitution (Einsetzen des Mittelwerts der Ländergruppe Asien) zurückgegriffen wird.

24 Zur Messung der Offenheit einer Volkswirtschaft vgl. Ann HARRISON, Opennes and Growth, a.a.O.

wobei sich eine auf dem 5-Prozent-Niveau signifikante Beziehung mit dem erwarteten negativen Vorzeichen ergibt ($t=-2{,}08$, unter den ermittelten Koeffizienten sind in Klammern die Standardfehler angegeben).

Zur Eliminierung des systematischen Einflusses der Größe einer Volkswirtschaft auf die Offenheitsvariable subtrahieren wir sodann vom empirisch beobachteten Wert $(Im_i+Ex_i)/Y_i$ den im Falle einer *Normalbeziehung* zwischen Größe und Offenheit zu erwartenden Wert $0{,}82 - 0{,}031 \ln Y_i$. Unser um Größeneffekte bereinigter Offenheitsindikator (OFFEN) entspricht damit der Differenz aus dem beobachteten und dem – anhand der negativen Beziehung zwischen Größe und Offenheit – geschätzten Wert der Außenhandelsintensität im Jahre 1965.[25]

Mit den so definierten Variablen $w_{(Y/L)}$, $w_{(K/L)}$, $w_{(H/L)}$, w_T, $(Y/L)_0$, H/L und OFFEN führen wir eine erste Schätzung der Bestimmungsfaktoren wirtschaftlicher Entwicklung durch, bei der sowohl aus der Produktionstheorie folgende als auch durch die Konvergenzhypothese implizierte Variablen berücksichtigt werden. Unsere Schätzgleichung lautet:

$$w_{(Y/L)} = a_0 + a_1 w_{(K/L)} + a_2 w_{(H/L)} + a_3 w_T + a_4 \ln (Y/L)_0 + a_5 \ln (H/L) + a_6 \text{OFFEN},$$

wobei wir für H/L zum einen die Bildungsstandsvariable SCHULJ und zum anderen den Alphabetisierungsgrad LIT75 heranziehen. Die Ergebnisse der beiden daraus resultierenden Regressionen sind in Tabelle 7.7 wiedergegeben.

Aus der Tabelle geht hervor, daß das korrigierte Bestimmtheitsmaß in beiden Regressionen über 0,65 beträgt, so daß etwa zwei Drittel der Varianz der endogenen Variable durch unsere exogenen Variablen erklärt werden. Zudem weisen alle Koeffizienten das erwartete Vorzeichen auf und sind mit nur einer Ausnahme statistisch gesichert; nur der Koeffizient für die Variable $w_{(H/L)}$ verfehlt in einem Fall – bei der Verwendung von SCHULJ für

---

[25] Dieses Verfahren zur Kontrolle auf den Einfluß einer nicht unmittelbar zum Schätzansatz gehörenden Variable (Störvariable) ist insbesondere bei Zeitreihenanalysen in Form der *Trendbereinigung*, d.h. der Bereinigung einer oder mehrerer Variablen um den Einfluß des Zeitablaufs, gemessen durch eine Trendvariable t, üblich. Im Querschnitt empfiehlt es sich, wenn der Einfluß einer Störvariable auf eine oder mehrere bestimmte Variablen ausgeschaltet werden soll. Sofern ein Einfluß der Störvariable auf *alle* Variablen des Schätzansatzes angenommen wird, ist die Bereinigung aller exogenen Variablen gleichbedeutend mit der Aufnahme der Störvariable in den Schätzansatz. In unserem Falle folgt aber aus der ökonomischen Theorie ein systematischer Einfluß der Größe unter den von uns verwendeten Variablen nur auf die Offenheit, so daß wir nur eine partikuläre Bereinigung der Offenheitsvariable vornehmen.

H/L – das 10-Prozent-Signifikanzniveau. Für $w_{(H/L)}$ können wir allerdings nur auf die Wachstumsrate der Alphabetisierungsquote und nicht auf die unserer Bildungsstandsvariable SCHULJ zurückgreifen, da für diese über die Periode von 1965–1985 keine Wachstumsraten berechnet werden können. Eine Verbesserung des Schätzansatzes durch eine andere Variablenspezifizierung von $w_{(H/L)}$ ist demnach auf Basis unserer Daten nicht möglich.

Tabelle 7.7 Bestimmungsfaktoren wirtschaftlicher Entwicklung im Länderquerschnitt, endogene Variable: $w_{(Y/L)}$, n=75

Exogene Variable	Schätzung (2)	Schätzung (1)
KONSTANTE	0,065* (0,024)	0,093* (0,026)
$w_{(K/L)}$	0,530* (0,049)	0,471* (0,054)
$w_{(H/L)}$	0,102 (0,113)	0,205† (0,133)
w_T[a] ($\times 10^{-2}$)	0,382‡ (0,214)	0,522* (0,202)
ln $(Y/L)_0$ ($\times 10^{-2}$)	–0,897* (0,272)	–0,960* (0,275)
ln H/L (ln SCHULJ[b])	0,010‡ (0,004)	
ln (H/L) (ln LIT75[c])		0,012* (0,005)
OFFEN[d] ($\times 10^{-3}$)	0,096† (0,065)	0,101† (0,065)
R^2 (korr.)	0,659	0,664
F	24,8*	25,4*

[a] w_T: TECHNIK, Faktorwerte der Technologie-Hauptkomponentenanalyse, 1975.
[b] SCHULJ: durchschnittliche Anzahl Schuljahre pro Erwerbsperson, um 1975.
[c] LIT75: Alphabetisierungsgrad der Bevölkerung ab 15 Jahren, um 1975.
[d] OFFEN: Um Größeneffekte bereinigter Offenheitsindikator für das Basisjahr 1965.

Standardfehler in Klammern; Signifikanztests für einseitige Fragestellungen:
* signifikant mit $p \leq 0{,}01$, ‡ signifikant mit $p \leq 0{,}05$, † signifikant mit $p \leq 0{,}10$.

Abgesehen von der geringen Signifikanz der Variable $w_{(H/L)}$ bestätigen die in Tabelle 7.7 angeführten Ergebnisse aber insgesamt unsere Modellspezifizierung; sowohl die aus der Produktionstheorie folgenden Variablen $w_{(K/L)}$ und w_T sowie – mit Einschränkungen – $w_{(H/L)}$ als auch die Variablen für die technologische Absorptionsfähigkeit Y/L, H/L und OFFEN leisten in einem integrativen Erklärungsansatz einen signifikanten Beitrag zur Erklärung wirtschaftlicher Entwicklung. Bevor wir aber zu einer abschließenden Wertung kommen, soll zunächst noch eine eingehendere Überprüfung unseres Schätzansatzes erfolgen.

7.2.1 Determinanten wirtschaftlicher Entwicklung: Überprüfung des empirischen Befunds

In diesem – die Untersuchung abschließenden – Abschnitt wollen wir die oben dargestellten Ergebnisse unserer Länderquerschnittsregressionen zu den Determinanten wirtschaftlicher Entwicklung in bezug auf folgende drei Fragen einer Überprüfung unterziehen:

(1) Gelten die vorgefundenen Zusammenhänge gleichermaßen für die ärmeren und die reicheren Länder der Stichprobe, oder liegt ein *Strukturbruch* vor, so daß unser Befund insgesamt an Aussagekraft verliert?

(2) Wirkt sich eine Veränderung unserer Variablen für den Bildungsstand H/L durch die gesonderte Berücksichtigung bestimmter Bildungsniveaus auf die Signifikanz des geschätzten Koeffizienten aus; wenn ja, auf welche Weise? Welche Hinweise ergeben sich dabei in bezug auf die Angemessenheit der in der Literatur verbreiteten Hypothesen über die Notwendigkeit des Erreichens bestimmter *kritischer Mindestniveaus* und über die *besondere Bedeutung einzelner Bildungsstufen*?

(3) Sind unsere Ergebnisse, abgesehen von den ausgewiesenen inferenzstatistischen Signifikanzniveaus, auch als *robust* gegenüber Veränderungen des Schätzansatzes anzusehen, oder erweisen sich die geschätzten Koeffizienten der erklärenden Variablen bereits bei unwesentlichen Veränderungen des Schätzansatzes als insignifikant und damit als wenig verläßlich?

Ad (1): Bei den in Tabelle 7.7 wiedergegebenen Schätzungen der Bestimmungsfaktoren wirtschaftlicher Entwicklung berücksichtigen wir als exogene Variablen sowohl die aus der Produktionstheorie folgenden Wachstumsraten der Produktionsfaktoren K/L, H/L und T als auch die durch die Konvergenzhypothese implizierten Bestandsgrößen $(Y/L)_0$ und H/L sowie als Variable für die Rahmenbedingung wirtschaftlicher Entwicklung die Offenheit der Volkswirtschaft OFFEN, das heißt, wir ziehen auch Variablen heran, die den Entwicklungsstand eines Landes und die Möglichkeiten zu aufholender Entwicklung wiedergeben. Daher sollten die in Tabelle 7.7 dargestellten Ergebnisse für die Gesamtstichprobe und gleichermaßen für die reicheren wie für die ärmeren Länder unserer Stichprobe Gültigkeit beanspruchen können. Statistisch ausgedrückt bedeutet dies, daß wir keinen Strukturbruch zwischen den entwickelteren und weniger entwickelten Ländern unserer Stichprobe vermuten.

Zur Überprüfung auf mögliche Strukturbrüche führen wir für die Regressionen (1) und (2) *CHOW-Tests* durch. Der CHOW-Test entspricht im Aufbau dem oben (S. 150) dargestellten F-Test auf die Signifikanz von Modellrestriktionen bei multiplen Regressionen, so daß wir an dieser Stelle auf eine genaue Wiedergabe verzichten können.[26] Zur Durchführung der Tests teilen wir unsere Länderstichprobe nach dem Median-Wert des Pro-Kopf-Einkommens von 1975 in zwei Gruppen und berechnen separate Regressionen für die beiden Subgruppen. Aus dem um die Zahl der Freiheitsgrade korrigierten Verhältnis der Residualquadratsummen in den Subgruppen zur Residualquadratsumme in der Gesamtgruppe ergibt sich für Schätzung (1) ein F-Wert von $F_{(7,61)}=1{,}20$ und für die Schätzung (2) ein F-Wert von $F_{(7,61)}=1{,}69$. Der kritische Wert für die Ablehnung der Nullhypothese (H_0: Gleichheit der Regressionsparameter) beträgt bei 7 und 61 Freiheitsgraden für das 10-Prozent-Niveau $F=1{,}81$, so daß wir die Alternativhypothese (H_1: Vorliegen eines Strukturbruchs) in beiden Fällen ablehnen können. Die in Tabelle 7.7 wiedergegeben Regressionen weisen demnach zwischen den entwickelten und weniger entwickelten Ländern unserer Stichprobe keinen signifikanten Unterschied auf. Die weitere Überprüfung unseres Schätzansatzes kann sich daher auf die festgestellten Zusammenhänge im ganzen beschränken.

Ad (2): Zur Untersuchung der Frage, ob sich eine Veränderung unserer Variablen für den Bildungsstand H/L durch die gesonderte Berücksichtigung bestimmter Bildungsniveaus auf die Signifikanz des geschätzten Koef-

---

26 Zur Herleitung vgl. Gregory C. CHOW, Tests of Equality Between Sets of Coefficients in Two Linear Regressions, in: Econometrica, Vol. 28 (1969), S. 591–605. Zur Überprüfung auf einen möglichen Strukturbruch zwischen zwei Teilstichproben wird auf folgende F-Statistik mit k+1 und m+n–2(k+1) Freiheitsgraden zurückgegriffen (ebenda, S. 596 ff.):

$$F^{k+1}_{m+n-2(k+1)} = \frac{[QSR_{n+m}-(QSR_n+QSR_m)]/(k+1)}{(QSR_n+QSR_m)/[m+n-2(k+1)]},$$

wobei k der Anzahl der exogenen Variablen (ohne Zählung der Regressionskonstante), n und m der Zahl der Beobachtungen in den beiden Teilstichproben und QSR_n, QSR_m und QSR_{n+m} den Quadratsummen der Residuen in der ersten und zweiten Teilstichprobe sowie in der Gesamtstichprobe entsprechen.

fizienten auswirkt, müssen wir zu einer veränderten Operationalisierung unserer Bildungsstandsvariablen SCHULJ bzw. der Alphabetisierung gelangen.

Wenn von der ausschließlichen Berechnung der durchschnittlichen Anzahl von Schuljahren – wie bei PSACHAROPOULOS und ARRIAGADA – abgesehen werden soll, ist die nächstliegende Möglichkeit die Verwendung der Daten nach ihren Erhebungskriterien, wie sie durch die Einteilung der Schule in Primar-, Sekundarschule und tertiäre Ausbildung vorgegeben sind. Problematisch ist jedoch dabei, daß die Dauer der institutionell definierten Schulstufen von Land zu Land erhebliche Unterschiede aufweist;[27] Angaben dazu, welcher Teil der Erwerbsbevölkerung eine bestimmte Anzahl von Schuljahren abgeschlossen hat, sind daher als wertvoller anzusehen als auf eine bestimmte Schulstufe bezogene. Dazu können aus den erhobenen Daten die fehlenden Zwischenwerte mittels linearer Interpolation geschätzt werden.

Zur Abgrenzung der verschiedenen Bildungsniveaus sollten international möglichst vergleichbare Zäsuren[28], welche im Ablauf der Schuljahre zu erwarten sind, die Anzahl der Schuljahre bestimmen, nach denen unsere Bildungsdaten zu differenzieren sind.

Nach den Untersuchungen zur individuellen Modernität sowie zur internen Bildungseffizienz ist davon auszugehen, daß mindestens vier bis sechs Schuljahre für den dauerhaften Erwerb von elementaren Qualifikationen und Eigenschaften – wie etwa Verläßlichkeit und Ausdauer – erforderlich sind. Unser erstes Abgrenzungskriterium ist somit der Abschluß von sechs Schuljahren. Dazu fassen wir Personen, die mindestens das 1. und maximal das 6. Schuljahr absolviert haben, mit ihrer durchschnittlich absolvierten Anzahl von Schuljahren in der Variable SCHUL1-6 zusammen.

Schuljahre von Personen mit Bildungsniveaus vom Abschluß des 7. Schuljahrs an, jedoch ohne tertiäre Bildung, fassen wir zusammen in der Variable SCHUL7+.

---

27 In unserer Länderstichprobe variiert z.B. die Dauer der Primarschule von 4 bis zu 9 Jahren und die der Sekundarschule von 3 bis zu 9 Jahren.

28 Cathie JORDAN und Roland G. THARP (Culture and Education, in: Anthony J. MARZELLA, Roland G. THARP und Thomas G. CIBOROWSKI (Hg.), Perspectives on Cross-Cultural Psychology, New York 1979, S. 266 f.) sprechen in diesem Zusammenhang sogar von einer einheitlichen transnationalen Schulkultur: "schooling is so similar from country to country that it is best seen as a culture unto itself, a transnational culture, the culture of the school. These similarities are present in school's architecture, their social organization, their goals, their responsibilities, and, most especially, their personnel's adaption to the institution."

Die Variable SCHULUNI erfaßt schließlich die Schuljahre der Erwerbspersonen, welche eine Einrichtung der tertiären Bildungsstufe besucht haben.

Die Variable SCHUL1-6 stellt damit eine Quantifizierung des elementaren Bildungsstandes dar, die Variable SCHUL7+ die des weitergehenden Bildungsstandes bis zum Eintritt in Universitäten oder andere höhere Bildungseinrichtungen, und die Variable SCHULUNI reflektiert das in unserer Abgrenzung am höchsten qualifizierte Humankapital.

Da die zugrundeliegenden Zensusdaten nur für 1970 und 1980 und für verschiedene Untergruppen erhoben werden konnten, schätzen wir die Werte der Variablen SCHUL1-6, SCHUL7+ und SCHULUNI für die 75 Länder unserer Stichprobe für das Jahr 1975 wieder mit Hilfe des oben geschilderten prognostischen Regressionsansatzes.[29]

Anschließend wiederholen wir unsere Schätzung der Bestimmungsfaktoren wirtschaftlicher Entwicklung mit den Variablen SCHUL1-6, SCHUL7+ und SCHULUNI[30] für H/L:

$$w_{(Y/L)} = a_0 + a_1 w_{(K/L)} + a_2 w_{(H/L)} + a_3 w_T + a_4 \ln(Y/L)_0 + a_5 \ln(H/L) + a_6 \text{OFFEN}.$$

Die Ergebnisse der drei sich daraus ergebenden Regressionen sind in Tabelle 7.8 wiedergegeben.

29 Vgl. S. 170 der vorliegenden Arbeit. Die dabei ermittelten Schätzgleichungen lauten:

$$\text{SCHUL1-6}_{75} = 0{,}889\ \text{SCHUL1-6}_{70},$$
$$\text{SCHUL7+}_{75} = 1{,}134\ \text{SCHUL7+}_{70},$$
$$\text{SCHULUNI}_{75} = 1{,}339\ \text{SCHULUNI}_{70},$$
$$\text{SCHUL1-6}_{75} = 1{,}033\ \text{SCHUL1-6}_{80},$$
$$\text{SCHUL7+}_{75} = 0{,}843\ \text{SCHUL7+}_{80},$$
$$\text{SCHULUNI}_{75} = 0{,}744\ \text{SCHULUNI}_{80}.$$

30 Da die ausgewiesenen Werte für die Variable SCHULUNI nicht in jedem Falle größer als Null sind, wurde vor der für die Regression nötigen Berechnung von ln(H/L) die Transformation SCHULUNI'=SCHULUNI+0,1 vorgenommen, so daß sich ln (H/L) ergibt als: ln (SCHULUNI')=ln (SCHULUNI+0,1).

Tabelle 7.8 Bestimmungsfaktoren wirtschaftlicher Entwicklung im Länderquerschnitt mit 3 nach Niveaus differenzierten Variablen für H/L, endogene Variable: $w_{(Y/L)}$, n=75

exogene Variable	Schätzung (1)	Schätzung (2)	Schätzung (3)
KONSTANTE	0,070* (0,025)	0,068* (0,024)	0,089* (0,026)
$w_{(K/L)}$	0,522* (0,053)	0,545* (0,049)	0,512* (0,050)
$w_{(H/L)}$	–0,009 (0,107)	0,052 (0,104)	0,033 (0,104)
w_T[a] ($\times 10^{-2}$)	0,567* (0,219)	0,410‡ (0,210)	0,368‡ (0,220)
$\ln (Y/L)_0$ ($\times 10^{-2}$)	–0,754* (0,276)	–0,786* (0,263)	–0,945* (0,284)
ln (H/L) (10^{-2}) (ln SCHUL1-6)[b]	0,153 (0,275)		
ln (H/L) (10^{-2}) (ln SCHUL7+)[c]		0,527‡ (0,229)	
ln (H/L) (10^{-2}) (ln SCHULUNI)[d]			0,512‡ (0,248)
OFFEN[e] ($\times 10^{-3}$)	0,122‡ (0,067)	0,080 (0,067)	0,148‡ (0,066)
R^2 (korr.) F	0,633 22,3*	0,658 24,7*	0,653 24,2*

[a] w_T: TECHNIK, Faktorwerte der Technologie-Hauptkomponentenanalyse, 1975.
[b] SCHUL1-6: Schuljahre von Erwerbspersonen, welche mindestens 1, aber weniger als 7 Schuljahre abgeschlossen haben.
[c] SCHUL7+: Schuljahre von Erwerbspersonen, welche mindestens 7 Schuljahre abgeschlossen, aber keine Hochschule besucht haben.
[d] SCHULUNI: Schuljahre von Erwerbspersonen, welche eine Hochschule besucht haben.
[e] OFFEN: Um Größeneffekte bereinigter Offenheitsindikator für das Basisjahr 1965.

Standardfehler in Klammern; Signifikanztests für einseitige Fragestellungen:
* signifikant mit $p \leq 0{,}01$, ‡ signifikant mit $p \leq 0{,}05$.

Aus Tabelle 7.8 geht hervor, daß die Regressionskoeffizienten deutlich auf unterschiedliche Variablenspezifizierung von H/L reagieren: Während sich im Falle der Variablen SCHUL7+ und SCHULUNI zu den höheren Bildungsniveaus auf dem 5-Prozent-Niveau signifikant positive Koeffizienten ergeben (die t-Werte betragen 2,30 und 2,07), ist der Koeffizient der Humankapitalvariable für elementare Bildungsniveaus SCHUL1-6 nicht signifikant von Null verschieden (t-Wert 0,56). Die Hypothese, daß individuelle Bildungsniveaus unter 4-6 Schuljahren weitgehend wirkungslos seien, erfährt damit durch unsere Analyse eine empirische Unterstützung: Ein Beitrag der Schulbildung von Erwerbspersonen mit weniger als 7 Schuljahren zum Wachstum der durchschnittlichen Arbeitsproduktivität ist nicht nachzuweisen.

Zu fragen ist dabei wieder, ob diese Zusammenhänge gleichermaßen für die ärmeren wie für die reicheren Länder unserer Stichprobe festzustellen sind. Zur Überprüfung auf mögliche Strukturbrüche werden wir in diesem Falle nicht auf den CHOW-Test, welcher zur Überprüfung der Gleichheit der Regressionsparameter zwischen zwei Teilstichproben *im ganzen* dient, zurückgreifen, sondern gezielt den Koeffizienten der Humankapitalvariable a_5 auf Stabilität überprüfen. Zu diesem Zweck schätzen wir die drei Regressionen gemäß Tabelle 7.8 noch einmal in modifizierter Form, wobei wir zulassen, daß a_5 im Falle der ärmeren Länder andere Werte annimmt als für reichere.[31] Damit heben wir genau eine Restriktion auf, so daß zur Überprüfung der Hypothese (H_1: a_5 unterscheidet sich nicht signifikant zwischen ärmeren und reicheren Ländern) wieder auf den oben beschriebenen F-Test zurückgegriffen werden kann. Dabei zeigt sich, daß die Nullhypothese (H_0: a_5 weist zwischen ärmeren und reicheren Ländern einen signifikanten Unterschied auf) in bezug auf die Schätzungen (1) und (2), welche die Schulbildung auf dem niedrigstem und dem mittleren Niveau betreffen, mit $F_{(1,68)}=0{,}08$ und $F_{(1,68)}=0{,}34$ nicht zurückgewiesen werden kann (der kritische Wert für die Ablehnung der Nullhypothese beträgt bei 1 und 68 Freiheitsgraden für das 10-Prozent-Niveau F=2,78). Im Falle der Schätzung (3) für die Schulbildung auf höchstem Niveau ergibt sich dagegen eine genau auf dem 10-Prozent Niveau signifikante Teststatistik von $F_{(1,68)}=2{,}78$. Ein Blick auf die Ursache dieses Befundes zeigt, daß der Koeffizient für die Humankapitalvariable ln SCHUL7+ zwar – wie schon in der in Tabelle 7.8

---

31 Praktisch gehen wir dabei so vor, daß wir unter Zuhilfenahme von Dummyvariablen für die ärmeren und die reicheren Länder (D_1 und D_2) eine simultane Schätzung der Koeffizienten $a_{5'}$ und $a_{5''}$ vornehmen. Der Schätzansatz lautet demnach:

$$w_{(Y/L)} = a_0 + a_1 w_{(K/L)} + a_2 w_{(H/L)} + a_3 w_T + a_4 \ln (Y/L)_0 + a_{5'} \ln {}_{(H/L)} D_1 + a_{5''} \ln (H/L) D_2 + a_6 \text{OFFEN}.$$

wiedergegebenen Schätzung für die Gesamtstichprobe – auch in der Teilstichprobe der ärmeren Länder signifikant positiv (t=2,65), im Falle der reicheren Länder jedoch klar insignifikant (t=0,10) ist. Angesichts dessen, daß dieser Unterschied nur knapp die 10-Prozent-Signifikanzschranke berührt, ist bei der Interpretation zwar besondere Vorsicht geboten; feststellen läßt sich aber zumindest, daß dieser Befund *nicht* die von Kritikern des Bildungswesens in ärmeren Ländern vorgebrachte These[32] unterstützt, daß hinsichtlich des volkswirtschaftlichen Zieles, ein hohes Wachstum des Pro-Kopf-Einkommens zu erreichen, die Zweckmäßigkeit von Bildung auf höherem Niveau in diesen Ländern zu bezweifeln sei.[33]

Neben der Feststellung *individueller* Mindest-Bildungsniveaus ist auch die Frage von Interesse, ob sich in Hinblick auf wirtschaftliche Entwicklung "kritische Werte" bezüglich des *gesellschaftlichen*, d.h. des durchschnittlichen Bildungsstandes in einem Lande, feststellen lassen. Dabei ist insbesondere an die "ANDERSON-BOWMAN-Hypothese" zu denken, nach der anhaltendes Wirtschaftswachstum eine Alphabetisierungsquote von etwa 40 % voraussetzt.[34]

Zur Überprüfung der "ANDERSON-BOWMAN-Hypothese" Hypothese definieren wir anhand der in Prozent gemessenen Alphabetisierungsquote von 1975 (AQ_{1975}) eine Reihe von 0,1-Dummyvariablen D_n, wobei $D_n=0$, wenn $AQ_{1975}<n$ und $D_n=1$, wenn $AQ_{1975}\geq n$. Die gemessene Spanne für die Alphabetisierungsquote AQ_{1975} beträgt in unserer Stichprobe 9–100 %, so daß wir über die Dummyvariablen $D_9, \ldots, D_{100}$ verfügen. Mit diesen Dummyvariablen für die Variable H/L berechnen wir für jede in vollen Prozent gemessene Alphabetisierungsquote die Regression:

$$w_{(Y/L)} = a_0 + a_1 w_{(K/L)} + a_2 w_{(H/L)} + a_3 w_T + a_4 \ln(Y/L)_0 + a_5 \ln(H/L) + a_6 \text{OFFEN}.$$

---

32 Vgl. Kapitel 2.4 der vorliegenden Arbeit.

33 Damit ist allerdings – darauf sei hier in aller Deutlichkeit hingewiesen – nichts über das Erreichen einer sozial gerechten Einkommensverteilung – einen in unseren Augen berechtigten Kritikpunkt an der Bildungspolitik vieler ärmerer Länder – gesagt. Die Frage, ob ein mit höheren individuellen Bildungsniveaus zusammenhängendes Wachstum des Pro-Kopf-Einkommens nicht in überwiegendem Maße den ohnehin schon privilegierten Bevölkerungsgruppen zugute kommt, muß aber im Rahmen der vorliegenden, ausschließlich auf gesamtwirtschaftlichen Daten beruhenden Untersuchung unbeantwortet bleiben.

34 Vgl. dazu Kapitel 1, Anmerkung 12 der vorliegenden Arbeit

Die Ergebnisse dieser Regressionen (Wert und Signifikanz der Koeffizienten a_5 der Dummyvariablen für H/L) sind in der Abbildung 7.3 zusammengefaßt.

Abbildung 7.3 Überprüfung der "Anderson-Bowman-Hypothese"

Signifikanz bestimmter Alphabetisierungsquoten

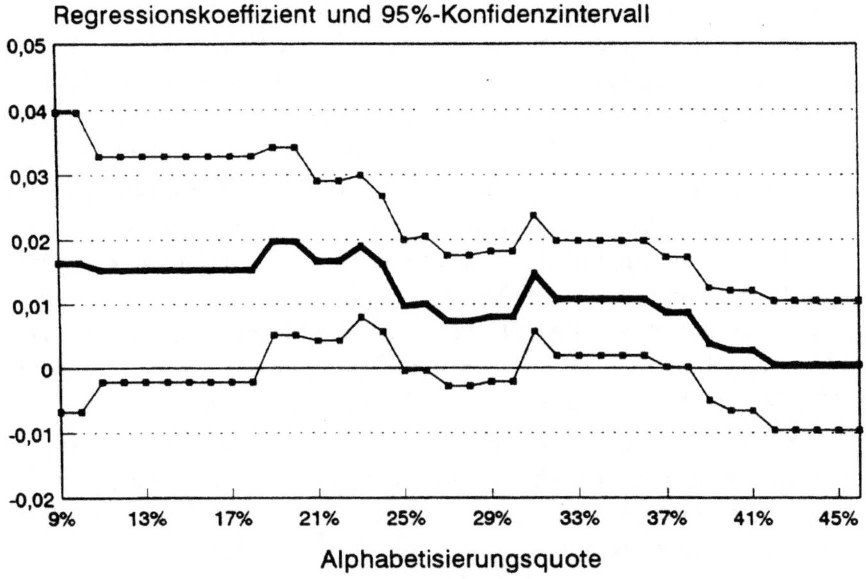

Koeffizienten der Dummyvariablen D für Mindest-Alphabetisierungsquoten von 9 bis 46 %

Aus der Abbildung geht hervor, daß die bei sehr niedrigen Alphabetisierungsquoten zunächst sehr ungenauen Schätzungen der Koeffizienten von D_n bei Alphabetisierungsquoten von etwa 20 % präziser werden und, von kleineren Fluktuationen abgesehen, mit zunehmender Alphabetisierung geringer werden, bis sie bei etwa 40 % den Wert Null annehmen.[35] Darüber

[35] Die Koeffizienten liegen auch im weitere Verlauf, d.h. bei Dummyvariablen für Alphabetisierungsquoten über 45 %, um oder unter Null, so daß auf ihre Darstellung verzichtet wird.

hinaus zeigt das in der Abbildung dargestellte 95-Prozent-Konfidenzintervall, daß die Koeffizienten für D_n im Bereich der Alphabetisierungsquoten von knapp 20 bis knapp 40 % in der Regel signifikant positiv sind.[36]

Die Koeffizienten für die Dummyvariablen D_n beantworten die Frage, ob Länder mit Alphabetisierungsquoten unter n sich von Ländern mit solchen von n und darüber unterscheiden. Der in Abbildung 7.3 dargestellte Befund läßt sich daher so interpretieren, daß Alphabetisierung nur bei Alphabetisierungsquoten von etwa 20–40 % einen nachweislichen Unterschied in Hinblick auf wirtschaftliche Entwicklung ausmacht, wobei nur Länder mit unter dieser Grenze liegenden Alphabetisierungsquoten ceteris paribus eine geringere Wachstumsrate der Arbeitsproduktivität aufweisen. Der von uns festgestellte kritische Wert von 20–40 % spricht damit für die Richtigkeit der "ANDERSON-BOWMAN-Hypothese", wenn auch der häufig genannte kritische Wert von 40 % vielleicht etwas zu hoch angesetzt sein dürfte.

In gleicher Weise wie zur Überprüfung der Signifikanz kritischer Niveaus bei der Alphabetisierungsquote verfahren wir im folgenden auch in bezug auf die durchschnittliche Anzahl von Schuljahren der Erwerbspersonen um 1975 (SCHULJ). Dazu definieren wir die Dummyvariablen D_m, wobei $D_m=0$, wenn SCHULJ<n und $D_m=1$, wenn SCHULJ≥n. Die Koeffizienten und Konfidenzintervalle für die Variablen D_m stellen wir wieder in Form einer Graphik dar. Diese ist in Abbildung 7.4 wiedergegeben.

Abbildung 7.4 zeigt, daß die Koeffizienten von D_m nur für m<3 signifikant positiv sind. Der kritische Wert bezüglich der für wirtschaftliche Entwicklung notwendigen Mindestanzahl durchschnittlicher Schuljahre dürfte entsprechend niedrig sein und weniger als drei Jahre betragen; nur Länder mit einer durchschnittlichen Schulbildung der Erwerbsbevölkerung unter dieser Grenze weisen ceteris paribus eine signifikant geringere Wachstumsrate der Arbeitsproduktivität auf.

Damit bestätigt sich im wesentlichen der Befund eines schon in bezug auf die Alphabetisierungsquote deutlichen, aber relativ geringen kritischen Wertes von 20–40 %: Auch hinsichtlich der gesamtgesellschaftlich durchschnittlichen Schuljahre läßt sich ein für wirtschaftliche Entwicklung kritischer Wert feststellen, der aber mit weniger als drei Jahren ebenfalls nicht ausgesprochen hoch ist.

---

36 Ein 95-Prozent-Konfidenzintervall im positiven Bereich ist dabei gleichbedeutend mit einem auf dem 2,5-Prozent-Niveau signifikant positiven Koeffizienten.

Abbildung 7.4 Auswirkungen minimaler durchschnittlicher Bildungsniveaus (1–9 Schuljahre) auf wirtschaftliche Entwicklung

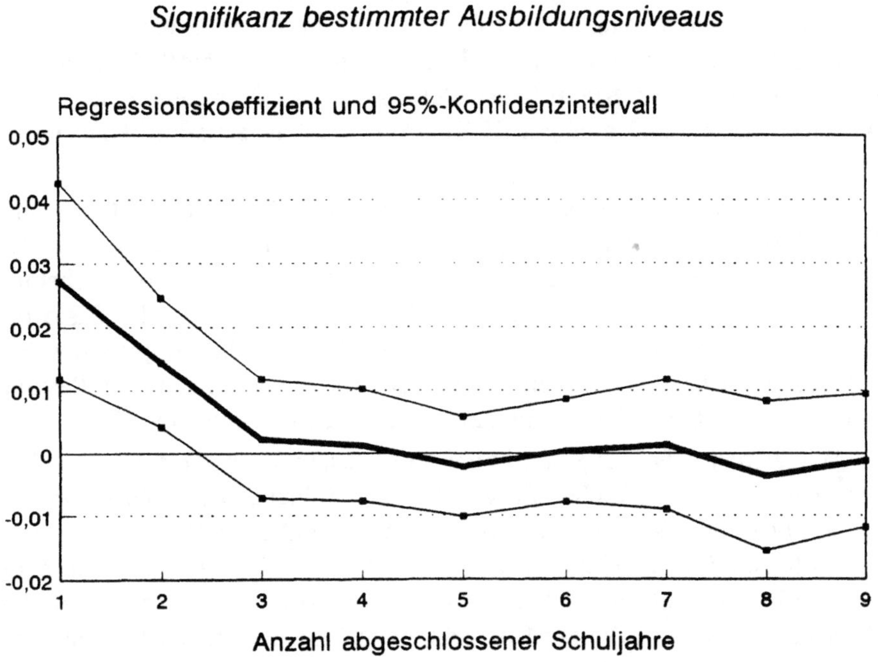

Koeffizienten der Dummyvariablen D für die Mindestanzahl von 1 bis 9 individuell absolvierten Schuljahren

Ad (3): Zum Abschluß unserer Untersuchung wollen wir überprüfen, ob unsere Ergebnisse auch als *robust* gelten können: Angesichts der verschiedenen signifikanten Variablen in Länderquerschnittsuntersuchungen zum wirtschaftlichen Wachstum stellen LEVINE und RENELT[37] fest, daß sich bei Regressionen des Wachstums des Pro-Kopf-Einkommens auf erklärende Größen bereits über 50 (sic!) verschiedene Variablen in mindestens einer Regression als signifikant erwiesen haben. Die ermittelten partiellen Beziehungen seien jedoch wenig *robust*; auch bei statistisch signifikanten Ergeb-

37 Ross LEVINE und David RENELT, A Sensitivity Analysis of Cross-Country Growth Regressions, in: American Economic Review, Vol. 82 (1992), S. 942–963.

nissen bleibe ein großes Maß an Unsicherheit über die wirkliche Bedeutung einzelner Variablen bestehen.[38]

Zur weitergehenden Überprüfung unseres Schätzansatzes folgen wir einem Vorschlag von LEVINE und RENELT zur Ermittlung *robuster* Beziehungen[39]: Dieser Test auf *Robustheit* einer partiellen Korrelation besteht darin, nur solche Zusammenhänge als robust anzusehen, die sich auch bei Einbeziehung von als sicher geltenden Determinanten wirtschaftlichen Wachstums (*obligatorische* Kontrollvariablen) sowie bei Variation einer Reihe weiterer erklärender Variablen (Z-Kontrollvariablen) als signifikant erweisen.[40]

Zu den als gesichert geltenden Kontrollvariablen zählen LEVINE und RENELT dabei die Investitionsquote, das Pro-Kopf-Einkommen und das Humankapital in der Basisperiode sowie das Bevölkerungswachstum; LEVINE und ZERVOS modifizieren in einer Nachfolgestudie die Liste der Kontrollvariablen, indem sie auf eine generelle Berücksichtigung des Bevölkerungswachstums verzichten und statt dessen die Anzahl der Revolutionen und Staatsstreiche als obligatorische Variable aufnehmen.[41]

Wir ziehen neben den unmittelbar aus unserem Ansatz folgenden Determinanten wirtschaftlicher Entwicklung im folgenden als obligatorische Kontrollvariable den bereits oben berücksichtigten Offenheitsindikator OFFEN heran. Zudem nehmen wir als Z-Kontrollvariablen aus einer Liste sozio-politischer Kontrollvariablen jeweils zwei Variablen (Z_1 und Z_2) in den Schätzansatz mit auf. Die zur Überprüfung auf Robustheit geschätzten Gleichungen sind damit:

---

[38] Dieser Befund wird auch durch die bekannte Tatsache nahegelegt, daß tendenziell eher signifikante als insignifikante Ergebnisse veröffentlicht werden. Da aber bei einer ausreichenden Zahl von Untersuchungen anhand unabhängiger Stichproben für fast jede Beziehung im Einzelfall signifikante Ergebnisse zu erwarten sind, ist unter den publizierten Studien mit dem Vorliegen einer größeren Zahl von α-Fehlern zu rechnen, als es die konventionellen Signifikanzniveaus erwarten lassen.

[39] Ross LEVINE und David RENELT, A Sensitivity Analysis of Cross-Country Growth Regressions, a.a.O. Vgl. auch DERS. und Sara J. ZERVOS, What Have We Learned About Policy and Growth from Cross-Country Regressions, in: American Economic Review, Papers and Proceedings, Vol. 83 (1993), S. 428.

[40] Ross LEVINE und David RENELT, A Sensitivity Analysis of Cross-Country Growth Regressions, a.a.O., S. 944.

[41] Ihre Begründung (Ross LEVINE und Sara J. ZERVOS, What Have We Learned About Policy and Growth..., a.a.O., S. 427 f.) besteht darin, daß diese Variablen den bekannten "BARRO-Regressoren" entsprechen, die seit BARROS Untersuchung von 1991 in verschiedenen Länderquerschnittsuntersuchungen herangezogen worden sind; vgl. Robert J. BARRO, Economic Growth in a Cross Section of Countries, in: Quarterly Journal of Economics, Vol. 106 (1991), S. 407–443.

$$w_{(Y/L)} = a_0 + a_1 w_{(K/L)} + a_2 w_{(H/L)} + a_3 w_T + a_4 \ln (Y/L)_0 + a_5 \ln (H/L) + a_6 \text{OFFEN} + a_7 Z_1 + a_8 Z_2.$$

Zur Durchführung der Robustheitstests ist demnach noch die Liste der Z-Kontrollvariablen zu bestimmen. Die in Länderquerschnittsuntersuchungen zum wirtschaftlichen Wachstum ausführlichste Berücksichtigung von sozialen und politischen Variablen erfolgt bei BARRO[42]. Wir greifen daher für die Variablen Z_1 und Z_2 auf BARROS Datensatz zurück. Für 10 von BARROS sozio-politischen Variablen[43] liegen für alle 75 Länder unsere Untersuchung Angaben vor; durch systematische Variation ergeben sich folglich für Z_1 und Z_2 $n(n-1)/2$ Kombinationen, so daß wir zur Kontrolle unserer Parameterschätzungen auf Robustheit 45 Regressionen durchführen können.

Aus den Robustheitstests für die exogenen Variablen $w_{(K/L)}$, $w_{(H/L)}$, w_T, $\ln (Y/L)_0$ und $\ln (H/L)$ der Regressionen nach Tabelle 7.7 (vgl. S. 173) ergibt sich zunächst, daß zumindest der Koeffizient für die Variable $w_{(K/L)}$ in jeder der 45 durchgeführten Regressionen mit einem t-Wert von mindestens 7,51 statistisch hochsignifikant ist. Diese Variable kann somit klar als *robust* bezeichnet werden.[44]

Da definitive Kriterien bezüglich der erforderlichen Signifikanz einer Variable über die Gesamtheit der bei einem solchen Robustheitstest durchgeführten Regressionen nicht angegeben werden können, wählen wir für die übrigen Variablen eine graphische Darstellung. Dazu stellen wir für die weiteren aus unserem Ansatz folgenden Bestimmungsfaktoren wirtschaftlicher Entwicklung – $w_{(H/L)}$, w_T, $\ln (Y/L)_0$ und $\ln (H/L)$ – die Verteilung der Signifikanzniveaus über die 45 zur Kontrolle auf Robustheit durchgeführten Regressionen in der Form von Histogrammen dar. Diese sind in den Abbildungen 7.5–7.8 wiedergegeben.

---

42 Robert J. BARRO, Economic Growth in a Cross Section of Countries, a.a.O.

43 Ebenda, Data Appendix (Diskette). Die herangezogenen Variablen sind: AFRICA, OIL, SOC, ASSASS, CIVLIB, CONSTCH, COUP, REVOL, RIOT und STRIKE. Diese Variablen beziehen sich auf den Zeitraum von 1960–1985; BARROS Kurzbezeichnungen stehen dabei für: Schwarzafrika-Länder-Dummyvariable, OPEC-Länder-Dummyvariable, Sozialismus-Länder-Dummyvariable, die Anzahl der Attentate, einen Indexwert für die Respektierung bürgerlicher Freiheitsrechte sowie die Anzahl der Verfassungsänderungen, der Staatsstreiche, der Revolutionen, der Aufstände und der Streiks.

44 Da die den festgestellten Signifikanzniveaus entsprechenden Irrtumswahrscheinlichkeiten nur wenig größer als Null sind, kann hier auf eine eingehendere Untersuchung verzichtet werden.

Abbildung 7.5 Robustheitstest für die Variable $w_{(H/L)}$, gemessen durch die Wachstumsrate der Alphabetisierungsquote: Verteilung der Signifikanz bei einseitiger Fragestellung über 45 Kontrollregressionen bei zwei alternativen Messungen von (H/L)

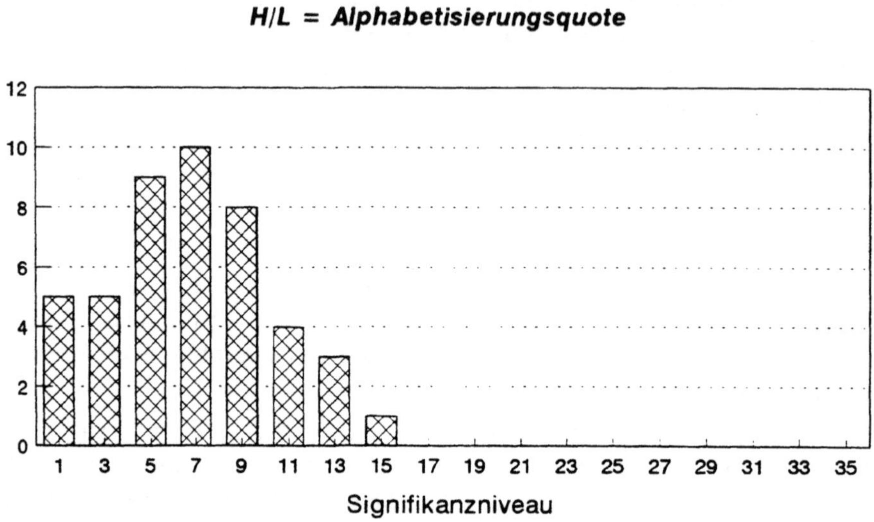

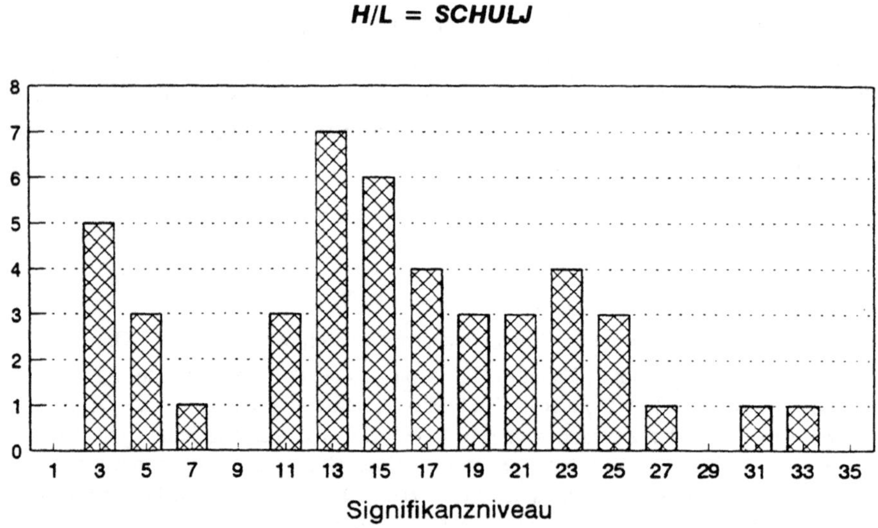

Abbildung 7.6 Robustheitstest für die Variable w_T (TECHNIK): Verteilung der Signifikanz bei einseitiger Fragestellung über 45 Kontrollregressionen bei zwei alternativen Messungen von (H/L)

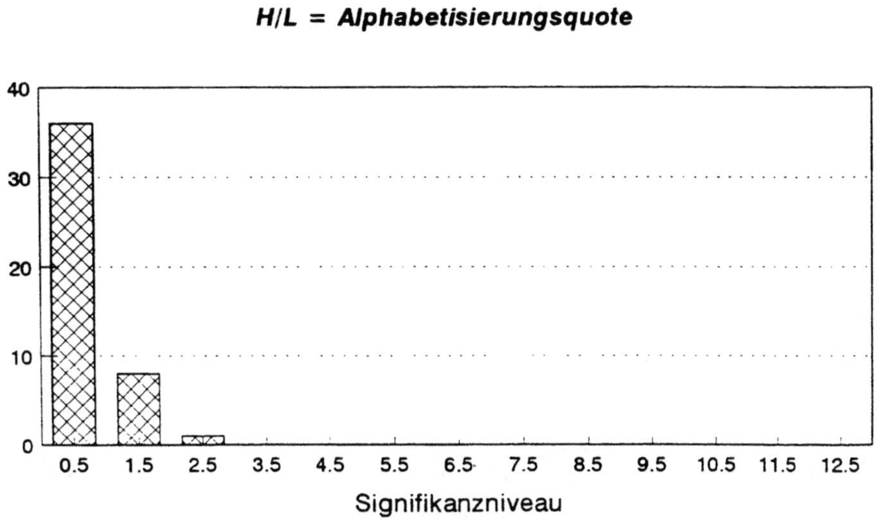

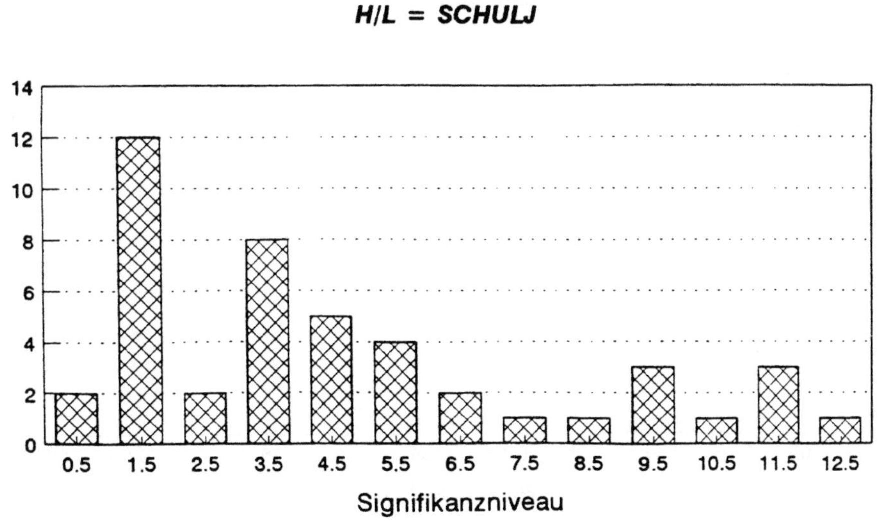

Abbildung 7.7 Robustheitstest für die Variable $\ln(Y/L)_0$: Verteilung der Signifikanz bei einseitiger Fragestellung über 45 Kontrollregressionen zwei alternativen Messungen von (H/L)

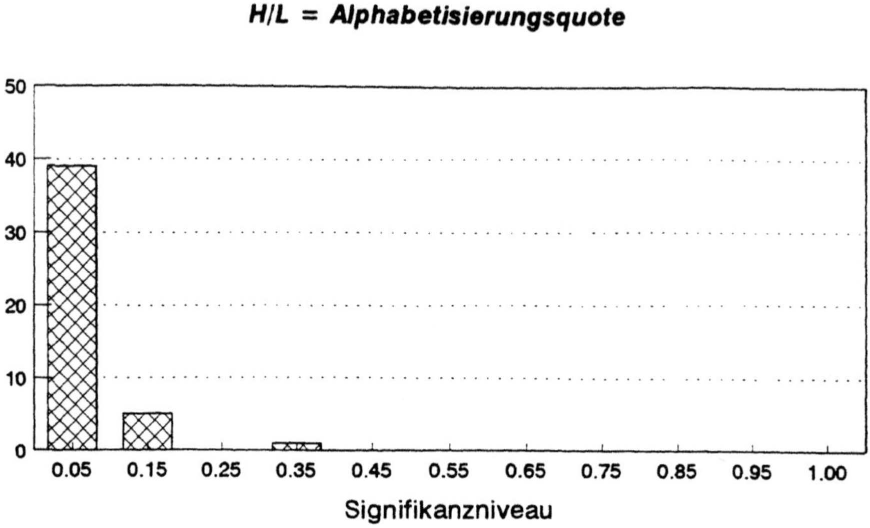

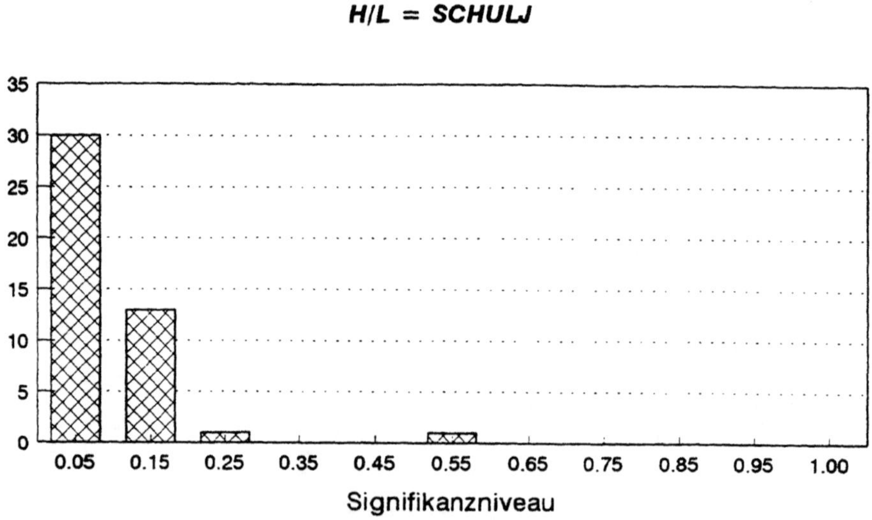

Abbildung 7.8 Robustheitstest für die Variable ln(H/L) unter Zugrundelegung zweier alternativer Messungen: Verteilung der Signifikanz bei einseitiger Fragestellung über 45 Kontrollregressionen

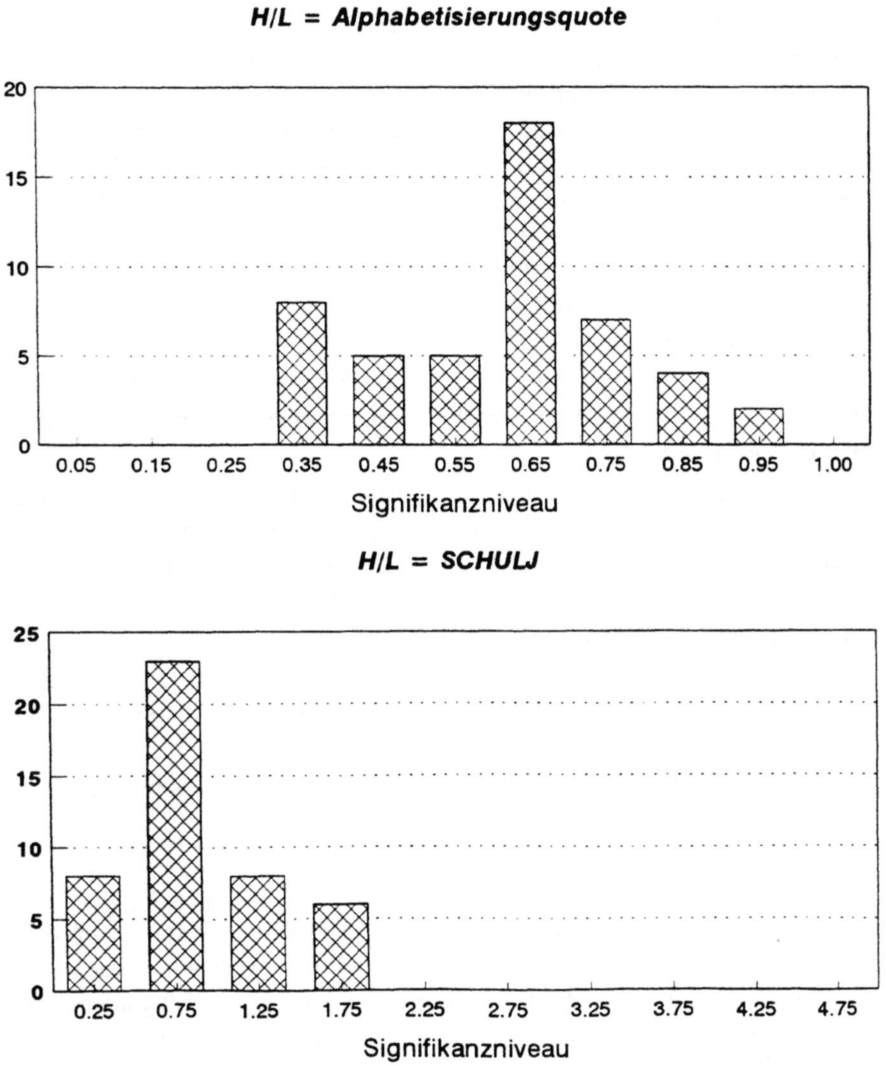

Die Ergebnisse der Robustheitstests für die Variable $w_{(H/L)}$, für die wir mangels besserer Indikatoren auf die Wachstumsrate der Alphabetisierung zurückgreifen müssen, zeigt die Abbildung 7.5. Daraus geht hervor, daß die Koeffizienten für $w_{(H/L)}$ unter Einbezug der Variable SCHULJ für H/L in den meisten Fällen das 10-Prozent Signifikanzniveau verfehlen und nur in 9 von 45 Fällen signifikant positiv sind. Bei Berücksichtigung von LIT75 an Stelle von SCHULJ ist der Koeffizient in immerhin 8 von 45 Fällen insignifikant. Diese Variable erweist sich damit als wenig robust.

In hohem Maße robust ist dagegen der Koeffizient für die Wachstumsrate von T, für welche wir unsere Technologievariable TECHNIK heranziehen (vgl. Abbildung 7.6). Die Signifikanzniveaus für die einseitige Fragestellung liegen für die Gleichung, bei welcher wir zur Messung von H/L unsere Variable SCHULJ heranziehen, zwischen 0,004 und 0,13, und nur in 5 von 45 Fällen wird das 10-Prozent-Signifikanzniveau knapp verfehlt. Bei Berücksichtigung der Alphabetisierungsquote an Stelle der Variable SCHULJ für die Variable H/L ist der Koeffizient sogar in allen Kontrollregressionen auf dem 5-Prozent-Niveau gesichert.

Als äußerst robust erweist sich auch die Konvergenzvariable $\ln(Y/L)_0$ (vgl. Abbildung 7.7), die in jedem Fall mit weniger als 1 % Irrtumswahrscheinlichkeit gesichert ist.

Wie die Abbildung 7.8 zeigt, sind die Variablen zum Bildungsstand $\ln(H/L)$ ebenfalls beide in allen Kontrollregressionen statistisch gesichert; unsere Bildungsstandsvariable SCHULJ mindestens auf dem 5-Prozent-Signifikanzniveau und die Variable zum Stand der Alphabetisierung sogar in jedem Fall auf dem 1-Prozent-Niveau.

Es zeigt sich daher, daß in unserer zur Bestimmung der Determinanten wirtschaftlicher Entwicklung spezifizierten Länderquerschnittsregression

$$w_{(Y/L)} = a_0 + a_1 w_{(K/L)} + a_2 w_{(H/L)} + a_3 w_T + a_4 \ln(Y/L)_0 + a_5 \ln(H/L) + a_6 \text{OFFEN} + a_7 Z_1 + a_8 Z_2,$$

von den produktionstheoretisch begründeten Variablen $w_{(K/L)}$, $w_{(H/L)}$ und w_T die Variablen $w_{(K/L)}$ und w_T nicht nur als signifikant, sondern nach dem Kriterium von LEVINE und RENELT auch als robust angesehen werden können. Das gleiche gilt für die aus der Konvergenzhypothese folgenden Variablen $\ln(Y/L)_0$ und $\ln(H/L)$. Wenig robust ist von den unserem Ansatz entsprechenden exogenen Variablen nur die Variable $w_{(H/L)}$, für die wir mangels besserer Indikatoren in unserer Stichprobe nur auf die Wachstumsrate der Alphabetisierungsquote zurückgreifen können. Eine verbesserte Datenbasis zur Bestimmung der Wachstumsraten von Humankapital im Länderquerschnitt könnte in diesem Punkt in der Zukunft vermutlich zu mehr Klarheit führen.

7.3 Zusammenfassung

In diesem Kapitel wurde, soweit es die vorliegenden Daten erlauben, eine empirische Überprüfung der in den Kapiteln 1 bis 3 herausgearbeiteten Hypothesen über die Bestimmungsfaktoren wirtschaftlicher Entwicklung vorgenommen.

Dazu wurde im ersten Schritt eine Hauptkomponentenanalyse mit den aus unserer Sicht gegenwärtig von den verfügbaren Indikatoren am besten für internationale Vergleiche tauglichen Technologieindikatoren durchgeführt.

Die darauf beruhende multivariate Technologiemessung erwies sich im Länderquerschnitt als geeignet zur Messung des technischen Fortschritts in einer Cobb-Douglas-Produktionsfunktion.

Anhand der Schätzung von Produktionsfunktionen auf der Basis eines gepoolten Zeitreihen-Querschnitts-Datensatzes konnten wir durch Alternativschätzungen sogenannter *fixed effects*-Modelle, welche Aufschluß über die Bedeutung nichtberücksichtigter exogener Variablen geben, zeigen, daß eine einfache Cobb-Douglas-Produktionsfunktion mit den herkömmlichen Inputs Arbeit und Kapital fehlspezifiziert ist, da relevante Inputs nicht berücksichtigt werden. Die Aufnahme von Humankapital als Produktionsfaktor stellt in diesem Zusammenhang eine deutliche Verbesserung der einfachen Cobb-Douglas-Produktionsfunktion dar.

Die Analyse der Skalenelastizität der geschätzten Produktionsfunktionen ergab keine Hinweise auf das Vorliegen konstanter Grenzerträge in bezug auf die reproduzierbaren Produktionsfaktoren, wie sie in der *Neuen Wachstumstheorie* behauptet werden; sie führte uns vielmehr zu dem Ergebnis, daß in bezug auf die Produktionsfaktoren Kapital, Arbeit und Humankapital von konstanten Skalenerträgen ausgegangen werden kann. Daher konnten im weiteren der Output sowie die Produktionsfaktoren Kapital und Humankapital auf den Faktor Arbeit bezogen und der Faktor Arbeit von der Liste der exogenen Variablen gestrichen werden.

Zur Schätzung der Bedeutung der einzelnen Bestimmungsfaktoren wirtschaftlicher Entwicklung wurden als exogene Variablen gleichermaßen die aus der Produktionstheorie folgenden Wachstumsraten der Produktionsfaktoren Kapital, Humankapital und der technische Fortschritt – verstanden als Wachstumsrate des technischen Wissens –, die aus der Konvergenzhypothese folgenden Variablen Entwicklungsstand und Humankapitalbestand und zusätzlich verschiedene Variablen für die sozio-politischen Rahmenbedingungen wirtschaftlicher Entwicklung herangezogen. Dabei zeigte sich, daß mit Ausnahme der anhand von Angaben zur Alphabetisierung gemessenen Wachstumsrate des Humankapitals pro Erwerbsperson alle berücksichtigten Variablen sowohl im inferenzstatistischen Sinne *signifikant* als auch gegenüber Veränderungen der Schätzgleichung *robust* sind. Die Schätzergebnisse stehen damit im wesentlichen in Übereinstimmung mit unserer theoretischen Vorstellung, nach der wirtschaftliche Entwicklung vor allem durch die Akkumulation von Sach- und Humankapital sowie durch den technischen Fortschritt bestimmt wird, wobei aber auch der Entwicklungsstand eines Landes im internationalen Kontext sowie die Determinanten der technologischen Absorptionsfähigkeit zu berücksichtigen sind, da diese über die Möglichkeit zu aufholender Entwicklung entscheiden.

Unsere empirische Analyse ergab schließlich auch Hinweise auf das Vorliegen bestimmter *kritischer Bildungs-Mindestniveaus*, unterhalb derer wirtschaftliche Entwicklung nur erschwert erfolgen kann. Diese "kritischen Werte" liegen nach unseren Ergebnissen bei einer Alphabetisierungsquote von 20–40 % bzw. bei einer durchschnittlichen Anzahl von weniger als drei individuell abgeschlossenen Schuljahren.

In Ländern, welche diesen elementaren Bildungsstand noch nicht erreicht haben – diese Implikation aus unserer ansonsten mit den praktischen Problemen wirtschaftlicher Entwicklung nicht direkt befaßten Untersuchung sei hier erlaubt –, ist daher von Anstrengungen zur allgemeinen Anhebung des Bildungsstandes ein besonders spürbarer Anstoß zu wirtschaftlicher Entwicklung zu erwarten.

Anhang

8 Dokumentation von Länderstichprobe und Daten

8.1 Die Länderstichprobe

Die ersten Auswahlkriterien für die Länderstichprobe bestanden darin, daß ein aufzunehmendes Land zu den 138 Ländern in der neuesten Version der Datenbank des "International Comparison Project" der Vereinten Nationen (ICP-Datenbank[1]) gehört und daß es für das Jahr 1985 eine Einwohnerzahl von mindestens 1 Mio. aufweist. Damit werden die Besonderheiten sehr kleiner Länder ausgeklammert. Die Wahl einer Mindestbevölkerung von 1 Mio. ist arbiträr, folgt aber einem international üblichen Abgrenzungskriterium.[2] Nach dieser Eingrenzung verbleiben noch 114 Länder.

Aufgrund mangelnder internationaler Vergleichbarkeit oder zweifelhafter Verläßlichkeit der Daten wurden von den in der Stichprobe enthaltenen OPEC-Staaten[3] die Länder Kuwait, Saudi-Arabien und Vereinigte Arabische Emirate nicht berücksichtigt, und von den europäischen Staaten wurden die ehemaligen Staatshandelsländer[4] und zusätzlich China aus der Stichprobe entfernt.

Um Willkür bei der weiteren Beurteilung der Datenlage eines Landes auszuschließen, wurde so verfahren, daß die erhobenen Daten getrennt für jede der drei Gruppen (1) "Bildungsstand der Erwerbspersonen", (2) "Technologie-Inputindikatoren" (Forschung und Entwicklung) und (3) "Technologie-Outputindikatoren" überprüft wurden. Sofern in einer dieser drei Datengruppen für ein Land keine Angaben vorlagen, wurde das Land, ungeachtet der Lage in anderen Bereichen, von der Analyse ausgeschlossen.

---

1 SUMMERS, Robert und HESTON, Alan: The Penn World Tables (Mark 5): An Expanded Set of International Comparisons, 1950–1988, in: Quarterly Journal of Economics, Vol. 106 (1991), S. 327–368. Im Unterschied zu früheren Versionen des "Penn World Table" sind in der neuesten Ausgabe aufgrund von Zweifeln an der Verläßlichkeit ihrer Daten die Länder Bulgarien, DDR, Tschechoslowakei und UdSSR nicht mehr enthalten.

2 Vgl. z.B. WELTBANK, Weltentwicklungsbericht 1991, Washington, D.C. 1991, S. 239.

3 Algerien, Ecuador, Indonesien, Irak, Iran, Kuwait, Nigeria, Saudi-Arabien, Venezuela und die Vereinigten Arabischen Emirate.

4 Da die Länder Bulgarien, DDR, Tschechoslowakei und UdSSR nicht mehr in der ICP-Datenbank enthalten sind (vgl. Anm. 1), handelt es sich dabei um Jugoslawien, Polen, Rumänien und Ungarn.

Von den verbleibenden 106 Ländern wurden nach dem geschilderten Kriterium wegen fehlender Angaben weitere 31 Länder aus der Stichprobe entfernt,[5] so daß die schließlich der empirischen Untersuchung zugrundeliegende Länderstichprobe aus 75 Ländern besteht.

Die 75 Länder wurden in die vier Ländergruppen "OECD", "Asien", "Lateinamerika" und "Afrika" unterteilt.[6] Die vier resultierenden Ländergruppen sind:

(1) OECD-Mitgliedsländer, (n=22);
(2) Asien ohne OECD, (n=15);
(3) Lateinamerika, (n=20);
(4) Afrika, (n=18).

Die 75 Länder und ihre Verteilung auf die Ländergruppen sind in Tabelle 8.1 wiedergegeben.

Die vier Ländergruppen zeigen vergleichbare Fallzahlen (15–22) und innerhalb der Ländergruppen – mit Ausnahme der Landesgröße – eine vergleichsweise hohe Homogenität der Länder untereinander. Neben der Einteilung in Ländergruppen wurde die Länderstichprobe zur Überprüfung auf Strukturbrüche in weitere Untergruppen unterteilt. Als Kriterium für die Unterteilung diente die Variable "Einkommen pro Beschäftigten" (Y/L)[7]; als Zeitpunkt für die Unterteilung wurde das in der Mitte des Beobachtungszeitraumes[8] liegende Jahr 1975 gewählt, wobei zur Dämpfung zufälliger Schwankungen der Mittelwert über die Jahre 1974–1976 gebildet wurde. Die Länder wurden anhand der Variable Y/L aufsteigend geordnet und nach dem Median und nach dem 2/3-Perzentilwert in Gruppen unterteilt. Auf diese Weise wurden folgende Untergruppen abgegrenzt:

(H1): Untere Einkommenshälfte (n=37);
(H2): Obere Einkommenshälfte (n=38);
(D1-2): Untere zwei Einkommensdrittel (n=50);
(D3): Oberes Einkommensdrittel (n=25).

---

5 Die ausgeschlossenen Länder sind: Angola, Afghanistan, Äthiopien, Benin, Birma, Bolivien, Burkina Faso, Burundi, Guinea, Irak, Jemen (Nord), Lesotho, Liberia, Madagaskar, Mali, Marokko, Mauretanien, Mauritius, Mosambik, Nepal, Oman, Papua-Neuguinea, Sierra Leone, Somalia, Südafrika, Taiwan, Tansania, Tschad, Uganda, Zaire und Zimbabwe.

6 Die OECD-Gruppe umfaßt dabei alle in der Stichprobe enthaltenen europäischen Länder sowie die USA, Kanada, Japan, Australien und Neuseeland.

7 Das Einkommen wird dabei in *internationalen $* ausgedrückt, vgl. Abschnitt 8.3.1, S. 198 f.

8 Vgl. Abschnitt 8.2, S. 198.

Tabelle 8.1 Die Länderstichprobe nach Ländergruppen

OECD	Asien	Lateinamerika	Afrika
Australien	Bangladesch	Argentinien	Ägypten
Belgien	Hongkong	Brasilien	Algerien
Dänemark	Indien	Chile	Botswana
Deutschl. (W)[a]	Indonesien	Costa Rica	Elfenbeinküste
Finnland	Iran	Domin. Rep.	Ghana
Frankreich	Israel	Ecuador	Kamerun
Griechenland	Jordanien	El Salvador	Kenia
Großbritannien	Korea (S)	Guatemala	Kongo (VR)
Irland	Malaysia[b]	Haiti	Malawi
Italien	Pakistan	Honduras	Niger
Japan	Philippinen	Jamaika	Nigeria
Kanada	Singapur	Kolumbien	Ruanda
Neuseeland	Sri Lanka	Mexiko	Sambia
Niederlande	Syrien	Nicaragua	Senegal
Norwegen	Thailand	Panama	Sudan
Österreich		Paraguay	Togo
Portugal		Peru	Tunesien
Schweden		Trin. & Tobago	Zentralafrika
Schweiz		Uruguay	
Spanien		Venezuela	
Türkei			
USA			

a Angaben für das Gebiet der alten Bundesrepublik.

b Da – besonders in älteren Quellen – Angaben sowohl für das kontinentale West-Malaysia als auch für die insularen Teile Sabah und Sawarak vorliegen, wurde in diesen Fällen stets auf die Angaben für den kontinentalen Teil zurückgegriffen.

Die nach der Variable Y/L vorgenommenen Unterteilungen sind in Tabelle 8.2 wiedergegeben, wobei die zu einer Untergruppe gehörenden Länder durch "1" gekennzeichnet sind. In der letzten Spalte der Tabelle ist zusätzlich die Gruppe "PANEL" angeführt, welche diejenigen 56 Länder umfaßt, für welche der Bildungsstand der Erwerbsbevölkerung sowohl für 1970 als auch für 1980 ermittelt werden konnte.[9] Aus der Verteilung der in dieser Untergruppe fehlenden Länder über die Einkommensgruppen ist ersichtlich, daß hierbei – zumindest in bezug auf die Variable Y/L – nicht mit einem systematischen Bias gerechnet werden muß.

9 Vgl. Abschnitt 8.3.5.1, S. 201 ff.

Tabelle 8.2 Untergruppen nach dem Einkommen pro Erwerbsperson um 1975 (*internationale $* zum Basisjahr 1985)

LAND	H1	H2	D1-2	D3	PANEL
Ruanda	1	0	1	0	0
Niger	1	0	1	0	0
Malawi	1	0	1	0	1
Zentralafrika	1	0	1	0	0
Indien	1	0	1	0	1
Togo	1	0	1	0	1
Haiti	1	0	1	0	1
Bangladesch	1	0	1	0	1
Kenia	1	0	1	0	1
Kamerun	1	0	1	0	0
Ghana	1	0	1	0	0
Senegal	1	0	1	0	1
Indonesien	1	0	1	0	1
Sudan	1	0	1	0	0
Thailand	1	0	1	0	1
Pakistan	1	0	1	0	1
Elfenbeinküste	1	0	1	0	0
Botswana	1	0	1	0	1
Sambia	1	0	1	0	0
Kongo (VR)	1	0	1	0	0
Nigeria	1	0	1	0	0
Honduras	1	0	1	0	1
Sri Lanka	1	0	1	0	1
Ägypten	1	0	1	0	0
Philippinen	1	0	1	0	1
Paraguay	1	0	1	0	1
El Salvador	1	0	1	0	1
Türkei	1	0	1	0	1
Korea (S)	1	0	1	0	1
Jordanien	1	0	1	0	1
Guatemala	1	0	1	0	1
Tunesien	1	0	1	0	1
Dominik. Rep.	1	0	1	0	0
Ecuador	1	0	1	0	1
Malaysia	1	0	1	0	1
Panama	1	0	1	0	1
Jamaika	1	0	1	0	0

Tabelle wird auf S. 197 fortgesetzt

Fortsetzung von Tabelle 8.2

LAND	H1	H2	D1-2	D3	PANEL
Portugal	0	1	1	0	1
Nicaragua	0	1	1	0	0
Kolumbien	0	1	1	0	1
Brasilien	0	1	1	0	1
Costa Rica	0	1	1	0	0
Peru	0	1	1	0	1
Algerien	0	1	1	0	1
Griechenland	0	1	1	0	1
Chile	0	1	1	0	1
Argentinien	0	1	1	0	1
Hongkong	0	1	1	0	1
Uruguay	0	1	1	0	1
Singapur	0	1	1	0	1
Iran	0	1	0	1	1
Japan	0	1	0	1	1
Irland	0	1	0	1	1
Mexiko	0	1	0	1	1
Finnland	0	1	0	1	1
Syrien	0	1	0	1	0
Spanien	0	1	0	1	1
Dänemark	0	1	0	1	0
Österreich	0	1	0	1	1
Großbritannien	0	1	0	1	0
Schweden	0	1	0	1	1
Norwegen	0	1	0	1	1
Italien	0	1	0	1	1
Deutschland (W)	0	1	0	1	1
Israel	0	1	0	1	1
Frankreich	0	1	0	1	1
Venezuela	0	1	0	1	0
Neuseeland	0	1	0	1	1
Trinidad & Tobago	0	1	0	1	1
Belgien	0	1	0	1	1
Australien	0	1	0	1	1
Niederlande	0	1	0	1	1
Schweiz	0	1	0	1	1
Kanada	0	1	0	1	1
USA	0	1	0	1	1

8.2 Beobachtungszeitraum und zeitliche Zuordnung

Der Beobachtungszeitraum erstreckt sich über die Jahre von 1965–1985, da Mindestanforderungen an Verläßlichkeit und Vollständigkeit genügende Daten nur für diesen Zeitraum vorliegen.

Die zeitliche Zuordnung der Daten zeigt Tabelle 8.3. Erwartungsgemäß enthalten die Quellen häufig für viele Länder Angaben nur zu bestimmten Jahren. In diesen Fällen wurden die vorliegenden Angaben, sofern nicht anders vermerkt, nach dem in Tabelle 8.3 wiedergegebenen Muster verwendet.

Tabelle 8.3 Zeitliche Zuordnung

Angaben	5-Jahresintervall	10-Jahresintervall
1968–1972	1970	
1973–1977	1975	
1978–1982	1980	
1983–1987	1985	
1966–1975		1970
1976–1985		1980

Die zugrundeliegenden Datenquellen sind häufig periodische Publikationen. In diesem Fall wurden generell die Angaben des neuesten Bandes, welcher Angaben für das zu erhebende Berichtsjahr enthält, zugrundegelegt.

8.3 Beschreibung der Variablen

8.3.1 Daten aus dem International Comparison Project

Quelle für die Bruttoinlandsproduktsdaten und demographische Angaben ist die ICP-Datenbank in der fünften, aktualisierten Version vom Mai 1991.[10] Diese enthält jährliche Angaben für den Zeitraum von 1950–1988.

Vorteilhaft an dieser Datenbank sind die charakteristischen Inlandsproduktsdaten. Sie werden in laufenden *internationalen $* angegeben, einer synthetischen Währungsgröße, die das Sozialprodukt eines Landes mit der jeweiligen Kaufkraftparität im Verhältnis zu den USA gewichtet. Dies trägt der Tatsache Rechnung, daß Wechselkurse meist in der Weise systematisch von der Kaufkraftparität abweichen, daß in ärmeren Ländern die Kaufkraft größer ist, als es durch den nominalen Wechselkurs gegenüber dem US-$ (oder einer anderen Währung reicherer Länder) zum Ausdruck kommt. Da-

10 Robert SUMMERS und Alan HESTON, The Penn World Tables, a.a.O.

mit wird gegenüber Angaben in US-$ nach dem nominalen Wechselkurs durch Angaben in *internationalen $* eine verbesserte Vergleichbarkeit der Einkommensdaten im Querschnitt erreicht.

Darüber hinaus wird in der ICP-Datenbank für intertemporale Vergleiche auch die Preisentwicklung berücksichtigt. Wir ziehen für unsere Untersuchung auf Empfehlung der ICP-Arbeitsgruppe[11] die Größe RGDPCH ("real gross domestic product chain index") heran, welche das laufende Bruttoinlandsprodukt in *internationalen $* zum Basisjahr 1985 ausdrückt.

Demnach sind unsere Inlandsproduktsdaten (reales Bruttoinlandsprodukt in *internationalen $* zum Basisjahr 1985) nur für die USA im Jahr 1985 mit nominellen Angaben identisch; für andere Zeitpunkte handelt es sich um Indexgrößen; für andere Länder als die USA sind die Angaben zudem um die Kaufkraftparität korrigiert.

Folgende Variablen wurden der ICP-Datenbank entnommen (die Notation folgt der Quelle):

RGDPCH: Bruttoinlandsprodukt in *internationalen $* zum Basisjahr 1985 (Kettenindex mit wechselndem Wägungsschema);

CGDP: Bruttoinlandsprodukt in laufenden *internationalen $*;

P: Preisniveau des Bruttoinlandsprodukts, Darstellung der Kaufkraftparität des Landes im Vergleich zu den USA;

XR: Nominaler Wechselkurs der Landeswährung im Jahresdurchschnitt zum US-$;

I: Investitionsquote (Anteil der Bruttoinvestition am laufenden Bruttoinlandsprodukt CGDP in Prozent).

OPEN: Indikator für Außenhandel und Offenheit, definiert als (Importe+Exporte)/Bruttoinlandsprodukt.

8.3.2 Demographische Daten

Da die Inlandsproduktsdaten der ICP-Datenbank durchgängig als *per capita*-Größen ausgewiesen sind, wurden, um die interne Konsistenz der verwendeten Daten zu gewährleisten, die demographischen Angaben zur Bevölkerungszahl und Anzahl der Erwerbspersonen ebenfalls der ICP-Datenbank entnommen. Diese sind:

- Bevölkerungszahl in 1000.
- Anzahl der Erwerbspersonen ("census definition based on economically active population") in 1000.[12]

---

11 Robert SUMMERS und Alan HESTON, The Penn World Tables, a.a.O., S. 344.

12 Ebenda, S. 346 und Appendix I C 1.f. (Diskette). Angaben zur Anzahl der Erwerbspersonen sind in der ICP-Datenbank implizit enthalten: Die Anzahl der Erwerbspersonen (W) ist anhand der Angaben zur Bevölkerung (POP), des Pro-Kopf-Einkommens

8.3.2.1 Arbeitslosigkeit

Jährliche Daten zur Arbeitslosigkeit für die Jahre von 1963–1987 wurden dem *Yearbook of Labour Statistics* des INTERNATIONAL LABOUR OFFICE, Genf, entnommen, und zwar beginnend mit dem Band von 1992 über die Bände 1985, 1980 und 1975 zurückgehend bis zum Band von 1970. Einige fehlende Werte konnten durch Angaben aus dem UNITED NATIONS *Statistical Yearbook* (New York, verschiedene Jahre) von 1988/89, 1981 und 1975 ergänzt werden. Wo nur die absolute Zahl der Arbeitslosen dokumentiert ist, wurde diese auf die Anzahl der Erwerbspersonen aus der ICP-Datenbank bezogen.

Wegen offensichtlicher Unstimmigkeiten im Zeitverlauf wurden die vorliegenden Werte für Niger und Malawi nicht berücksichtigt. Es konnte damit für insgesamt 12 Länder[13] in der betrachteten Periode auf keine Angaben zur Arbeitslosigkeit zurückgegriffen werden. Für die fehlenden Werte dieser Länder wurden die vier Ländergruppenmittelwerte eingesetzt. Bei fehlenden Werten für einzelne Jahre wurde auf den landesspezifischen Mittelwert zurückgegriffen.

8.3.3 Einschulungsraten

Quelle ist das UNESCO *Statistical Yearbook* (Bde. 1970, 1972, 1975, 1980 und 1991). Fehlende Werte konnten in einigen Fällen durch lineare Interpolation zweier zeitlich unmittelbar benachbarter Werte geschätzt werden und in anderen Fällen aus der Datenbank von BARRO[14] ergänzt werden. In unserer Untersuchung wird auf folgende Einschulungsraten zurückgegriffen:

PRIM60: Quelle: UNESCO; Daten aus der BARRO-Datenbank für Bangladesch und die Schweiz; (n=75).

PRIM70: Quelle: UNESCO; Interpolierte Daten für Bangladesch, Belgien und Haiti; (n=75).

PRIM80: Quelle: UNESCO; (n=73).

8.3.4 Alphabetisierung

Erhoben wurde der Anteil der Alphabetisierten (Lesen und Schreiben eines kurzen Textes) an der Bevölkerung im Alter von 15 Jahren und älter für die

(RGDPCH) und des Einkommens pro Erwerbsperson (RGDPW) bestimmbar als W=POP×(RGDPCH/RGDPW).

13 Diese sind: Algerien, Bangladesch, Botswana, Dominikanische Republik, Iran, Jordanien, Kenia, Kongo, Malawi, Niger, Ruanda und Senegal.

14 Zur Datenquelle vgl. Robert J. BARRO, Economic Growth in a Cross Section of Countries, in: Quarterly Journal of Economics, Vol. 106 (1991), S. 414, Anmerkung 4.

Jahre 1960, 1965, 1970, 1975, 1980, 1985 (zu den Quellen vgl. die folgenden Nachweise im einzelnen):

LIT60: WORLD BANK, World Tables 1980, Washington, D.C. 1980; dort fehlende Angaben aus UNESCO, Compendium of Statistics on Illiteracy, Paris 1988 und WELTBANK, Weltentwicklungsbericht 1983, Washington, D.C. 1983; (n=75).

LIT65: Arithmetisches Mittel aus den Variablen LIT60 und LIT70; (n=75).

LIT70: WORLD BANK, World Tables 1980 und 1983, a.a.O.; dort fehlende Daten aus UNDP, Human Development Report 1990, New York 1990 und UNESCO, Compendium of Statistics on Illiteracy, a.a.O.; (n=75).

LIT75: WORLD BANK, World Tables 1983, a.a.O.; dort fehlende Daten aus UNESCO, Compendium of Statistics on Illiteracy, a.a.O.; dann noch fehlende Werte als Durchschnittswert aus den Variablen LIT75 und LIT85 ermittelt, weitere 2 fehlende Werte (für Botswana und Ghana) als Durchschnitt der Variablen LIT70 und LIT85 geschätzt; (n=75).

LIT80: WORLD BANK, World Tables 1983, a.a.O.; dort fehlende Daten aus UNESCO, Compendium of Statistics on Illiteracy, a.a.O. und UNDP, Handbook of International Trade and Development Statistics 1983, New York 1983; fehlende Werte mittels linearer Interpolation aus den Variablen LIT75 und LIT85 ermittelt, weitere 2 fehlende Werte (für Botswana und Ghana) als Durchschnitt der Variablen LIT70 und LIT85 geschätzt; (n=75).

LIT85: UNESCO, Compendium of Statistics on Illiteracy, a.a.O. und UNESCO, Statistical Yearbook 1990, a.a.O.; die dort fehlenden Angaben aus UNDP, Human Development Report 1991, New York 1991; (n=75).

8.3.5 Daten zum Bildungsstand

8.3.5.1 Der Bildungsstand der Erwerbspersonen

Tabelle 8.4 zeigt, für welche Zeitpunkte und in welchen Quellen für unsere 75 Länder Zensus- bzw. Mikrozensusdaten zum Bildungsstand der Erwerbspersonen vorliegen. Aus der am Schluß der Tabelle wiedergegebenen Anzahl der Beobachtungen pro Fünfjahresintervall ist ersichtlich, daß – unter der Prämisse der größtmöglichen Übereinstimmung der Erhebungszeitpunkte in möglichst vielen Ländern – eine Berechnung des Bildungsstands nur für die Jahre um 1970 (47 Beobachtungen) und 1980 (52 Beobachtungen) angezeigt ist, da für die frühen sechziger Jahre kaum entsprechende Zensusdaten vorliegen (13 bzw. 12 Beobachtungen) und Zensusdaten aus den späten achtziger Jahren erst vereinzelt erhältlich sind (26 bzw. 5 Beobachtungen). Um die Fallzahlen dieser für die vorliegende Arbeit wichtigen

Variable möglichst groß zu halten, wurde für die Jahre um 1970 neben den Zensusdaten aus dem entsprechenden Fünfjahresintervall in 13 Fällen auch auf jüngere Daten (1973–1975), und in 5 Fällen auf ältere Daten (1966 und 1967) zurückgegriffen. Die für 64 Länder ermittelten Variablen zum Bildungsstand um 1970 beruhen demnach auf Zensus- bzw. Mikrozensusdaten aus dem Zeitraum von 1966–1975. Die entsprechenden Zensusjahre sind in der Tabelle durch eine einfache Unterstreichung hervorgehoben.

Doppelt unterstrichen sind die Zensusjahre für diejenigen 67 Länder, für welche der Bildungsstand um 1980 erfaßt werden konnte. Dabei wurde in 10 Fällen auf jüngere Daten (1983–1987) und in 7 Fällen auf ältere Daten (1976 und 1977) zurückgegriffen. Die Variablen zum Bildungsstand um 1980 beruhen demnach auf Angaben aus dem Zeitraum von 1976–1987.[15]

Für Paneldaten steht eine Untergruppe von 56 Ländern zur Verfügung, für die sowohl um 1970 als auch um 1980 der Bildungsstand ermittelt werden konnte.

Der Grundbestand unserer Zensusdaten zum Bildungsstand stammt aus der Dokumentation von PSACHAROPOULOS und ARRIAGADA.[16] Bei der ergänzenden Erhebung aus weiteren zugänglichen Quellen wurde daher soweit wie möglich der von PSACHAROPOULOS und ARRIAGADA geschilderten Methode gefolgt.

Sofern vorhanden und vergleichbar, sind die Daten zum Bildungsstand unmittelbar der ergänzten Datensammlung von PSACHAROPOULOS und ARRIAGADA aus dem Jahre 1992 entnommen. Die übrigen Werte[17] wurden von uns anhand von Zensusdaten aus den Jahrgängen 1979, 1983 und 1988 des UNITED NATIONS *Demographic Yearbook* und den laufenden Jahrgängen des UNESCO *Statistical Yearbook* erhoben. Dabei wurde folgendermaßen vorgegangen:

- Sofern für das entsprechende Land bereits für einen anderen Zeitpunkt Daten aus PSACHAROPOULOS und ARRIAGADA berücksichtigt werden konnten, wurde zur Abgrenzung der Erwerbsbevölkerung soweit wie möglich analog verfahren.
- Bei neu hinzu kommenden, nicht bereits bei PSACHAROPOULOS und ARRIAGADA dokumentierten Ländern, wurde als bestmögliche Proxi-

---

15 Da die Bildungsstandsdaten um 1970 und um 1980 die Jahre von 1966–1975 und 1976–1985 umfassen, ist ersichtlich, daß die gesonderte Ermittlung des Bildungstands um 1975 (30 Beobachtungen) nicht sinnvoll ist.

16 George PSACHAROPOULOS und Ana María ARRIAGADA, The Educational Composition of the Labor Force: An International Update, Mimeo, The World Bank, a.a.O.

17 Vgl. Tabelle 8.4.

größe für die Erwerbsbevölkerung wenn möglich die männliche Bevölkerung von 15–64 Jahren berücksichtigt. In anderen Fällen wurde die männliche Bevölkerung ab 15 Jahren und darüber und sonst diejenige ab 25 Jahren und darüber berücksichtigt. Sofern keine gesonderten Daten für die männliche Bevölkerung vorlagen oder berechnet werden konnten (häufig finden sich Angaben zur Gesamtbevölkerung und zur weiblichen Teilbevölkerung, aus denen dann die männliche herausgerechnet werden kann), wurde unter Berücksichtigung der Altersklassen auf die gesamte vom Zensus erfaßte Bevölkerung zurückgegriffen.

– Es wurden, wiederum PSACHAROPOULOS' und ARRIAGADAS Methode folgend, die sechs Kategorien "kein bzw. weniger als 1 abgeschlossenes Schuljahr", "unabgeschlossene Primarstufe", "abgeschlossene Primarstufe", "unabgeschlossene Sekundarstufe", "abgeschlossene Sekundarstufe" und "höhere Bildung" erfaßt. Wenn aus den Zensusdaten keine Differenzierung in unabgeschlossene und abgeschlossene Primar- bzw. Sekundarstufe erkennbar war, wurde der gesamte Anteilswert für die entsprechende Stufe jeweils zur Hälfte den Kategorien "unabgeschlossen" und "abgeschlossen" zugeordnet. Die Kategorie "kein bzw. weniger als 1 abgeschlossenes Schuljahr" wurde bei fehlenden Angaben durch die Analphabetenquote für die männliche Bevölkerung ersetzt.
– Die Angaben zur Dauer der Primar- und Sekundarstufe beziehen sich auf das jeweilige Zensusjahr und sind dem jeweiligen UNESCO *Statistical Yearbook* entnommen.[18] Dies gilt nicht für die aus Angaben im UNITED NATIONS *Demographic Yearbook* berechneten Daten, sofern dort die zugrundegelegte Anzahl von Schuljahren ersichtlich ist.
– Für die Länge der tertiären Bildung wird in der vorliegenden Untersuchung allgemein ein Wert von vier Jahren angenommen, da Angaben über die Länge der tertiären Ausbildung nur vereinzelt vorliegen, und auch innerhalb einzelner Länder mit erheblicher Varianz gerechnet werden muß.

---

18 Übersichten über den Stand und die verschiedenen Änderungen der landesspezifischen Bildungssysteme seit 1960 finden sich im UNESCO *Statistical Yearbook* 1981 und 1991, a.a.O., Tabelle 3.1.

Tabelle 8.4 Zensus- bzw. Mikrozensusjahre zur Ermittlung des Bildungsstands

Land	1960	1965	1970	1975	1980	1985	1990
Ägypten	1960[a]	...[b]	...	1976	...	1986	...
Algerien	...	...	1971[c]	1977[d]	...	1985	...
Argentinien	1960	...	1970[e]	...	1980	...	...
Australien	...	...	1971[c]	...	1981[d]	1987	...
Bangladesch	...	...	...	1974[c]	1981	...	...
Belgien	...	...	1970	1977	...	1986	...
Botswana	...	...	1971	...	1981[e]	1984	...
Brasilien	1960	...	1970[e]	...	1980	...	...
Chile	...	...	1969	...	1981	...	...
Costa Rica	...	...	1968[c]	1973	...	...	...
Dänemark	...	...	...	...	1981	1983	...
Deutschland (W)	...	...	1970[e]	...	1982	...	...
Dominikan. Rep.	...	...	1970[e]	...	...	...	...
Ecuador	...	...	...	1974[e]	1982[e]	...	...
El Salvador	...	...	1971[e]	...	1980[c]	...	...
Elfenbeinküste	...	...	...	...	1978	...	...
Finnland	...	...	1970[c]	...	1980	1985[e]	...
Frankreich	...	...	1968[c]	1975[e,d]	1982	...	...
Ghana	...	...	1970[c]	...	...	...	...
Griechenland	1961	...	1971	...	1981	...	...
Großbritannien	...	...	...	1976[c,d]	...	1987	...
Guatemala	...	1964	...	1973	1981[e]	...	...
Haiti	...	...	1971[c]	...	1982	...	...
Honduras	1961	...	...	1974[e]	...	1983[c]	1989
Hongkong	...	...	1971[e]	...	1981	1986[e]	1988
Indien	1961	...	1971[c]	...	1981	...	...
Indonesien	...	...	1971[c]	...	1980	...	1988
Iran	...	1966[c]	...	1976	...	...	...
Irland	...	1966	1971[c]	...	1981[c]	...	...
Israel	...	...	1972[c]	...	1982[c]	1983	...
Italien	...	...	1971[f]	...	1981[f]	1987	...
Jamaika	1960[c]	...	...	...	1978	...	...
Japan	...	...	1969	...	1979	...	...
Jordanien	1961	...	...	1975	...	1987	...

Tabelle wird auf S. 205 fortgesetzt (Fußnoten am Schluß der Tabelle)

Fortsetzung von Tabelle 8.4

Land	1960	1965	1970	1975	1980	1985	1990
Kamerun	…	…	…	1976	…	…	…
Kanada	…	…	1969	1976[e]	1981	1987	…
Kenia	…	…	1969[c]	…	1980	…	…
Kolumbien	…	1964	…	1973	1978	…	…
Kongo (VR)	…	…	…	…	…	1984[e]	…
Korea (Süd)	…	…	1969	1975[e]	1980	1985[e]	…
Malawi	…	1966[c]	…	1977[e]	…	…	…
Malaysia	…	1967	1970[e,d]	…	1980[e]	1986	…
Mexiko	…	…	1970	1977	1980[f]	…	…
Neuseeland	…	1966[c]	…	…	1981	…	…
Nicaragua	…	…	1971	…	…	…	…
Niederlande	…	1967[d]	1971[c]	1975	…	1987	…
Niger	…	…	…	1977[e]	…	…	…
Nigeria	…	1967	…	…	…	…	…
Norwegen	…	…	1970[c]	…	1980	1987	…
Österreich	…	…	1971[c]	…	1981[c]	1987	…
Pakistan	…	…	…	1975	1981	…	…
Panama	1960	…	1970	…	1980[e]	…	…
Paraguay	…	…	1972	…	1982[e]	…	…
Peru	1961	…	1972[c]	…	1981	…	…
Philippinen	…	…	1970[e]	…	1980	…	…
Portugal	…	…	1970[e]	…	1981	1987	…
Ruanda	…	…	…	…	1978[e]	…	…
Sambia	…	1963	…	…	1979	…	…
Schweden	…	…	1970[e]	…	1979[c]	1987	…
Schweiz	…	…	1970[c]	…	1980	1986	1988
Senegal	…	…	1970[c]	1976	…	…	…
Singapur	…	…	1970[c]	1974	1980[c]	…	…
Spanien	…	…	1970[c]	…	1981[d]	1986[c]	…
Sri Lanka	…	1963	1971	…	1981	…	…
Sudan	…	…	…	1974	…	…	…
Syrien	1960	…	1970[c]	1975	…	…	…
Thailand	1960	…	…	1974	1980	…	…
Togo	…	…	1970[c]	…	1981[c]	…	…
Trinidad & Tobago	…	…	1970[f]	…	1980[e]	…	…

Tabelle wird auf S. 206 fortgesetzt (Fußnoten am Schluß der Tabelle)

Fortsetzung von Tabelle 8.4

Land	1960	1965	1970	1975	1980	1985	1990
Tunesien	...	...	...	1975	...	1985	...
Türkei	...	...	...	1975[c]	1980[c]	...	...
Uruguay	...	1963	...	1975	...	1985[e]	...
USA	...	...	1969	...	1981	...	1988
Venezuela	1961[c]	...	...	...	1979	...	...
Zentralafrika	...	...	...	1975[e]	...	...	...
Anz. Beobachtungen	13	12	47	30	52	26	5

[a] Soweit nicht weiter vermerkt, sind die Daten zum Bildungsstand dokumentiert in George PSACHAROPOULOS und Ana María ARRIAGADA, The Educational Composition of the Labor Force: An International Update, Mimeo, The World Bank, Washington, D.C. 1992.

[b] "..." bedeutet, daß für das Fünfjahresintervall um den angegebenen Zeitpunkt keine Zensusdaten zum Bildungsstand vorliegen .

[c] Bildungsstand der Bevölkerung dokumentiert in UNESCO, Statistical Yearbook, Paris, verschiedene Jahre.

[d] Zensus- oder Mikrozensusdaten liegen vor, sind aber unvollständig, widersprüchlich oder konzeptuell nicht mit anderen verwendeten Daten vergleichbar.

[e] Bildungsstand anhand von Zensusdaten dokumentiert in UNITED NATIONS, Demographic Yearbook 1979, 1983 und 1988, New York 1979, 1983 und 1988.

[f] Anteil der Bevölkerung ohne Schule in UNESCO, Statistical Yearbook, verschiedene Jahre, Anteil der darüber hinausgehenden Bildungsniveaus in UNITED NATIONS, Demographic Yearbook, verschiedene Jahre.

Die aus unseren Zensusdaten erhobenen Bildungsstandsvariablen sind:

- Genaues Zensusjahr für die Angaben um 1970; (n=64).
- Dauer der Primarstufe in Jahren zum Zeitpunkt des Zensusjahres, um 1970; (n=64).
- Dauer der Sekundarstufe in Jahren zum Zeitpunkt des Zensusjahres, um 1970; (n=64).
- Anteil der Erwerbsbevölkerung ohne Schulbildung oder mit weniger als einem Jahr Schulbildung, um 1970; (n=64).
- Anteil der Erwerbsbevölkerung mit mindestens einem Jahr, dabei jedoch unabgeschlossener Primarschulbildung, um 1970; (n=64).

- Anteil der Erwerbsbevölkerung mit abgeschlossener Primarschulbildung, um 1970; (n=64).
- Anteil der Erwerbsbevölkerung mit unabgeschlossener Sekundarschulbildung, um 1970; (n=64).
- Anteil der Erwerbsbevölkerung mit abgeschlossener Sekundarschulbildung, um 1970; (n=64).
- Anteil der Erwerbsbevölkerung mit unabgeschlossener oder abgeschlossener höherer Bildung, um 1970; (n=64).
- Genaues Zensusjahr für die Angaben um 1980; (n=67).
- Dauer der Primarstufe in Jahren zum Zeitpunkt des Zensusjahres, um 1980; (n=67).
- Dauer der Sekundarstufe in Jahren zum Zeitpunkt des Zensusjahres, um 1980; (n=67).
- Anteil der Erwerbsbevölkerung ohne Schulbildung oder mit weniger als einem Jahr Schulbildung, um 1980; (n=67).
- Anteil der Erwerbsbevölkerung mit mindestens einem Jahr, dabei jedoch unabgeschlossener Primarschulbildung, um 1980; (n=67).
- Anteil der Erwerbsbevölkerung mit abgeschlossener Primarschulbildung, um 1980; (n=67).
- Anteil der Erwerbsbevölkerung mit unabgeschlossener Sekundarschulbildung, um 1980; (n=67).
- Anteil der Erwerbsbevölkerung mit abgeschlossener Sekundarschulbildung, um 1980; (n=67).
- Anteil der Erwerbsbevölkerung mit unabgeschlossener oder abgeschlossener höherer Bildung, um 1980; (n=67).

Tabelle 8.5 zeigt die aus dem beschriebenen Vorgehen resultierende Abgrenzung der Erwerbsbevölkerung für die 75 Länder. Dabei wird auch auf einzelne durch die Aufbereitung der veröffentlichten Zensusdaten bedingte Besonderheiten hingewiesen.[19]

---

[19] Personen unbekannten Alters wurden bei der Berechnung der Anteilswerte generell den Erwerbspersonen zugeschlagen.

Tabelle 8.5 Abgrenzung der Erwerbsbevölkerung bei der Ermittlung der Angaben zum Bildungsstand

Land	Jahr	Abgrenzung der Erwerbsbevölkerung
Ägypten	1976	Beschäftigte Ägypter ab 6 Jahren
Algerien	1971	Männl. Bevölkerung ab 25 Jahren
	1985	Beschäftigte (ohne Altersangabe)
Botswana	1971	Beschäftigte ab 10 Jahren
	1981	Männl. Bevölkerung von 15–64 Jahren
Elfenbeinküste	1978	Afrikanische Beschäftigte von 15–59 Jahren
Ghana	1970	Männl. Bevölkerung ab 25 Jahren
Kamerun	1976	Erwerbspersonen ab 15 Jahren
Kenia	1969	Männl. Bevölkerung von 25–59 Jahren
	1980	Beschäftigte
Kongo (VR)	1984	Bevölkerung von 15–64 Jahren
Malawi	1966	Männliche afrikanische Bevölkerung von 25–64 Jahren
	1977	Männl. Bevölkerung ab 15 Jahren
Niger	1977	Männl. Bevölkerung von 15–64 Jahren
Nigeria	1967	Erwerbspersonen im Alter von 15–55 Jahren
Ruanda	1978	Männl. Bevölkerung von 15–64 Jahren
Sambia	1979	Städtische Erwerbspersonen ab 15 Jahren
Senegal	1970	Männl. Bevölkerung ab 6 Jahren
	1976	Männl. Bevölkerung ab 15 Jahren
Sudan	1974	Städtische Beschäftigte ab 12 Jahren
Togo	1970	Männl. Bevölkerung ab 25 Jahren
	1980	Männl. Bevölkerung ab 25 Jahren
Tunesien	1975	Haushaltsvorstände (Mikrozensus)
	1985	Bevölkerung von 10–59 Jahren
Zentralafrika	1975	Männl. Bevölkerung ab 15 Jahren
Argentinien	1970	Männl. Bevölkerung von 15–64 Jahren
	1980	Männl. Bevölkerung ab 15 Jahren
Brasilien	1970	Männl. Bevölkerung von 15–64 Jahren
	1980	Erwerbspersonen ab 10 Jahren
Chile	1969	Erwerbspersonen ab 12 Jahren
	1981	Erwerbspersonen ab 12 Jahren
Costa Rica	1968	Männl. Bevölkerung von 15–64 Jahren
Dominik. Rep.	1970	Männl. Bevölkerung von 15–64 Jahren

Tabelle wird auf S. 209 fortgesetzt

Fortsetzung von Tabelle 8.5

Land	Jahr	Abgrenzung der Erwerbsbevölkerung
Ecuador	1974	Männl. Bevölkerung von 15–64 Jahren
	1982	Männl. Bevölkerung von 15–64 Jahren
El Salvador	1971	Bevölkerung von 15–64 Jahren
	1980	Männl. Bevölkerung ab 10 Jahren
Guatemala	1973	Beschäftigte ab 10 Jahren
	1981	Männl. Bevölkerung von 15–64 Jahren
Haiti	1971	Männl. Bevölkerung ab 25 Jahren
	1982	Beschäftigte ab 10 Jahren
Honduras	1974	Männl. Bevölkerung von 15–64 Jahren
	1983	Bevölkerung ab 25 Jahren
Jamaika	1978	Erwerbspersonen ab 14 Jahren
Kolumbien	1973	Beschäftigte ab 15 Jahren
	1978	Beschäftigte ab 15 Jahren
Mexiko	1970	Beschäftigte Haushaltsvorstände (ohne Altersangabe)
	1980	Männl. Bevölkerung ab 15 Jahren (Angaben zu "ohne Schulbildung": Anteil der männl. Bevölkerung ab 25 Jahren ohne Schulbildung an der männl. Bevölkerung)
Nicaragua	1971	Beschäftigte ab 10 Jahren
Panama	1970	Erwerbspersonen ab 10 Jahren
	1980	Männl. Bevölkerung von 15–64 Jahren
Paraguay	1972	Beschäftigte ab 12 Jahren
	1982	Männl. Bevölkerung von 15–64 Jahren
Peru	1972	Bevölkerung von 15–59 Jahren
	1981	Beschäftigte ab 15 Jahren
Trinid./Tobago	1970	Männl. Bevölkerung von 15–64 Jahren (Angaben zu "ohne Schulbildung": Anteil der männl. Bevölkerung ab 25 Jahren ohne Schulbildung an der männl. Bevölkerung von 15–64 Jahren)
	1980	Männl. Bevölkerung von 15–64 Jahren
Uruguay	1975	Erwerbspersonen ab 12 Jahren
	1985	Männl. Bevölkerung von 15–64 Jahren
Venezuela	1979	Beschäftigte ab 15 Jahren
Bangladesch	1974	Männl. Bevölkerung von 15–64 Jahren
	1981	Beschäftigte ab 10 Jahren

Tabelle wird auf S. 210 fortgesetzt

Fortsetzung von Tabelle 8.5

Land	Jahr	Abgrenzung der Erwerbsbevölkerung
Hongkong	1971	Männl. Bevölkerung von 15–64 Jahren ("keine Schulbildung": Anteil der männl. Analphabeten über 15 Jahren)
	1981	Männl. Bevölkerung ab 15 Jahren
Indien	1971	Männl. Bevölkerung ab 15 Jahren
	1981	Beschäftigte ("main workers")
Indonesien	1971	Männl. Bevölkerung ab 10 Jahren
	1980	Männl. Bevölkerung ab 15 Jahren
Iran	1966	Männl. Bevölkerung von 15–64 Jahren
	1976	Beschäftigte ab 10 Jahren
Israel	1972	Männl. Bevölkerung ab 15 Jahren
	1982	Männl. Bevölkerung ab 15 Jahren
Jordanien	1975	Männl. Bevölkerung ab 15 Jahren
	1987	keine Angabe
Korea (Süd)	1969	Beschäftigte ab 13 Jahren
	1980	Beschäftigte ab 14 Jahren
Malaysia	1967	Beschäftigte in West-Malaysia ab 15 Jahren
	1980	Männl. Bevölkerung in West-Malaysia von 15–64 Jahren
Pakistan	1975	Erwerbspersonen ab 10 Jahren
	1981	Männl. Bevölkerung ab 15 Jahren
Philippinen	1970	Männl. Bevölkerung von 15–64 Jahren
	1980	Männl. Bevölkerung ab 15 Jahren
Singapur	1970	Männl. Bevölkerung ab 25 Jahren
	1980	Männl. Bevölkerung ab 25 Jahren
Sri Lanka	1971	Beschäftigte ab 10 Jahren
	1981	Beschäftigte (ohne Altersangabe)
Syrien	1970	Männl. Bevölkerung von 15–64 Jahren
Thailand	1974	Beschäftigte (ohne Altersangabe)
	1980	Männl. Bevölkerung ab 15 Jahren
Australien	1971	Bevölkerung ab 25 Jahren
	1987	Mikrozensus der Erwerbspersonen (Angaben zu "ohne Schulbildung" und zur Primarstufe: In der Quelle für kumulative 100 % fehlender Anteil von 1,2 % auf die in Frage kommenden drei Kategorien à 0,4 % aufgeteilt)
Belgien	1970	Beschäftigte ab 14 Jahren
	1977	Männl. Bevölkerung ab 15 Jahren

Tabelle wird auf S. 211 fortgesetzt

Fortsetzung von Tabelle 8.5

Land	Jahr	Abgrenzung der Erwerbsbevölkerung
Dänemark	1981	Beschäftigte von 15–59 Jahren
Deutschl. (W)	1970	Männl. Bevölkerung von 15–64 Jahren (der aus der Quelle nur pauschal ermittelbare Anteil von 73,6 % mit weniger als abgeschlossener Sekundarstufe wurde entsprechend den Anteilswerten von 1982 auf die Kategorien "keine Schulbildung", "unabgeschlossene Primarstufe", "abgeschlossene Primarstufe" und "unabgeschlossene Sekundarstufe" aufgeteilt)
	1982	Männl. Bevölkerung ab 15 Jahren
Finnland	1970	Männl. Bevölkerung von 15–64 Jahren (der aus der Quelle nur pauschal ermittelbare Anteil von 68,6 % mit weniger als unabgeschlossener Sekundarstufe wurde entsprechend den Anteilswerten von 1980 auf die Kategorien "keine Schulbildung", unabgeschlossene Primarstufe" und "abgeschlossene Primarstufe" aufgeteilt)
	1980	Männl. Bevölkerung ab 15 Jahren
Frankreich	1968	Männl. Bevölkerung ab 15 Jahren ("keine Schulbildung: Anteil der Analphabeten über 14 Jahren beim Zensus 1946)
	1982	Männl. Bevölkerung ab 15 Jahren
Griechenland	1971	Erwerbspersonen ab 14 Jahren
	1981	Erwerbspersonen ab 14 Jahren
Großbritannien	1987	keine Angabe
Irland	1971	Männl. Bevölkerung von 25–64 Jahren (nur eine Angabe zu den Kategorien "keine Schulbildung" und zu den zwei Kategorien der Primarstufe, der Wert aus den Quellen wird daher in Ermangelung besserer Daten auf die drei entsprechenden Kategorien zu gleichen Anteilen aufgeteilt)
	1981	wie 1971
Italien	1971	Männl. Bevölkerung von 15–64 Jahren ("keine Schulbildung": Anteil der männl. Analphabeten über 15 Jahren)
	1981	wie 1971

Tabelle wird auf S. 212 fortgesetzt

Fortsetzung von Tabelle 8.5

Land	Jahr	Abgrenzung der Erwerbsbevölkerung
Japan	1969	Beschäftigte ab 15 Jahren
	1979	Beschäftigte ab 15 Jahren
Kanada	1969	Beschäftigte ab 15 Jahren
	1981	Erwerbspersonen ab 15 Jahren
Neuseeland	1966	Männl. Bevölkerung von 25–64 Jahren
	1981	Erwerbspersonen ab 15 Jahren
Niederlande	1971	Männl. Bevölkerung ab 25 Jahren
	1987	Bevölkerung von 20–55 Jahren
Norwegen	1970	Männl. Bevölkerung ab 16 Jahren
	1980	Männl. Bevölkerung ab 15 Jahren
Österreich	1971	Männl. Bevölkerung von 25–64 Jahren
	1981	Männl. Bevölkerung ab 25 Jahren
Portugal	1970	Männl. Bevölkerung von 15–64 Jahren ("ohne Schulbildung": Anteil männl. Analphabeten über 15 Jahren)
	1981	Männl. Bevölkerung ab 15 Jahren
Schweden	1970	Männl. Bevölkerung von 25–59 Jahren
	1979	Männl. Bevölkerung von 25–74 Jahren (der aus der Quelle nur pauschal ermittelbare Anteil von 39,5 % mit weniger als unabgeschlossener Sekundarstufe wurde entsprechend den Anteilswerten von 1970 auf die Kategorien "keine Schulbildung", "unabgeschlossene Primarstufe" und "abgeschlossene Primarstufe" aufgeteilt)
Schweiz	1970	Männl. Bevölkerung ab 25 Jahren
	1980	Männl. Bevölkerung ab 15 Jahren
Spanien	1970	Männl. Bevölkerung ab 25 Jahren
	1986	Männl. Bevölkerung ab 25 Jahren
Türkei	1975	Männl. Bevölkerung ab 25 Jahren
	1980	Männl. Bevölkerung ab 25 Jahren
USA	1969	Beschäftigte (ohne Altersangabe)
	1981	Beschäftigte ab 16 Jahren

Quellen: George PSACHAROPOULOS und Ana María ARRIAGADA, The Educational Attainment of the Labor Force, World Bank Education and Training Series, Report No. EDT38, Washington, D.C. 1986, S. 33 ff.; DIESELBEN, The Educational Composition of the Labor Force: An International Update, Mimeo, The World Bank, Washington, D.C. 1992; UNESCO, Statistical Yearbook, Paris, verschiedene Jahre, UNITED NATIONS, Demographic Yearbook 1979, 1983 und 1988, New York 1979, 1983 und 1988.

8.3.5.2 Der Bildungsstand der Bevölkerung ab 25 Jahren

Daten zur durchschnittlichen Anzahl der Schuljahre in der Bevölkerung ab 25 Jahren sind dokumentiert in einem Arbeitspapier von BARRO und LEE.[20] Diesem sind für 73 Länder unserer Stichprobe Angaben entnehmbar, und zwar für die Jahre 1965, 1970, 1975, 1980 und 1985; keine Angaben liegen vor für die Länder Elfenbeinküste und Nigeria.

Vorgehensweise und Erhebungstiefe hinsichtlich der verschiedenen Bildungsniveaus entsprechen der im vorangegangenen Abschnitt erläuterten Methode nach PSACHAROPOULOS und ARRIAGADA, im Unterschied dazu wird nur zusätzlich zwischen abgeschlossener und unabgeschlossener höherer Bildung unterschieden, wobei einheitlich für unabgeschlossene höhere Bildung 2 Jahre und für die abgeschlossene 4 Jahre veranschlagt werden.

Die Datenbank von BARRO und LEE ist vollständig; sie besteht dabei zu rund 40 % aus Daten von Volkszählungen und Stichprobenerhebungen in zeitlicher Nähe der Stichjahre und zu rund 60 % aus interpolierten oder mit Hilfe von Einschulungsraten geschätzten Werten.[21]

Bei der Überprüfung der nach dem von BARRO und LEE geschilderten Verfahren berechneten durchschnittlichen Anzahl von Schuljahren ergaben sich unter Verwendung der von ihnen ausgewiesenen Urdaten[22] sechs nicht auf Rundungsfehler zurückführbare Abweichungen zwischen den von uns und den von BARRO und LEE berechneten Werten.[23] Diese sind offensichtlich auf Rechen- oder Druckfehler im Arbeitspapier von BARRO und LEE zurückzuführen. Daher wurde für die durchschnittliche Anzahl von Schuljahren einheitlich auf die von uns nach der Methode und unter Verwendung der Daten von BARRO und LEE berechneten Werte zurückgegriffen.

8.3.6 Patentdaten

8.3.6.1 Einfache Patentzählungen

Anhand veröffentlichter Statistiken konnten sechs Zeitreihen erhoben werden: Die gesamten Patentanmeldungen und -erteilungen sowie die Anmel-

---

20 Robert BARRO und Jong-Wha LEE, International Comparisons of Educational Attainment, World Bank Conference "How Do National Policies Affect Long Run Growth", Washington, D.C., Feb. 1993

21 Zum Schätzverfahren sowie zur Übersicht über die Zensusdaten und die geschätzten Werte vgl. Robert BARRO und Jong-Wha LEE, a.a.O., S. 12 ff. und Appendix, S. 1 ff.

22 Ebenda, Tabelle A.2., Appendix, S. 12 ff.

23 Dies betrifft: Indonesien 1975, Frankreich 1980, Neuseeland 1980, Schweden 1970 sowie die Schweiz 1970 und 1980.

dungen und Erteilungen von Inländern und Ausländern im Inland (Verfahren beim inländischen Patentamt) für die Jahre von 1968–1987.[24]

Die Anzahl gültiger Werte für die einzelnen Jahre ist in Tabelle 8.6 wiedergegeben. Dabei bedeuten PA_GES: Patentanmeldungen gesamt, PA_INL: Patentanmeldungen von Inländern, PA_AUS: Patentanmeldungen von Ausländern, PE_GES: Patenterteilungen gesamt, PE_INL: Patenterteilungen an Inländer und PE_AUS: Patenterteilungen an Ausländer.

Tabelle 8.6 Vorliegende Werte zu Patentanmeldungen und Patenterteilungen nach WIPO, 1968–1985

Jahr	PA_GES	PA_INL	PA_AUS	PE_GES	PE_INL	PE_AUS
1968	52	50	50	59	47	47
1969	49	49	49	59	44	44
1970	51	51	51	58	49	49
1971	54	53	53	59	49	49
1972	52	51	51	59	49	49
1973	54	53	53	59	49	49
1974	56	55	55	57	48	48
1975	52	52	52	59	48	48
1976	57	54	54	60	54	54
1977	60	57	57	60	55	55
1978	59	57	57	59	55	55
1979	56	55	55	60	54	54
1980	56	56	56	59	55	55
1981	53	48	48	58	50	50
1982	55	55	55	55	55	55
1983	58	57	57	56	56	56
1984	56	55	55	52	51	51
1985	59	59	59	55	55	55
1986	55	55	55	53	53	53
1987	54	54	54	53	53	53

Quellen: Daten ab 1982: WIPO, Industrial Property Statistics, Genf, laufende Jahrgänge; Daten der Jahre vor 1982: WIPO, 100 Years of Industrial Property Statistics, Genf 1983.

8.3.6.2 Qualifizierte Patentanmeldungen

Als "qualifizierte Patentanmeldungen" bezeichnen wir diejenigen Patentanmeldungen von Inländern, die nicht – oder nicht ausschließlich – beim in-

---

24 Die Erhebung der Gesamtanzahl zusätzlich zur Anzahl für In- und Ausländer ist nicht redundant, da aufgrund fehlender Werte z.T. Angaben zur Gesamtanzahl vorliegen, ohne daß dabei die Anzahl für In- bzw. Ausländer bekannt ist (vgl. Tabelle 8.6).

ländischen Patentamt erfolgen. Die zugrundeliegenden Datenreihen beruhen auf zwei unterschiedlichen theoretischen Ansätzen und wurden direkt von WIPO[25] und dem Ifo-Institut bezogen. Erhältlich waren dabei nur Datenreihen zu den Patentanmeldungen, nicht aber zu den Patenterteilungen.

Der auf WIPO-Daten beruhende Ansatz fragt, wieviele Patentanmeldungen aus den verschiedenen Herkunftsländern in einem bestimmten, als Patentplatz bedeutenden Land als ausländische Patente angemeldet werden. Die interessierenden Datenreihen sind nicht vollständig, sondern nur für etwa 30 Länder aus unserer Stichprobe publiziert. Auf Anfrage stellte WIPO jedoch diesbezügliche Daten für die Patentplätze USA und BRD zur Verfügung. Für diese Länder wurden daher die direkt von WIPO bezogenen Angaben verwendet. Ältere Daten als solche von 1982 waren nicht verfügbar.

Die Variablen "Patentanmeldungen in den USA" und "Patentanmeldungen in der BRD" weisen jeweils nur einen einzigen fehlenden Wert auf, der sich aus der Konzeption der Variable ergibt, denn US-amerikanische Patentanmeldungen zählen nicht zu den Auslandsanmeldungen in den USA, und bundesdeutsche Patentanmeldungen zählen nicht zu den ausländischen Patentanmeldungen in der BRD.

Im Unterschied zu den auf WIPO-Daten beruhenden Variablen wird bei der Ifo-Methode eine Patentanmeldung erst dann als qualifiziert angesehen, wenn sie in *mindestens zwei* Ländern erfolgt. Dabei spielt keine Rolle, um welche Länder es sich handelt, so daß anzunehmen ist, daß häufig eine der (mindestens) zwei Anmeldungen im Inland beim inländischen Patentamt erfolgt. Denkbar ist aber auch der Fall, daß ein "qualifiziertes" Patent nicht im Inland, dafür aber bei mindestens zwei ausländischen Patentämtern angemeldet wird. Bedingung für die Wertung einer Patentanmeldung als "qualifiziert" ist nur, daß der Anmelder in der betrachteten Periode seine Neuerung in mindestens zwei Ländern zum Patent angemeldet hat.[26]

Diese Daten wurden uns freundlicherweise vom Ifo-Institut in München zur Verfügung gestellt, und zwar für alle 75 Länder ohne fehlende Werte durchgehend für die Jahre ab 1970.

---

25 World Intellectual Property Organization, Genf.

26 Zur Ifo-Methode vgl. Konrad FAUST, Früherkennung technischer Entwicklungen aus der statistischen Analyse von Patentdaten, in: Ifo-Schnelldienst, Jg. 40 (1987), Nr. 30, S. 7–12 und DERS., Unternehmen als Patentanmelder in der Ifo-Patentstatistik, in: Ifo-Schnelldienst, Jg. 43 (1990), Nr. 15, S. 3–8.

8.3.6.3 Ausgaben für Patente- und Lizenzen

Erfaßt wurde die Ausgabenseite der Einkommensströme aus dem Handel mit Patenten und Lizenzen ("royalties and licence fees"), wie sie unter der Rubrik "Dienstleitungsbilanzen" der Zahlungsbilanzen des INTERNATIONAL MONETARY FUND[27] als "property income, n.i.e."[28] angeführt sind. Die erhobenen Fallzahlen für die Ausgaben für Patente und Lizenzen sind für 1975: 45, für 1980: 53 und für 1985: 58.

8.3.7 Bibliometrische Maße

Unsere bibliometrischen Maße stammen aus der Zeitschrift *Scientometrics*:

- Jährliche wissenschaftliche Publikationen aus den Bereichen Mathematik, Chemie, Physik und *Life Sciences*, 1978–1980, Quelle: Scientometrics, Vol. 11 (1987); (n=70).
- Zitationsrate der wissenschaftlichen Publikationen aus den Bereichen Mathematik, Chemie, Physik und *Life Sciences* aus dem *Science Citation Index*, 1978–1980, Quelle: Scientometrics, Vol. 11 (1987); (n=70).
- Jährliche wissenschaftliche Publikationen aus den Bereichen Mathematik, Chemie, Physik und *Life Sciences*, 1981–1985, Quelle: Scientometrics, Vol. 13 (1988); (n=62).
- Zitationsrate der wissenschaftlichen Publikationen aus den Bereichen Mathematik, Chemie, Physik und *Life Sciences* aus dem *Science Citation Index*, 1981–1985, Quelle: Scientometrics, Vol. 13 (1988); (n=62).

8.3.8 Forschung und Entwicklung

Es wurden sowohl Angaben zu den FuE-Ausgaben als auch zum FuE-Personal erhoben. Grundlegende Quelle ist das UNESCO *Statistical Yearbook*.

Die Daten zu FuE-Ausgaben wurden für die Jahre von 1965–1985 durchgehend erhoben, und zwar anhand der Tabelle "Expenditure for research and experimental development: selected data for recent years" je-

---

27 INTERNATIONAL MONETARY FUND, Balance of Payments Statistics Yearbook, Washington, D.C., verschiedene Jahre. Im *Balance of Payments Statistics Yearbook* lauten die Angaben ab der Ausgabe 1990 auf laufende Mio. US-$, bis zur Ausgabe 1989 ist die Einheit "SDR" (Sonderziehungsrechte). Die "SDR" wurden anhand der entsprechenden Kurse aus den lfd. Jahrgängen der INTERNATIONAL MONETARY FUND *International Financial Statistics* in US-$ umgerechnet.

28 Vgl. die entsprechende Definition der Rubrik "other goods, services, and income – property income, n.i.e." in: INTERNATIONAL MONETARY FUND, Balance of Payments Manual, 4. Aufl., Washington, D.C. 1977, S. 110, Abs. 323: "The main element of the component for 'property income, n.i.e.' is income accruing to the owners of patents, copyrights and similar nonfinancial intangible assets. Income of this sort is often referred to by such terms as royalties and licence fees."

weils ausgehend vom jüngsten UNESCO *Statistical Yearbook* (1991) und dann bandweise zurückgehend bis zum Jahrgang 1967.

Waren für einzelne Jahre und Länder in dieser Tabelle keine Werte angeführt, so wurde auf weitere Tabellen des jeweiligen Jahrbuches zurückgegriffen ("Total expenditure for r&d by type of expenditure", "Total and current expenditure for r&d by sector of performance"). Daraus konnte unter Zuhilfenahme von demographischen Daten sowie Angaben zum Bruttoinlandsprodukt und zum Wechselkurs aus der ICP-Datenbank[29] der Anteil der FuE-Ausgaben am Bruttoinlandsprodukt[30] berechnet werden. Tabelle 8.7 zeigt die Anzahl vorliegender Werte für die erhobenen Jahre.

Die Gesamtzahl der Wissenschaftler und Ingenieure in Forschung und Entwicklung wurde der Tabelle "Personnel engaged in research and experimental development: selected data for recent years" des UNESCO *Statistical Yearbook* entnommen, und zwar durchgehend für die Jahre 1965–1985.

Für sieben Länder, zu denen UNESCO keine FuE-Daten angibt, konnten dem UNDP *Human Development Report* 1990 Angaben zum Anteil der beschäftigten Wissenschaftler und Techniker an der Bevölkerung entnommen werden.[31] Da die zu erhebende Anzahl der beschäftigten Wissenschaftler und Ingenieure in FuE kleiner ist als die der beschäftigten Wissenschaftler und Ingenieure insgesamt, wurde die Anzahl der beschäftigten Wissenschaftler und Ingenieure zur Korrektur mit dem Quotienten des durchschnittlichen Anteils der Wissenschaftler und Ingenieure in FuE an der Bevölkerung (0,027 %) zum durchschnittlichen Anteil der beschäftigten Wissenschaftler und Techniker an der Bevölkerung (0,89 %) multipliziert.[32] Die Anzahl der Angaben, die erhoben werden konnte, ist Tabelle 8.7 zu entnehmen.

---

29 Die Angaben zu den FuE-Ausgaben in Israel sind in den Quellen für die meisten Jahre in Schekel angegeben, für einige wenige Jahre jedoch in israelischen Pfund (1965, 1966 und 1968). Die ICP-Datenbank gibt aber ausschließlich den Shekel-Dollar-Kurs an. In diesen Fällen wurde auf die Wechselkurse aus WORLD BANK, World Tables 1980, Washington, D.C. 1980, zurückgegriffen.

30 Berechnungsformel: FuE-Anteil=(FEA/BIP)×100, wobei FEA für die FuE-Ausgaben in nationaler Währung und BIP für das Bruttoinlandsprodukt in nationaler Währung steht, welches anhand der Angaben zum Bruttoinlandsprodukt in US-$ und den Wechselkursen (vgl. Anm. 29) aus der ICP-Datenbank ermittelt werden konnte.

31 Für die Dominikanische Republik, Haiti, Honduras, Jamaika, Malaysia, Ruanda und Syrien; die Angaben beziehen sich auf die Jahre 1970 ff. Sie wurden mangels genauerer Angaben auf das Jahr 1975 bezogen. Die damit u.U. verbundenen Zuordnungsfehler stellen im weiteren kein gravierendes Problem dar, da FuE-Daten ausschließlich als über längere Perioden berechnete Durchschnittswerte in unsere Analyse eingehen.

Tabelle 8.7 Vorliegende Werte zu FuE-Ausgaben und FuE-Personal

Jahr	FuE-Ausgaben	FuE-Personal
1965	13	13
1966	15	17
1967	19	28
1968	20	14
1969	29	27
1970	33	31
1971	29	31
1972	27	26
1973	29	31
1974	19	23
1975	30	39
1976	24	23
1977	25	22
1978	24	24
1979	26	20
1980	21	20
1981	25	26
1982	26	24
1983	32	26
1984	36	29
1985	36	27

Aus Tabelle 8.7 ist ersichtlich, daß die Variablen FuE-Ausgaben und FuE-Personal viele fehlende Werte aufweisen; die zu einem Jahr vorliegende Anzahl von Angaben übersteigt nicht 36 bzw. 39. Die Gruppe der Länder, für die Angaben vorliegen, ist dabei von Jahr zu Jahr unterschiedlich; während für einige Länder nur wenige Angaben vorliegen, ergeben sich für andere Länder fast vollständige Zeitreihen.

Für unsere Länderquerschnittsuntersuchung wird die erreichbare Erhebungsgenauigkeit durch diejenigen Länder mit der geringsten statistischen Datenbasis bestimmt, so daß wir im Falle dieser beiden Variablen eine Durchschnittsbildung über den gesamten Zeitraum von 1965–1985 – bezogen auf die Anzahl der Erwerbspersonen bzw. auf das Bruttoinlandsprodukt – vornehmen. Für die FuE-Ausgaben erhalten wir damit Angaben für 68 Länder und für das FuE-Personal für 73 Länder. Für jedes der 75 Länder unserer Stichprobe liegen dabei aber zumindest Angaben zum Durchschnittswert einer der beiden FuE-Variablen vor.

---

[32] Die Angaben beziehen sich auf Entwicklungsländer und sind dem UNDP *Human Development Report* 1992 entnommen.

9 Literaturverzeichnis

ABRAMOVITZ, Moses: Resource and Output Trends in the United States Since 1870, in: American Economic Review, Papers and Proceedings, Vol. 46 (1956), S. 5–23.

ABRAMOVITZ, Moses: The Catch-Up Factor in Postwar Economic Growth, in: Economic Inquiry, Vol. 28 (1990), S. 1–18.

ACS, Zoltan J. und AUDRETSCH, David B.: Patents as a Measure of Innovative Activity, in: Kyklos, Bd. 42 (1982), S. 171–180.

ADELMAN, Irma: Education and Economic Development: A Comparative Perspective, in: ADELMAN, Irma und TAYLOR, Edward J. (Hg.): The Design of Alternative Development Strategies, Rohtak 1986, S. 296–318.

ADELMAN, Irma und MORRIS, Cynthia Taft: Economic Growth and Social Equity in Developing Countries, Stanford 1973.

ADELMAN, Irma und MORRIS, Cynthia Taft: Society, Politics, and Economic Development, Baltimore 1967.

AKASHI, Yoshihiko: Japan's Patenting Activity, in: Osaka City University Economic Review, Vol. 25 (1990), S. 13–26.

ALAM, Shahid: Convergence in Developed Countries: An Empirical Investigation, in: Weltwirtschaftliches Archiv, Vol. 128 (1992), S. 189–201.

ALESINA, A., ÖZLER, S., ROUBINI, N. und SWAGEL, P.: Political Instabiltity and Economic Growth, NBER Working Paper No. 4173, Cambridge (Mass.) 1992.

ANDERSON, C. Arnold: Literacy and Schooling on the Development Threshold: Some Historical Cases, in: ANDERSON, C. Arnold und BOWMAN, Mary Jean (Hg.): Education and Economic Development, Chicago 1966, S. 347–362.

ARROW, Kenneth J.: Classification Notes on the Production and Transmission of Technical Knowledge, in: American Economic Review, Papers and Proceedings, Vol. 59 (1969), S. 29–35.

ARROW, Kenneth J.: Economic Welfare and the Allocation of Resources for Invention (1962), in: ROSENBERG, Nathan (Hg.): The Economics of Technological Change, Harmondsworth 1971, S. 164–181.

ARROW, Kenneth J.: The Economic Implications of Learning by Doing, in: Review of Economic Studies, Vol. 29 (1962), S. 155–173.

AZHAR, Rauf A.: Education and Technical Efficiency in Pakistan's Agriculture, in: Pakistan Development Review, Vol. 27 (1988), S. 687–695.

BALOGH, Thomas: Education and Economic Growth, in: Kyklos, Bd. 17 (1964), S. 261–274.

BARBIERI MASINI, Eleonora: Human Resources in Developing Countries, in: Futures, Vol. 22 (1990), S. 1037–1043.

BARRO, Robert J.: Economic Growth in a Cross Section of Countries, in: Quarterly Journal of Economics, Vol. 106 (1991), S. 407–443.

BARRO, Robert J. und LEE, Jong-Wha: International Comparisons of Educational Attainment, World Bank Conference "How Do National Policies Affect Long Run Growth", Washington, D.C., Feb. 1993.

BARRO, Robert J., MANKIW, N. Gregory und SALA-I-MARTIN, Xavier: Capital Mobility in Neoclassical Models of Growth; NBER Working Paper No. 4206, Cambridge (Mass.) 1992.

BARRO, Robert J. und SALA-I-MARTIN, Xavier: Convergence Across States and Regions, in: Brookings Papers on Economic Activity (1991), S. 107–158.

BARTEL, Ann P. und LICHTENBERG, Frank R.: The Comparative Advantage of Educated Workers in Implementing New Technology, in: Review of Economics and Statistics, Vol. 69 (1987), S. 1–11.

BASALLA, George: The Evolution of Technology, Cambridge 1988.

BASBERG, Bjørn L.: Patents and the Measurement of Technological Change. A Survey of the Literature, in: Research Policy, Vol. 16 (1987), S. 131–141.

BAUIN, Serge und ROTHMAN, Harry: Der 'Impact' von Zeitschriften als Annäherungsmaß für Zitationsraten, in: WEINGART, Peter, SEHRINGER, Roswitha und WINTERHAGER, Matthias (Hg.): Indikatoren der Wissenschaft und Technik, Frankfurt am Main 1991, S. 91–111.

BAUMOL, William J.: Productivity Growth, Convergence, and Welfare: What the Long-Run Data Show, in: American Economic Review, Vol. 76 (1986), S. 1072–1086.

BAUMOL, William J.: Toward a Newer Economics: The Future Lies Ahead! In: Economic Journal, Vol. 101 (1991), S. 1–8.

BAUMOL, William J. und WOLFF, E.: Productivity Growth, Convergence, and Welfare: Reply, in: American Economic Review, Vol. 78 (1988), S. 1155–1159.

BECKER, Gary S.: Human Capital, New York 1964.

BECKER, Gary S.: Investment in Human Capital: A Theoretical Analysis, in: Journal of Political Economy, Vol. 70 (1962), Supplement, S. 9–49.

BEHRENDT, Richard F.: Soziale Strategie für Entwicklungsländer. Entwurf einer Entwicklungssoziologie, 2. Aufl., Frankfurt am Main 1968.

BEHRMAN, Jere R. und WOLFE, Barbara L.: The Socioeconomic Impact of Schooling in a Developing Country, in: Review of Economics and Statistics, Vol. 66 (1984), S. 296–303.

BEIER, Karl-Friedrich und BODEWIG, Theo: Die Wirtschaftsdaten und Analysen des Ifo-Instituts in der Sicht des gewerblichen Rechtsschutzes und Urheberrechts, in: Ifo-Studien, 35. Jg. (1989), S. 333–339.

BETANCOURT, Roger: Capital Utilization, in: EATWELL, John, MILGATE, Murray und NEWMAN, Peter (Hg.): The New Palgrave: A Dictionary of Economics, London 1987, Vol. 1, S. 368–370.

BHAGWATI, Jagdish N. und SRINIVASAN, T. N.: Education in a 'Job-Ladder' Model and the Fairness-in-Hiring Rule, in: Journal of Public Economics, Vol. 7 (1977), S. 1–22.

BHALLA, A. S. und FLUITMAN, A. G.: Science and Technology Indicators and Socio-economic Development, in: World Development, Vol. 13 (1985), S. 177–190.

BINSWANGER, Hans P. und RUTTAN, Vernon W. (Hg.): Induced Innovation, Baltimore 1978.

BLAUG, Mark: An Introduction to the Economics of Education, London 1970.

BLAUG, Mark: Common Assumptions about Education and Employment, in: SIMMONS, John (Hg.): The Education Dilemma. Policy Issues for the Developing Countries in the 1980s, Oxford 1980, S. 145–152.

BLAUG, Mark: The Economics of Education and the Education of an Economist, Aldershot 1987.

BLAUG, Mark: The Empirical Status of Human Capital Theory: A Slightly Jaundiced View, in: Journal of Economic Literature, Vol. 14 (1976), S. 827–855.

BLAUG, Mark: Where Are We Now in the Economics of Education, in: Economics of Education Review, Vol. 4 (1985), S. 17–28.

BLOMQVIST, Åke G.: International Migration of Educated Manpower and Social Rates of Return to Education in LDCS, in: International Economic Review, Vol. 27 (1986), S. 165–174.

BLOMSTRÖM, Magnus, LIPSEY, Robert E. und ZEIJAN, Mario: What Explains Developing Country Growth? NBER Working Paper No. 4132, Cambridge (Mass.) 1992.

BOUND, John, CLINT, Cummins, GRILICHES, Zvi, HALL, Brownwyn H. und JAFFE, Adam: Who Does R&D and Who Patents? In: GRILICHES, Zvi (Hg.): R&D, Patents, and Productivity, Chicago 1984, S. 21–52.

BOWMAN, Mary Jean: An Assessment of the Work of Harbison and Myers, in: Journal of Political Economy, Vol. 73 (1966), S. 315–317.

BOWMAN, Mary Jean: The Human Investment Revolution in Economic Thought, in: Sociology of Education, Vol. 39 (1966), S. 111–138.

BOWMAN, Mary Jean und ANDERSON, Arnold C.: The Role of Education in Development, in: Development of the Emerging Countries, An Agenda for Research, Washington, D.C. 1962, S. 153–180.

BOWMAN, Mary Jean und ANDERSON, Arnold C.: Concerning the Role of Education in Development, in: GEERTZ, Clifford (Hg.): Old Societies and New States, New York 1963, S. 247–279.

BOWMAN, Mary Jean und ANDERSON, Arnold C.: Education and Economic Modernization in Historical Perspective, in: STONE, Lawrence (Hg.): Schooling and Society, Baltimore 1976, S. 3–19.

BROWN, Murray: On the Theory and Measurement of Technological Change, Cambridge 1966.

CAMERON, Rondo: The Diffusion of Technology as a Problem in Economic History, in: Economic Geography, Vol. 51 (1975), S. 217–230.

CENTRE NATIONAL DE LA RECHERCHE SCIENTIFIQUE (CNRS): Unité d'Indicateurs de Politique Scientifique, Étude de Faisibilité de la Production d'Indicateurs Bibliométriques pour le CNRS et les Universités, Paris 1990.

CHOW, Gregory C.: Tests of Equality Between Sets of Coefficients in Two Linear Regressions, in: Econometrica, Vol. 28 (1969), S. 591–605.

COHEN, Wesley M. und LEVINTHAL, Daniel A.: Innovation and Learning: The Two Faces of R&D, in: Economic Journal, Vol. 99 (1986), S. 569–596.

CONLISK, John: A Modified Neoclassical Growth Model with Endogenous Technical Change, in: Southern Economic Journal, Vol. 34 (1967), S. 199–208.

COULCLOUGH, Christopher: The Impact of Primary Schooling on Economic Development: A Review of the Evidence, in: World Development, Vol. 10 (1982), S. 167–185.

DADKHAH, K.M. und ZAHEDI, F.: Estimation and Cross-Country Comparison of Capital Stocks, in: Empirical Economics, Vol. 15 (1990), S. 383–404.

DAHLMAN, Carl, ROSS-LARSON, Bruce und WESTPHAL, Larry E.: Managing Technological Development: Lessons from the Newly Industrializing Countries, in: World Development, Vol. 15 (187), S. 759–775.

DEMELE, Isolde, SCHOELLER, Wolfgang und STEINER, Roald: Modernisierung oder Marginalisierung, Frankfurt am Main 1989.

DENISON, Edward Fulton: Measuring the Contribution of Education to Economic Growth, in: ROBINSON, E. A. G. und VAIZEY, J. E. (Hg.): The Economics of Education, London 1966, S. 202–260.

DENISON, Edward Fulton: The Sources of Economic Growth in the United States and the Alternatives Before Us, New York 1962.

DENISON, Edward Fulton: Trends in American Economic Growth, 1929–1982, Washington, D.C. 1985.

DENISON, Edward Fulton: Why Growth Rates Differ: Postwar Experience in Nine Western Countries, Washington, D.C. 1967.

DE LONG, Bradford und SUMMERS, Lawrence: How Robust is the Growth-Machinery Nexus? Prepared for the World Bank Conference "How Do National Policies Affect Long Run Growth", Washington, D.C., Feb. 1993.

DOUGLAS, Paul H.: Comments on the Cobb-Douglas Production Function, in: BROWN, Murray (Hg.): The Theory and Empirical Analysis of Production, New York 1967, S. 15–22.

DOWRICK, Steve und GEMMELL, Norman: Industrialisation, Catching Up and Economic Growth: A Comparative Study Across the World's Capitalist Economies, in: Economic Journal, Vol. 101 (1991), S. 263–275.

DOWRICK, Steve und NGUYEN, Duc-Tho: OECD Economic Growth 1950–85: Catch-Up and Convergence, in: American Economic Review, Vol. 79 (1989), S. 1010–1030.

EASTERLIN, Richard A.: A Note on the Evidence of History, in: ANDERSON, C. Arnold und BOWMAN, Mary Jean (Hg.): Education and Economic Development, Chicago 1966, S. 422–429.

EASTERLIN, Richard A.: Why Isn't the Whole World Developed? In: Journal of Economic History, Vol. 41 (1981), S. 1–19.

EHRLICH, Isaac: The Problem of Development: Introduction, in: Journal of Political Economy, Vol. 98 (1990), Supplement, S. S1–S11.

EISEMON, Thomas Owen: Benefiting from Basic Education in Developing Countries: A Review of Research on the External Efficiency of Educational Investments, Buffalo 1987.

ENGELS, Friedrich: Umrisse zu einer Kritik der Nationalökonomie, in: MARX, Karl und ENGELS, Friedrich: Werke, Bd. 1, Berlin (Ost) 1970, S. 499–524.

ENGEN, Eric M. und SKINNER, Jonathan: Fiscal Policy and Economic Growth, NBER Working Paper No. 4223, Cambridge (Mass.) 1992.

EVENSON, Robert E.: Technology, Growth and Development, in: RANIS, Gustav und SCHULTZ, T. Paul (Hg.): The State of Development Economics, Oxford 1988, S. 486–527.

FAGERBERG, Jan: A Technology Gap Approach to Why Growth Rates Differ, in: Research Policy, Vol. 16 (1987), S. 87–99.

FAGERBERG, Jan: Innovation, Catching-Up and Growth, in: OECD, Technology and Productivity. The Challenge for Economic Policy, Paris 1991, S. 37–46.

FAGERBERG, Jan: Why Growth Rates Differ, in: DOSI, Giovanni, FREEMAN, Christopher, NELSON, Richard R., SILVERBERG, Gerald und SOETE, Luc G. (Hg.): Technical Change and Economic Theory, London 1988, S. 432–457.

FAUST, Konrad: Das technologische Potential der RGW-Länder im Spiegel der Patentstatistik, in: Ifo-Schnelldienst, Jg. 43 (1990), Nr. 12, S. 9–14.

FAUST, Konrad: Früherkennung technischer Entwicklungen aus der statistischen Analyse von Patentdaten, in: Ifo-Schnelldienst, Jg. 40 (1987), Nr. 30, S. 7–12.

FAUST, Konrad: Unternehmen als Patentanmelder in der Ifo-Patentstatistik, in: Ifo-Schnelldienst, Jg. 43 (1990), Nr. 15, S. 3–8.

FEENSTRA, Robert C. und MARKUSEN, James R.: Accounting for Growth with New Inputs, NBER Working Paper No. 4114, Cambridge (Mass.) 1992.: Michael D.,

FISHER, Stanley: Macroeconomic Factors in Growth, prepared for the World Bank Conference "How Do National Policies Affect Long Run Growth", Washington, D.C., Feb. 1993.

FLECK, Florian H.: Die ökonomische Theorie des technischen Fortschritts und seine Identifikation, Meisenheim am Glahn 1973.

FRAME, J. D.: Measuring Scientific Activity in Lesser Developed Countries, in: Scientometrics, Vol. 2 (1980), S. 133–145.

FRANSMAN, Martin: Conceptualising Technical Change in the Third World in the 1980s: An Interpretive Survey, in: Journal of Development Studies, Vol. 21 (1984), S. 572–652.

FREEMAN, Christopher: Measurement of Output of Research and Experimental Development, Paris 1970.

FREEMAN, Christopher: New Technology and Catching Up, in: KAPLINSKY, Raphael und COOPER, Charles (Hg.): Technology and Development in the Third Industrial Revolution, London 1989, S. 85–99.

FULLER, Bruce: Raising School Quality in Developing Countries. What Investments Boost Learning? World Bank Discussion Papers No. 2, Washington, D.C. 1986.

GERSCHENKRON, Alexander: Economic Backwardness in Historical Perspective, Cambridge (Mass.) 1962.

GOMULKA, Stanislaw: The Theory of Technological Change and Economic Growth, London 1990.

GRIER, Kevin B. und TULLOCK, Gordon: An Empirical Analysis of Cross-National Economic Growth, 1951–80, in: Journal of Monetary Economics, Vol. 24 (1989), S. 259–276.

GRIES, Werner: Ausbildung, Forschung und Wirtschaftswachstum (Diss., Mannheim 1969), Meisenheim am Glahn 1971.

GRIFFIN, Larry: Specification Biases in Estimates of Socioeconomic Returns to Schooling, in: Sociology of Education, Vol. 49 (1976), S. 121–139.

GRILICHES, Zvi: Issues in Assessing the Contribution of Research and Development to Productivity Growth, in: Bell Journal of Economics, Vol. 10 (1979), S. 92–116.

GRILICHES, Zvi: Notes on the Role of Education in Production Functions and Growth Accounting, in: HANSEN, W. Lee (Hg.): Education, Income, and Human Capital, New York 1970, S. 71–115.

GRILICHES, Zvi: Patent Statistics as Economic Indicators: A Survey, in: Journal of Economic Literature, Vol. 28 (1990), S. 1661–1707.

GRILICHES, Zvi: Productivity Puzzles and Research and Development: Another Nonexplanation, in: Journal of Economic Perspectives, Vol. 2 (1988), S. 9–21.

GRILICHES, Zvi: Technology, Education and Productivity, New York 1988.

GRILICHES, Zvi und JORGENSON, D. W.: Issues in Growth Accounting: A Reply to Edward F. Denison (1972), in: GRILICHES, Zvi: Technology, Education and Productivity, New York 1988, S. 308–362.

GRILICHES, Zvi und LICHTENBERG, Frank R.: R&D and Productivity Growth at the Industry Level: Is There Still a Relationship? in: GRILICHES, Zvi (Hg.): R&D, Patents, and Productivity, Chicago 1984, S. 465–496.

GROSSMAN, Gene M. und HELPMAN, Elhanan: Trade, Innovation and Growth, in: American Economic Review, Papers and Proceedings, Vol. 80 (1990), S. 86–89.

HANSON II, John R.: Education, Economic Development, and Technology Transfer: A Colonial Test, in: Journal of Economic History, Vol. 49 (1989), S. 939–957.

HANUSHEK, Eric A.: The Economics of Schooling, in: Journal of Economic Literature, Vol. 24 (1986), S. 1141–1171.

HARBERGER, Arnold C.: Perspectives on Capital and Technology in Less Developed Countries, in: ARTIS, M. J. und NOBAY, A. R. (Hg.): Contemporary Economic Analysis, London 1978, S. 15–40.

HARBISON, Frederick: The Prime Movers of Innovation, in: ANDERSON, C. Arnold und BOWMAN, Mary Jean (Hg.): Education and Economic Development, Chicago 1966, S. 229–239.

HARBISON, Frederick und MYERS, Charles A.: Education, Manpower, and Economic Growth, New York 1964.

HARRISON, Ann: Opennes and Growth: A Time-Series, Cross-Country Analysis of Developing Countries, World Development Report Working Papers WPS 809, Washington, D.C. 1991.

HEADRICK, Daniel R.: The Tentacles of Progress, Oxford 1988.

HELBERGER, Christof: Eine Überprüfung der Linearitätsannahme der Humankapitaltheorie, in: BODENHÖFER, Hans-Joachim (Hg.): Bildung, Beruf, Arbeitsmarkt, Berlin 1988, S. 151–171.

HIANCE, Martine und PLASSERARAUD, Yves: Brevets et Sous-Developpement, Paris 1972.

HICKS, Norman: Economic Growth and Human Resources, World Bank Staff Working Paper No. 408, Washington, D.C. 1980.

HOLSINGER, Donald B.: The Elementary School as Modernizer: A Brazilian Study, in: INKELES, Alex und HOLSINGER, Donald B. (Hg.): Education and Individual Modernity in Developing Countries, Leiden 1974, S. 24–46.

INKELES, Alex und SMITH, David H.: Becoming Modern. Individual Change in 6 Developing Countries, London 1974.

INTERNATIONAL LABOUR OFFICE (ILO): Yearbook of Labour Statistics, Genf, verschiedene Jahre.

INTERNATIONAL MONETARY FUND: Balance of Payments Manual, 4. Aufl., Washington, D.C. 1977.

INTERNATIONAL MONETARY FUND: Balance of Payments Statistics Yearbook, Washington, D.C., verschiedene Jahre.

INTERNATIONAL MONETARY FUND: International Financial Statistics, Washington, D.C., verschiedene Jahre.

INTRILIGATOR, Michael D.: Productivity and the Embodiment of Technical Progress, in: Scandinavian Journal of Economics, Vol. 94 (1992), Supplement, S. 75–87.

JOHNSTON, J.: Econometric Methods, 3. Aufl., New York 1984.

JOLLIFFE, I. T.: Principal Component Analysis, New York 1986.

JONES, Graham: The Role of Science and Technology in Developing Countries, Oxford 1971.

JORDAN, Cathie und THARP, Roland G.: Culture and Education, in: MARZELLA, Anthony J., THARP, Roland G. und CIBOROWSKI, Thomas G. (Hg.): Perspectives on Cross-Cultural Psychology, New York 1979, S. 265–285.

JUNGNICKEL, Rolf: New Technologies and the International Competitiveness of Developing Countries, in: BORRMANN, Axel und WOLFF, Hans-Ulrich (Hg.): Industrialization in Developing Countries, Hamburg 1991, S. 131–160.

JUSTMAN, Moshe und TEUBAL, Morris: A Structuralist Perspective on the Role of Technology in Economic Growth and Development, in: World Development, Vol. 19 (1991), S. 1167–1183.

KALDOR, Nicholas: Capital Accumulation and Economic Growth, in: LUTZ, F. A. und HAGUE, D. C. (Hg.): The Theory of Capital, New York 1961, S. 177–222.

KAUFER, Erich: The Economics of the Patent System, Chur 1989.

KENDRICK, J.-W.: Total Factor Productivity – What it Does and Does not Measure, in: OECD, Technology and Productivity, Paris 1991, S. 149–156.

KENNEDY, Charles und THIRLWALL, A. P.: Surveys in Applied Economics: Technical Progress, in: Economic Journal, Vol. 82 (1972), S. 11–72.

KING, Kenneth: Science, Technology and Education in the Development of Indigenous Technological Capability, in: FRANSMAN, Martin und KING, Kenneth (Hg.): Technological Capability in the Third World, Houndmills 1984, S. 31–63.

KING, Robert G. und REBELO, Sergio: Public Policy and Economic Growth: Developing Neoclassical Implications, in: Journal of Political Economy, Vol. 98 (1990), Supplement, S. S126–S150.

KLEIN, Lawrence: Some Theoretical Issues in the Measurement of Capacity, in: Econometrica, Vol. 28 (1969), S. 272–286.

KLEIN, Lawrence und KOSOBUD, R.F.: Some Econometrics of Growth: Great Ratios of Economics, in: Quarterly Journal of Economics, Vol. 75 (1961), S. 173–198.

KLEIN, Lawrence und PRESTON, R. S.: Some New Results in the Measurement of Capacity Utilization, in: American Economic Review, Vol. 57 (1967), S. 34–58.

KRENGEL, Rolf: Produktionsvolumen und Produktionsfaktoren der Industrie im Gebiet der Bundesrepublik Deutschland, in: Vierteljahreshefte für Wirtschaftsforschung, Jg. 1964, H. 4, S. 360–380.

KUZNETS, Simon: Underdeveloped Countries and the Pre-Industrial Phase in the Advanced Countries, in: AGARWALA, A.N. und SINGH, S.P. (Hg.): The Economics of Underdevelopment, New York 1963, S. 135–153.

LACH, Saul und SCHANKERMAN, Mark: Dynamics of R&D and Investment in the Scientific Sector, in: Journal of Political Economy, Vol. 97 (1989), S. 880–904.

LAER, Hermann von: Industrialisierung und Qualität der Arbeit. Eine bildungsökonomische Untersuchung für das 19. Jahrhundert, New York 1977.

LALL, Sanjaya: Building Industrial Competitiveness in Developing Countries, Paris 1990.

LANDAU, Daniel: Government Expenditure and Economic Growth, in: Southern Economic Journal, Vol. 49 (1983), S. 783–792.

LANDES, David S.: Why Are We so Rich and They so Poor? In: American Economic Review, Papers and Proceedings, Vol. 80 (1990), S. 1–13.

LANG, Kevin: Does the Human Capital/Educational Sorting Debate Matter for Policy? NBER Working Paper No. 4052, Cambridge (Mass.) 1992.

LAU, Lawrence J., JAMISON, Dean T. und LOUAT, Frédéric F.: Education and Productivity in Developing Countries: An Aggregate Production Function Approach, World Bank PRE Working Paper No. 612, Washington, D.C. 1990.

LAU, Lawrence J., JAMISON, Dean T., LIU, Shu-Cheng und RIVKIN, Steven: Education and Economic Growth. Some Cross-Sectional Evidence from Brazil, in: Journal of Development Economics, Vol. 41 (1993), S. 45–70.

LERNER, Daniel: Comparative Analysis of Processes of Modernization, in: ROKKAN, Stein (Hg.): Comparative Research across Cultures and Nations, Paris 1968, S. 82–92.

LEVINE, Ross und RENELT, David: A Sensitivity Analysis of Cross-Country Growth Regressions, in: American Economic Review, Vol. 82 (1992), S. 942–963.

LEVINE, Ross und ZERVOS, Sara J.: What Have We Learned About Policy and Growth from Cross-Country Regressions, in: American Economic Review, Papers and Proceedings, Vol. 83 (1993), S. 426–430.

LEWIS, W. Arthur: Economic Development with Unlimited Supplies of Labor, in: AGARWALA, A. N. und SINGH, S.P. (Hg.): The Economics of Underdevelopment, New York 1963, S. 400–449.

LICHTENBERG, Frank R.: R&D Investment and International Productivity Differences, NBER Working Paper No. 4161, Cambridge (Mass.) 1992.

LUCAS, Robert E.: On the Mechanics of Economic Development, in: Journal of Monetary Economics, Vol. 22 (1988), S. 3–42.

LUCAS, Robert E.: Tests of a Capital-Theoretic Model of Technological Change, in: Review of Economic Studies, Vol. 34 (1967), S. 175–189.

LÜCKE, Matthias: Technischer Fortschritt und die Arbeitsteilung zwischen Industrie- und Entwicklungsländern. Eine empirische Analyse, Tübingen 1992.

LÜDECKE, Rainer: Mechanismen bildungsbedingter Einkommenssteigerungen von Individuen, in: CLEMENT, Werner (Hg.): Konzept und Kritik des Humankapitalansatzes, Berlin 1981, S. 209–243.

LUNDGREEN, Peter: Education and Economic Growth in 19th-Century-Germany: A Quantitative Study, in: STONE, Lawrence (Hg.): Schooling and Society, Baltimore 1976, S. 20–66.

MACHLUP, Fritz: Education and Economic Growth, Lincoln 1970.

MACHLUP, Fritz: Stocks and Flows of Knowledge, in: Kyklos, Bd. 32 (1979), S. 400–411.

MACHLUP, Fritz: The Production and Distribution of Knowledge in the United States, Princeton 1962.

MACIOTI, Manfredo: The Power and the Glory: A Note on Patents and Scientific Authors, in: Research Policy, Vol. 9 (1980), S. 104–114.

MADDISON, Agnus: Economic Progress and Policy in Developing Countries, London 1970.

MANKIW, N. Gregory, ROMER, David und WEIL, David N.: A Contribution to the Empirics of Economic Growth, in: Quarterly Journal of Economics, Vol. 107 (1992), S. 407–437.

MANSFIELD, Edwin: Determinants of the Speed of Application of New Technology, in: WILLIAMS, B. R. (Hg.): Science and Technology in Economic Growth, London 1973, S. 199–216.

MARASCUILO, Leonard A. und LEVIN, Joel R.: Multivariate Statistics in the Social Sciences: A Researcher's Guide, Monterey 1983.

MARX, Karl und ENGELS, Friedrich: Manifest der Kommunistischen Partei in: MARX, Karl und ENGELS, Friedrich: Werke, Bd. 4, Berlin (Ost) 1971, S. 461–493.

MASUCH, Michael: Politische Ökonomie der Ausbildung, Reinbek bei Hamburg 1972.

MCGRANAHAN, Donald, RICHARD-PROUST, C., SOVANI, N. V. und SUBRAMANIAN, M.: Contents and Measurement of Socioeconomic Development, New York 1972.

MCGRANAHAN, Donald, PIZARRO, Eduardo und RICHARD, Claude: Measurement and Analysis of Socio-Economic Development, Genf 1985.

MCNAMARA, Kevin T., KRIESEL, Warren P. und DEATON, Bardy J.: Human Capital Stock and Flow and Economic Growth Analysis: Note, in: Growth and Change, Vol. 19 (1988), S. 61–66.

MERTENS, Dieter: Die kurzfristige Kapazitätsausnutzungs-Rechnung des DIW, in: Vierteljahreshefte für Wirtschaftsforschung, Jg. 1961, H. 1, S. 72–90.

MOGHADAM, A. A.: The North-South Science and Technology Gap (Diss., Washington, D.C. 1985), New York 1990.

MORRIS, Cynthia Taft und ADELMAN, Irma: Nineteenth-Century Development Experience and Lessons for Today, in: World Development, Vol. 17 (1989), S. 1417–1432.

MOWERY, David C. und ROSENBERG, Nathan: Technology and the Pursuit of Economic Growth, Cambridge 1989.

MUMATZ, Soofia: Economic Development and Traditional Structures: Some Theoretical Considerations, in: Pakistan Development Review, Vol. 27 (1988), S. 501–507.

MUNDKOWSKI, Monika: Recent Trends in Technology Policy and Problems of Measuring the Absorption and Production of Technology, in: GIERSCH, Herbert (Hg.): International Economic Development and Resource Transfer, Tübingen 1978, S. 549–589.

NADIRI, M. Ishaq: Some Approaches to the Theory and Measurement of Total Factor Productivity: A Survey, in: Journal of Economic Literature, Vol. 8 (1970), S. 1137–1177.

NEDERHOF, A. J.: The Validity and Reliability of Evaluation of Scholarly Performance, in: VAN RAAN, A. F. J. (Hg.): Handbook of Quantitative Studies of Science and Technology, Amsterdam 1988, S. 193–228.

NELSON, Richard R.: Aggregate Production Functions and Medium-Range Growth Projections, in: American Economic Review, Vol. 54 (1964), S. 575–607.

NELSON, Richard R.: Research on Productivity Growth and Productivity Differences: Dead Ends and New Departures, in: Journal of Economic Literature, Vol. 19 (1981), S. 1029–1064.

NELSON, Richard R.: The Simple Economics of Basic Scientific Research, in: Journal of Political Economy, Vol. 67 (1959), S. 297–306.

NELSON, Richard R. und PHELPS, Edmund: Investment in Humans, Technological Diffusion, and Economic Growth, in: American Economic Review, Papers and Proceedings, Vol. 56 (1966), S. 69–75.

OECD Science and Technology Indicators Report, No. 2: R&D, Invention and Competitiveness, Paris 1986.

OECD: Die Messung wissenschaftlicher und technischer Tätigkeiten. Allgemeine Richtlinien für statistische Übersichten in Forschung und experimenteller Entwicklung. Frascati-Handbuch, Bonn 1980.

OECD: Occupational and Educational Structures of the Labour Force and Levels of Economic Development, Vol. 2, Further Analysis and Statistical Data, Paris 1970.

OPPENLÄNDER, Karl Heinrich: Die wirtschaftspolitische Bedeutung des Patentwesens aus der Sicht der empirischen Wirtschaftsforschung, in: OPPENLÄNDER, Karl Heinrich (Hg.): Patentwesen, technischer Fortschritt und Wettbewerb, Berlin 1986, S. 13–27.

OPPENLÄNDER, Karl Heinrich: Investitionsinduzierter technischer Fortschritt, Berlin 1976.

OPPENLÄNDER, Karl Heinrich: Stilisierte Fakten des Innovationsprozesses und ihre Analyse, in: Ifo-Studien, Bd. 37 (1991), S. 165–180.

OTANI, Ichiro und VILLANUEVA, Delano: Long-Term Growth in Developing Countries and its Determinants: An Empirical Analysis, in: World Development, Vol. 18 (1990), S. 769–783.

PAPI, G. Ugo: General Problems of the Economics of Education, in: ROBINSON, E. A. G. und VAIZEY, J. E. (Hg.): The Economics of Education, London 1966, S. 3–23.

PARKER, W.: Economic Development in Historical Perspective, in: ROSENBERG, Nathan (Hg.): The Economics of Technological Change, Harmondsworth 1971, S. 137–147.

PATEL, Pari und PAVITT, Keith: Is Western Europe Loosing the Technological Race? In: Research Policy, Vol. 16 (1987), S. 59–85.

PAVITT, Keith: Patent Statistics as Indicators of Innovative Activities. Possibilities and Problems, in: Scientometrics, Vol. 7 (1985), S. 77–99.

PAVITT, Keith: Technology Transfer Among the Industrially Advanced Countries: An Overview, in: ROSENBERG, Nathan und FRISCHTAK, Claudio: International Technology Transfer, New York 1985, S. 3–23.

PENROSE, E.: International Patenting and the Less-Developed Countries, in: Economic Journal, Vol. 83 (1973), S. 768–786.

PHELPS, E. S.: Models of Technical Progress and the Golden Rule of Research, in: Review of Economic Studies, Vol. 33 (1966), S. 133–145.

PHILLIPS, Almarin: Industrial Capacity. An Appraisal of Measures of Capacity, in: American Economic Review, Papers and Proceedings, Vol. 53 (1963), S. 275–292.

PINDYCK, Robert S. und RUBINFELD, Daniel S.: Econometric Models and Economic Forecasts, New York 1976.

PODDER, Nripesh: Technology and its Transfer to Less Developed Economies, in: TIDSELL, Clem und MAITRA, Priyatosh (Hg.): Technological Change, Development and the Environment, London 1988, S. 63–91.

PSACHAROPOULOS, George: Returns to Education, Amsterdam 1973.

PSACHAROPOULOS, George: Returns to Education: An Updated International Comparison, in: Comparative Education, Vol. 17 (1981), S. 321–341.

PSACHAROPOULOS, George: Returns to Education: A Further International Update and Implications, in: Journal of Human Resources, Vol. 20 (1985), S. 583–604.

PSACHAROPOULOS, George und ARRIAGADA, Ana María: The Educational Attainment of the Labor Force, World Bank Education and Training Series, Report No. EDT38, Washington, D.C. 1986.

PSACHAROPOULOS, George und ARRIAGADA, Ana María: The Educational Composition of the Labour Force: An International Comparison, in: International Labour Review, Vol. 125 (1986), S. 561–574.

PSACHAROPOULOS, George und ARRIAGADA, Ana María: The Educational Composition of the Labor Force: An International Update, Mimeo, The World Bank, Washington, D.C. 1992.

PSACHAROPOULOS, George und WOODHALL, Maureen: Education for Development. An Analysis of Investment Choices, Oxford 1985.

RANSON, Baldwin: Planning Education for Economic Progress: Distinguishing Occupational Demands from Technological Possibilities, in: Journal of Economic Issues, Vol. 20 (1986), S. 1053–1065.

RAZIN, Assaf: Economic Growth and Education: New Evidence, in: Economic Development and Cultural Change, Vol. 25 (1976), S. 317–324.

RAZIN, Assaf und YUEN, Chi-Wa: Convergence in Growth Rates: The Role of Capital Mobility and International Taxation, NBER Working Paper No. 4214, Cambridge (Mass.) 1992.

ROMER, Paul M.: Are Nonconvexities Important for Understanding Growth? In: American Economic Review, Papers and Proceedings, Vol. 80 (1990), S. 97–103.

ROMER, Paul M.: Capital Accumulation in the Theory of Long-Run-Growth, in: BARRO, Robert J. (Hg.): Modern Business Cycle Theory, Oxford 1989, S. 51–127.

ROMER, Paul M.: Capital, Labor, and Productivity, in: Brookings Papers on Economic Activity: Microeconomics (1990), S. 337–420.

ROMER, Paul M.: Endogenous Technical Change, in: Journal of Political Economy, Vol. 89 (1990), Supplement, S. S71–S102.

ROMER, Paul M.: Human Capital and Growth: Theory and Evidence, in: Carnegie-Rochester Conference Series on Public Policy, Vol. 32 (1990), S. 251–286.

ROMER, Paul M.: Idea Gaps and Object Gaps in Economic Development, prepared for the World Bank Conference "How Do National Policies Affect Long Run Growth", Washington, D.C., Feb. 1993.

ROMER, Paul M.: Increasing Returns and Long-Run Growth, in: Journal of Political Economy, Vol. 94 (1986), S. 1002–1137.

ROMER, Paul M.: What Determines the Rate of Growth and Technological Change? World Bank Policy, Planning and Research Working Paper, Washington, D.C. 1989.

RÖPKE, Jochen: Die Strategie der Innovation, Tübingen 1977.

RÖPKE, Jochen: Primitive Wirtschaft, Kulturwandel und die Diffusion von Neuerungen, Tübingen 1970.

RÖPKE, Jochen: Vierte Industrielle Revolution und Dritte Welt: Entwicklungspotentiale zwischen Schöpferischer Zerstörung, Rückindustrialisierung und Nachfolge, in: Neue Technologien in Entwicklungsländern, SID-Berlin Berichte Nr. 1 (1987), S. 1–37.

ROSENBERG, Nathan und BIRDZELL, L. E.: How the West Grew Rich, London 1986.

ROSENBERG, Nathan und FRISCHTAK, Claudio (Hg.): International Technology Transfer: Concepts, Measures, and Comparisons, New York 1985.

ROSTOW, W. W.: Theorists of Economic Growth from David Hume to the Present, New York 1990.

SALA-I-MARTIN, Xavier: Lectures on Economic Growth (I), NBER Working Paper No. 3536, Cambridge (Mass.) 1990.

SCHANKERMAN, Mark: How Valuable is Patent Protection? Estimates by Field Using Patent Renewal Data, Centre for Economic Performance, Discussion Paper No. 46, London 1991.

SCHERER, F. M.: Inter-Industry Technology Flows and Productivity Growth, in: Review of Economics and Statistics, Vol. 64 (1982), S. 627–634.

SCHETTKAT, Ronald und WAGNER, Michael: Beschäftigungswirkungen moderner Technologien, in: SCHETTKAT, Ronald und WAGNER, Michael (Hg.): Technologischer Wandel und Beschäftigung, Berlin 1989, S. 1–24.

SCHIFFEL, Dennis und KITTI, Carole: Rates of Invention: International Patent Comparisons, in: Research Policy, Vol. 7 (1978), S. 324–340.

SCHMOOKLER, Jacob: Patents, Invention, and Economic Change. Data and Selected Essays. Edited by Zvi Griliches and Leonid Hurwicz, Cambridge (Mass.) 1972.

SCHOLING, Eberhard: Gesundheit in Entwicklungsländern und ihre sozioökonomischen Bestimmungsfaktoren, Habilitationsschrift, Hamburg 1992.

SCHOLING, Eberhard: Zur mehrdimensionalen Messung des wirtschaftlichen Entwicklungsstandes, in: Kyklos, Bd. 35 (1982), S. 201–222.

SCHOLING, Eberhard und TIMMERMANN, Vincenz: Ein Sozio-ökonomisches Latent-Variablen-Modell zur Analyse von Wachstum und Entwicklung in unterentwickelten Volkswirtschaften, in: TIMMERMANN, Vincenz (Hg.): Wachstum und Produktionsstruktur in Entwicklungsländern, Frankfurt am Main 1987, S. 19–116.

SCHOLING, Eberhard und TIMMERMANN, Vincenz: Länder- und Branchenkonjunkturverbund. Empirische Untersuchung unter Verwendung der Hauptkomponenten- und Transformationsanalyse, in: Kyklos, Bd. 30 (1977), S. 599–617.

SCHOLING, Eberhard und TIMMERMANN, Vincenz: Zur ökonomischen Erklärung des technischen Fortschritts, Beiträge zur Wirtschaftsforschung des Sozialökonomischen Seminars der Universität Hamburg, Diskussionsbeitrag Nr. 73, Hamburg 1992.

SCHÖNFELD, Peter: Probleme und Verfahren der Messung der Kapazität und des Auslastungsgrades, in: Zeitschrift für die gesamte Staatswissenschaft, Bd. 123 (1967), S. 25–59 und S. 541–542.

SCHULTZ, T. Paul: The Role of Education and Human Capital in Economic Development: An Empirical Assessment, Typoskript, Kiel, Institut für Weltwirtschaft, Juni 1992.

SCHULTZ, T. Paul: Women's Changing Participation in the Labor Force: A World Perspective, in: Economic Development and Cultural Change, Vol. 38 (1989), S. 457–488.

SCHULTZ, Theodore W.: Education and Economic Growth, in: HENRY, Nelson B. (Hg.): Social Forces Influencing American Education, Chicago 1961, S. 46–88.

SCHULTZ, Theodore W.: On Investing in Specialized Human Capital to Attain Increasing Returns, in: RANIS, Gustav und SCHULTZ, T. Paul (Hg.): The State of Development Economics, Oxford 1988, S. 339–352.

SCOTT, Maurice FG: Explaining Economic Growth, in: American Economic Review, Papers and Proceedings, Vol. 83 (1993), S. 421–425.

SHELL, Karl: Toward a Theory of Inventive Activity and Capital Accumulation, in: American Economic Review, Papers and Proceedings, Vol. 56 (1966), S. 62–68.

SIMMONS, John: Education for Development Reconsidered, in: World Development, Vol. 7 (1979), S. 1005–1016.

SIMMONS, John und LEIGH, Alexander: School Achievement in Developing Countries, in: SIMMONS, John (Hg.): The Education Dilemma. Policy Issues for the Developing Countries in the 1980s, Oxford 1980, S. 69–95.

SLAMA, J.: Die Nutzung der Patentstatistik bei der Analyse der technischen Entwicklung in Ost und West, in: OPPENLÄNDER, Karl Heinrich (Hg.): Unternehmens- und Infrastrukturinvestitionen als Stimulans für wirtschaftliches Wachstum in Ost und West, München 1988, S. 83–106.

SOETE, Luc G.: A General Test of Technical Gap Trade Theory, in: Weltwirtschaftliches Archiv, Bd. 117 (1981), S. 638–660.

SOETE, Luc G.: The Impact of Technological Innovation on International Trade Patterns: The Evidence Reconsidered, in: Research Policy, Vol. 16 (1987), S. 101–130.

SOETE, Luc G. und WYATT, Geoffrey: The Use of Patenting as an Internationally Comparable Science and Technology Output Indicator, in: Scientometrics, Vol. 5 (1983), S. 31–54.

SOLO, Robert: The Capacity to Assimilate an Advanced Technology, in: American Economic Review, Papers and Proceedings, Vol. 56 (1966), S. 91–97.

SOLOW, Robert M.: A Contribution to the Theory of Economic Growth, in: Quarterly Journal of Economics, Vol. 70 (1956), S. 65–94.

SOLOW, Robert M.: Growth Theory and After, in: American Economic Review, Vol. 78 (1988), S. 307–317.

SOLOW, Robert M.: Technical Change and the Aggregate Production Function, in: Review of Economics and Statistics, Vol. 39 (1957), S. 312–320.

SPENCE, Michael: Job Market Signaling, in: Quarterly Journal of Economics, Vol. 87 (1973), S. 355–374.

STERN, Nicholas: The Determinants of Growth, in: Economic Journal, Vol. 101 (1991), S. 122–133.

STERN, Nicholas: The Economics of Development: A Survey, in: Economic Journal, Vol. 99 (1989), S. 597–685.

STONEMAN, Paul: The Economic Analysis of Technical Change, Oxford 1983.

STONEMAN, Paul: The Economic Analysis of Technology Policy, Oxford 1987.

STREETEN, Paul: The Frontiers of Development Studies, London 1972.

SUMMERS, Robert und HESTON, Alan: The Penn World Tables (Mark 5): An Expanded Set of International Comparisons, 1950–1988, in: Quarterly Journal of Economics, Vol. 106 (1991), S. 327–368.

TEITEL, Simon: Indicadores de ciencia y technología, tamaño de país y desarrollo económico: una comparación internacional, in: Desarrollo Económico, Vol. 25 (1985), S. 329–349.

TEITEL, Simon: Technology Creation in Semi-Industrial Economies, in: Journal of Economic Development, Vol. 16 (1984), S. 39–61.

TERLECKYJ, Nestor E.: Comment, in: Zvi GRILICHES (Hg.): R&D, Patents, and Productivity, Chicago 1984, S. 496–501.

TERLECKYJ, Nestor E.: Direct and Indirect Effects of Industrial Research and Development, in: KENDRICK, John W. und VACCARA, Beatrice (Hg.): New Developments in Productivity Measurement and Analysis, Chicago 1980, S. 359–386.

TERLECKYJ, Nestor E.: What Do R&D Numbers Tell Us about Technological Change? In: American Economic Review, Vol. 70 (1980), S. 55–61.

TILAK, Jandhyala B.: Education and Its Relation to Economic Growth, Poverty, and Income Distribution, Past Evidence and Further Analysis, World Bank Discussion Papers No. 46, Washington, D.C. 1988.

TIMMERMANN, Vincenz: Entwicklungstheorie und Entwicklungspolitik, Göttingen 1982.

TSUKAHARA, Suichi und YAMADA, Keiichi: A Note on the Time Lag between the Life Cycle of a Discipline and Resource Allocation in Japan, in: Research Policy, Vol. 11 (1982), S. 133–140.

UNDP: Handbook of International Trade and Development Statistics 1983, New York 1983.

UNDP: Human Development Report, New York 1990, verschiedene Jahre.

UNESCO: Compendium of Statistics on Illiteracy, Paris 1988.

UNESCO: Statistical Yearbook, Paris, verschiedene Jahre.

UNITED NATIONS: Demographic Yearbook, New York, verschiedene Jahre.

UZAWA, Hirofumi: Neutral Inventions and the Stability of Growth Equilibrium, in: Review of Economic Studies, Vol. 28 (1961), S. 117–124.

UZAWA, Hirofumi: Optimum Technical Change in an Aggregative Model of Economic Growth, in: International Economic Review, Vol. 6 (1965), S. 18–31.

VALSECCHI, Irene: L'Obsolescenza del Capitale Umano: Un Tentativo di Analisi per «Vintage», in: Rivista Internazionale di Scienze Sociali, Vol. 95 (1987), S. 81–93.

VEBLEN, Thorstein: Theorie der feinen Leute, Köln 1971.

VERSPAGEN, Bart: Endogenous Innovation In Neo-Classical Growth Models: A Survey, in: Journal of Macroeconomics, Vol. 14 (1992), S. 631–662.

VINKLER, P.: An Attempt of Surveying and Classifying Bibliometric Indicators for Scientometric Purposes, in: Scientometrics, Vol. 13 (1988), S. 239–259.

WALSH, R. J.: Capital Concept Applied to Man, in: Quarterly Journal of Economics, Vol. 49 (1935), S. 255–285.

WEIZSÄCKER, Carl Christian von: Forschungsinvestitionen und makroökonomische Modelle – Ein wirtschaftstheoretisches Dilemma? In: Kyklos, Bd. 22 (1969), S. 454–466.

WELCH, Finis: Measurement of the Quality of Schooling, in: American Economic Review, Papers and Proceedings, Vol. 56 (1966), S. 379–392.

WELTBANK: Weltentwicklungsbericht, Washington, D.C., verschiedene Jahre.

WEST, E. G.: Education and the Industrial Revolution, London 1975.

WHEELER, David: Basic Needs Fulfillment and Economic Growth. A Simultaneous Model, in: Journal of Development Economics, Vol. 7 (1979), S. 435–451.

WHEELER, David: Human Resource Policies, Economic Growth, and Demographic Change in Developing Countries, Oxford 1984.

WIPO: 100 Years of Industrial Property Statistics, Genf 1983.

WIPO: Industrial Property Statistics, Genf, laufende Jahrgänge.

WORLD BANK: World Tables, Washington, D.C., verschiedene Jahre.

WYATT, Geoffrey: The Economics of Invention, Brighton 1986.

YOUNG, Allyn A.: Increasing Returns and Economic Progress, in: Economic Journal, Vol. 38 (1928), S. 527–542.

ZIMAN, John: The Force of Knowledge, Cambridge 1976.

ZIMMERMANN, Klaus F.: F&E-Ausgaben und Produktionsentwicklung – Ein Überblick über neuere empirische Untersuchungen, in: GAHLEN, Bernhard (Hg.): Marktstruktur und gesamtwirtschaftliche Entwicklung, Berlin 1990, S. 231–248.

ZIMMERMANN, Klaus F. und SCHWALBACH, Joachim: Determinanten der Patentaktivität, in: Ifo-Studien, 37. Jg. (1991), S. 201–227.